Halbleiter-Elektronik
Herausgegeben von W. Heywang und R. Müller
Band 6

Hartmut Schrenk

Bipolare Transistoren

Mit 109 Abbildungen

Springer-Verlag Berlin Heidelberg GmbH

Dr. rer. nat. HARTMUT SCHRENK
Wissenschaftlicher Mitarbeiter der Siemens AG,
Bereich Bauelemente, München

Dr. rer. nat. WALTER HEYWANG
Leiter der Zentralen Forschung und Entwicklung der Siemens AG
apl. Professor an der Technischen Universität München

Dr. techn. RUDOLF MÜLLER
o. Professor, Vorstand des Institutes für Technische Elektronik
der Technischen Universität München

ISBN 978-3-642-81189-0   ISBN 978-3-642-81188-3 (eBook)
DOI 10.1007/978-3-642-81188-3

Library of Congress Cataloging in Publication Data
Schrenk, Hartmut, 1936 — Bipolare Transistoren.
(Halbleiter-Elektronik; Bd. 6) Bibliography: p. Includes index.
    1. Bipolar transistors. I. Title. II. Series.
TK7871.85.H32 Bd. 6   [TK7871.96.B55]   77-25135
621.3815'2'08 s   [621.3815'28]

Vorwort

Elektroniker und Schaltungstechniker, die mit der Entwicklung von
Transistorschaltungen befaßt sind, sehen sich auf der einen Seite
mit den Datenblattangaben der Halbleiterhersteller, auf der anderen
Seite mit den speziellen Anforderungen des Anwendungsfalles kon-
frontiert. Das komplexe Bauelement Transistor läßt sich nur dann
optimal einsetzen, wenn sein Verhalten über die zahlenmäßig erfaß-
ten Eigenschaften hinaus unter allen möglichen Betriebsbedingungen
bekannt ist. Dazu sind umfassende Kenntnisse über die physikalischen
Zusammenhänge zwischen den elektrischen Eigenschaften und dem
Aufbau der verwendeten Transistoren erforderlich.

Die Technik der bipolaren Transistoren hat sich in den letzten Jahren stetig weiterentwickelt. Ziel des vorliegenden Bandes der Buchreihe "Halbleiter-Elektronik" ist es, den heute erreichten Stand, wie
er in neueren Originalarbeiten und Firmenschriften dokumentiert ist,
in überschaubarer Form zusammenzufassen. Die Eigenschaften realer Transistoren sind in hohem Maße von Sekundäreffekten und damit von der speziellen Technologie abhängig. Neben der klassischen
Transistorphysik sind deshalb auch technische Aspekte berücksichtigt. Die Erklärungen stützen sich ohne theoretische Breite auf einfache und einprägsame Modellvorstellungen, kompliziertere Sach-
verhalte werden durch physikalische Interpretation soweit als möglich anschaulich gemacht. Mathematische Formulierungen sind auf
ein Minimum eingeschränkt. Fragen der Schaltungstechnik werden
nicht behandelt.

Von den vier Kapiteln ist das erste den physikalischen Grundbegrif-
fen der bipolaren Technik vorbehalten. Es schließt sich eine Diskussion der Kenndaten an, die die Funktion des Transistors in seiner
Schaltung festlegen. Fragen der Zuverlässigkeit und Ausfallmecha-

nismen sind im dritten Kapitel zusammengefaßt. Das Schlußkapitel gibt schließlich einen Überblick über Aufbau, Fertigungstechnik, charakteristische Eigenschaften und Anwendungsschwerpunkte der wichtigsten, heute auf dem Markt befindlichen Transistortypen.

Das Buch ist nicht nur für den im Labor tätigen Elektroingenieur oder Physiker gedacht. Den Studierenden an Hoch- und Fachhochschulen oder interessierten Spezialisten anderer technischer Bereiche soll eine in sich geschlossene Einführung in die heutige Bipolartechnik in die Hand gegeben werden. Auch dem Bauelementefachmann dürfte die eine oder andere Anregung von Nutzen sein. Vorausgesetzt werden elementare Kenntnisse der Elektrotechnik und die Grundbegriffe der Halbleiterphysik, wie sie z.B. Band 1 der vorliegenden Buchreihe vermittelt.

Für die kritische Durchsicht des Manuskriptes möchte ich an dieser Stelle Herrn Dr. techn. R. Wiesner von der Siemens AG danken. Zu Dank verpflichtet bin ich auch Herrn Dipl.-Phys. W. Eberhard für die Anfertigung der Photos am Rasterelektronenmikroskop.

München, Mai 1978   Hartmut Schrenk

Inhaltsverzeichnis

Bezeichnungen und Symbole

Größe	Bedeutung
A	Fläche, Querschnitt
A_I, B_I	Inversbetrieb
A_N, B_N	Normalbetrieb
B	statische Stromverstärkung in Emitterschaltung
B	Basis
C	Kollektor
C	Kapazität
C_C	innere Kollektorkapazität
C_{Cd}	Kollektor-Diffusionskapazität
C_{Cs}	Kollektor-Sperrschichtkapazität
C_{CB}	äußere Kollektor-Basis-Kapazität
C_{CE}	äußere Kollektor-Emitter-Kapazität
C_E	Emitterkapazität
C_{Ed}	Emitter-Diffusionskapazität
C_{Es}	Emitter-Sperrschichtkapazität
C_s	Sperrschichtkapazität
C_{th}	Wärmekapazität
D	Diffusionskonstante der Minoritätsträger
D_B	in der Basis
D_C	im Kollektor
D_E	im Emitter
D_n	Elektronen
D_p	Löcher
d	Dicke

E		Emitter
E		elektrische Feldstärke
	E_{krit}	Feldstärke bei Lawinenmultiplikation
E		Elektronenenergie
	E_g	Bandabstand
e		Elementarladung
F		Rauschfaktor (linear); Rauschmaß (logarithmisch)
f		Frequenz
	f_α	Grenzfrequenz der Stromverstärkung α in Basisschaltung
	f_β	Grenzfrequenz der Stromverstärkung β in Emitterschaltung
	f_T	Transit- oder Laufzeitfrequenz
	f_1	Umladefrequenz der Basis
	f_{max}	Schwingfrequenz
G		Leistungsverstärkung
G_G		Generatorleitwert
G_L		Lastleitwert
g_a		Kleinsignal-Ausgangsleitwert in Emitterschaltung
	g_e	Kleinsignal-Eingangsleitwert
	g_m	Kleinsignal-Steilheit
	g_r	Kleinsignal-Rückwirkungsleitwert
I		Dauerstrom
I_d		Diffusionsstrom
I_f		Feldstrom
I_n		Elektronenstrom
	I_{nd}	Elektronen-Diffusionsstrom
	I_{nf}	Elektronen-Driftstrom
I_p		Löcherstrom
	I_{pd}	Löcher-Diffusionsstrom
	I_{pf}	Löcher-Feldstrom
I_B		Basisstrom, Basisstromkomponente
	I_{BB}	Rekombinationsstrom der Basis
	I_{BE}	Rekombinationsstrom des Emitters
	I_{B0}	Basisstrom an der Sättigungsgrenze
	I_{B1}	Einschalt-Basisstrom

	I_{B2}	Ausschalt-Basisstrom
I_C		Kollektorstrom
	I_C^*	Injektionsstrom der Kollektordiode
	I_{Cm}	maximal zulässiger Kollektorstrom
	I_{Cmax}	maximal fließender Kollektorstrom
I_{CS}		Kollektor-Sättigungsstrom
	I_{CSn}	Elektronenanteil
	I_{CSp}	Löcheranteil
I_E		Emitterstrom
I_E^*		Injektionsstrom der Emitterdiode
I_{ES}		Emitter-Sättigungsstrom
	I_{ESn}	Elektronenanteil
	I_{Esp}	Löcheranteil
I_{CEO}		Kollektor-Emitter-Reststrom bei offener Basis
	I_{CES}	bei kurzgeschlossenem Eingang
	I_{CER}	mit Widerstand R_{BE} am Eingang
	I_{CEV}	bei gesperrter Eingangsdiode
I_{CBO}		Kollektor-Basis-Reststrom bei offenem Emitter
I_{EBO}		Emitter-Basis-Reststrom bei offenem Kollektor
i		Kleinsignal-Strom
	i_B	Basisstrom
	i_C	Kollektorstrom
	i_E	Emitterstrom
	i_1	Eingangsstrom
	i_2	Ausgangsstrom
$\overline{i^2}$		mittleres Schwankungsquadrat eines Rauschstromes
	$\overline{i_R^2}$	thermisches Rauschen eines Widerstandes R
	$\overline{i_a^2}$	Rauschen am Verstärkerausgang
	$\overline{i_1^2}$	eingangsseitiger Rauschstromgenerator
	$\overline{i_2^2}$	ausgangsseitiger Rauschstromgenerator
	$\overline{i_f^2}$	Rauschstromkomponente in einem Frequenzbereich df
J		Stromdichte
j		$\sqrt{-1}$

k		Reduktionsfaktor der zulässigen Verlustleistung
	k_T	bei hoher Temperatur
	k_U	bei hoher Spannung
k		Boltzmannkonstante
L		Induktivität
L		Diffusionslänge der Minoritätsträger
	L_B	in der Basis
	L_C	im Kollektor
	L_E	im Emitter
	L_n	Elektronen
	L_p	Löcher
	L^*	komplexe Diffusionslänge
l		Länge, Ausdehnung einer Feldzone
l_n		Feldzone in n-leitendem Material
l_p		Feldzone in p-leitendem Material
M		Multiplikationsfaktor
N		Dotierungsdichte
	N_A	Akzeptoren
	N_A^+	ionisierte Akzeptoren
	N_D	Donatoren
	N_D^+	ionisierte Donatoren
	N_B	in der Basis
	N_C	im Kollektor
	N_E	im Emitter
n		Dichte der Leitungselektronen
	n_n	im n-Gebiet
	n_{n0}	Gleichgewichtsdichte im n-Gebiet
	n_p	im p-Gebiet
	n_{p0}	Gleichgewichtsdichte im p-Gebiet
	Δn_p	Kleinsignaländerung im p-Gebiet
n_i		Eigenleitungsdichte
$n \ (N)$		elektronenleitendes Material
$n^+ \ (N^+)$		sehr stark elektronenleitend
P		Leistung, Verlustleistung
P_{zul}		zulässige Verlustleistung

P_{tot}		maximal zulässige Dauerverlustleistung
p		Dichte der freien Löcher
	p_p	im p-Gebiet
	p_{p0}	Gleichgewichtsdichte im p-Gebiet
	p_n	im n-Gebiet
	p_{n0}	Gleichgewichtsdichte im n-Gebiet
p (P)		löcherleitendes Material
Q		Minoritätsträger-Speicherladung
	Q_B	Steuerladung in der Basis
	Q_S	Sättigungsspeicherladung
	Q_{SB}	Sättigungsspeicherladung in der Basis
	Q_{SC}	Sättigungsspeicherladung im Kollektor
Q		Wärmestrom
R_{th}		thermischer Widerstand
R_{thJG}		thermischer Widerstand zwischen Sperrschicht und Gehäuse
R		elektrischer Widerstand
R_B		Basisbahnwiderstand $(= r'_{bb})$
R_C		Kollektorbahnwiderstand
R_E		Emitterbahnwiderstand
R_{BE}		äußerer Widerstand zwischen Basis und Emitter
R_G		Generatorwiderstand
R_L		Lastwiderstand
R_1		Eingangswiderstand
R_2		Ausgangswiderstand
R_S		Schichtwiderstand, Flächenwiderstand
r'_{bb}		Basisbahnwiderstand in Hochfrequenzanwendungen $(= R_B)$
r_e		Kleinsignal-Eingangswiderstand
s		Oberflächen-Rekombinationsgeschwindigkeit
S		Leistungsspektrum des Rauschens
	S_i	des Rauschstromes
T		absolute Temperatur
T_J		Sperrschichttemperatur
T_{Jmax}		maximal zulässige Sperrschichttemperatur
T_G		Gehäusetemperatur

t		Zeit
t_p		Impulsdauer
t_B		Basislaufzeit, Basisladezeit
t_C		Kollektorladezeit
t_{Cs}		Sperrschichtlaufzeit im Kollektor
t_E		Emitterladezeit
t_d		Verzögerungszeit
t_r		Anstiegszeit
t_{ein}		Einschaltzeit
t_s		Speicherzeit
t_f		Fallzeit
t_{aus}		Ausschaltzeit
U		statische Spannung
U_{BE}		Basis-Emitter-Spannung
U_{CB}		Kollektor-Basis-Spannung
U_{CE}		Kollektor-Emitter-Spannung
U_{BB}		Spannungsquelle an der Basis
U_{CC}		Spannungsquelle am Kollektor
U_{CEsat}		Kollektor-Emitter-Sättigungsspannung
U_{BEsat}		Basis-Emitter-Sättigungsspannung
U_D		Diffusionsspannung
U_T		Temperaturspannung ($= kT/e$)
U_{BR}		Durchbruchspannung
U_{sus}		Sustaining- oder Haltespannung
U_{CEO}		Kollektor-Emitter-Sperrspannung bei offener Basis
	U_{CES}	bei kurzgeschlossenem Eingang
	U_{CER}	mit Widerstand R_{BE} am Eingang
	U_{CEV}	bei gesperrter Eingangsdiode
U_{CBO}		Kollektor-Basis-Sperrspannung bei offenem Emitter
U_{EBO}		Emitter-Basis-Sperrspannung bei offenem Kollektor
u		Kleinsignalspannung
	u_{BE}	Basis-Emitter-Spannung
	u_{CB}	Kollektor-Basis-Spannung
	u_{CE}	Kollektor-Emitter-Spannung

u_1	Eingangsspannung
u_2	Ausgangsspannung
$\overline{u^2}$	mittleres Schwankungsquadrat einer Rauschspannung
$\overline{u_R^2}$	thermisches Rauschen eines Widerstandes R
$\overline{u_{Tr}^2}$	Rauschen des Transistors
$\overline{u_{ges}^2}$	Gesamtrauschen
v	Geschwindigkeit der Ladungsträger
v_{max}	Grenzgeschwindigkeit der Ladungsträger
W	geometrische Basisweite
W_B	neutrale Basisweite
ΔW	Basisaufweitung
ΔW_B	Kleinsignaländerung der Basisweite
W_E	Emittertiefe
W_C	Kollektordicke (ν-Schicht)
x	Ortskoordinate in Längsrichtung (E - B - C)
y	Ortskoordinate in Querrichtung (parallel zu den Grenzschichten)
Y_G	komplexer Generatorleitwert
Y_L	komplexer Lastleitwert
Y_1	Eingangsleitwert
Y_2	Ausgangsleitwert
Z	komplexer elektrischer Widerstand
Z_G	komplexer Generatorwiderstand
Z_L	komplexer Lastwiderstand
Z_{thJG}	Impulswärmewiderstand
α	Ionisationsrate
α	Kleinsignal-Stromverstärkung in Basisschaltung
α_0	bei niedrigen Frequenzen
α_T	Basis-Transportfaktor

β	Kleinsignal-Stromverstärkung in Emitter-schaltung
β_0	bei niedrigen Frequenzen
ϵ	relative Dielektrizitätskonstante
ϵ_0	absolute Dielektrizitätskonstante
η	Rückwirkungsfaktor
η_E	Emitterwirkungsgrad
$\varkappa$	Wärmeleitfähigkeit
λ	Ausfallrate
μ	Beweglichkeit der Ladungsträger
μ_n	Elektronenbeweglichkeit
μ_p	Löcherbeweglichkeit
$\nu \quad (N^-)$	sehr schwach n-leitendes Material
ω	Kreisfrequenz $(= 2\pi f)$
τ	Zeitkonstante, Minoritätsträgerlebensdauer
τ_B	Trägerlebensdauer in der Basis
τ_E	Trägerlebensdauer im Emitter
τ_n	Lebensdauer der freien Elektronen im p-Gebiet
τ_p	Lebensdauer der freien Löcher im n-Gebiet

1 Grundlagen

1.1 Funktionsweise

1.1.1 Einleitung

Die interessanten elektrischen Eigenschaften von Halbleitern sind
im Rahmen der Festkörperphysik schon vor längerer Zeit erkannt
worden. Ihre technische Bedeutung für die Elektronik blieb jedoch
im Vergleich zur Elektronenröhre zunächst gering. Zwar gibt es
seit 40 Jahren Vorschläge, die Anzahl der freien Ladungsträger in
einer Halbleiterschicht über eine Steuerspannung kapazitiv zu beeinflussen und auf diese Weise einen Stromfluß zu steuern. Wegen der
nicht ausreichenden Erfahrungen mit der Halbleitertechnologie war
aber eine experimentelle Bestätigung zunächst nicht möglich. Das
später entwickelte Bauelement, in dem sich wie im Fall der Elektronenröhre nur Ladungsträger einer Polarität bewegen, erhielt den
Namen Unipolartransistor.

Die Festkörperelektronik erhielt jedoch ihre Impulse aus einer anderen Richtung. 1948 wurde von Bardeen und Brattain die Injektion von
Minoritäts- oder Minderheitsladungsträgern an einem pn-Übergang
entdeckt [1]. Aufgrund dieses Effektes sagte Shockley 1949 den Injektionstransistor voraus, der zwei Jahre später tatsächlich realisiert werden konnte [2]. Zu einer Ladungsträgerinjektion sind aus
Gründen der Gesamtneutralität sowohl Elektronen als auch Löcher
erforderlich. Daher erhielt der Injektionstransistor auch den Namen
bipolarer Transistor. Die drei genannten Forscher erhielten für ihre
Entdeckung im Jahr 1956 den Nobelpreis für Physik.

Nach den ersten Versuchen mit Spitzentransistoren kam man bald
zum Flächentransistor, dessen Aufbauschema auch für die modernen

Transistoren noch gültig ist. Bis 1960 wurde eine Reihe von Verfahren zu ihrer Fertigung entwickelt. Das Ausgangsmaterial war zunächst Germanium, dessen Präparation man am besten beherrschte. Die in dieser Zeit hergestellten gezogenen, legierten oder diffundierten Germaniumtypen sind heute nur noch von historischem Interesse.

Den Übergang zur modernen Halbleitertechnik leitete die Entwicklung des Mesatransistors ein, in dem die Abmessungen der Strukturen durch verfeinerte Ätztechnik verringert werden konnten. Der Durchbruch gelang schließlich mit der Planartechnik. Voraussetzung war die Umstellung des Ausgangsmaterials von Germanium auf Silizium. Mit dieser Technik wurde eine Revolution der gesamten Elektronik vollendet, die bereits mit der Einführung der Germaniumtransistoren begonnen hatte. Der Transistor als billiges und leistungsfähiges Massenprodukt verdrängte nicht nur die Elektronenröhre, sondern ermöglichte auch vollständig neue Schaltungskonzepte.

Von den Erfahrungen der Planartechnik profitierten wiederum die Unipolartransistoren, deren Entwicklung bis dahin im Schatten der bipolaren Typen gestanden hatte. Es entstanden die verschiedenen Ausführungen der Junction- und MOS-Feldeffektransistoren. Die MOS-Technik teilt sich heute mit der Bipolartechnik das Gebiet der monolithischen Großintegration. Bei den Einzeltransistoren haben die bipolaren Typen ihren Vorsprung gegenüber Feldeffektransistoren bisher behaupten können.

1.1.2 Grundprinzip

Ein bipolarer Transistor besteht aus einer Folge von drei Kristallzonen mit unterschiedlichem Dotierungscharakter, einer npn- oder einer pnp-Struktur. Abb.1.1a zeigt den schematischen Aufbau eines npn-Transistors. Diese Zonenfolge stellt zwei gegeneinandergeschaltete Dioden dar, vgl. die Ersatzschaltung Abb.1.1b. Beide Dioden haben die p-dotierte Basis gemeinsam. Das Schaltsymbol eines npn-Transistors ist mit den positiven Spannungs- und Stromrichtungen in Abb.1.1.c dargestellt.

In einem pnp-Transistor sind Zonenfolge, Diodenrichtungen und Vorzeichen der Ströme und Spannungen gegen Abb.1.1 vertauscht. In diesem Buch wird, wenn nicht ausdrücklich anders gekennzeichnet, ein npn-Typ vorausgesetzt, da Silizium-npn-Transistoren die größere praktische Bedeutung haben.

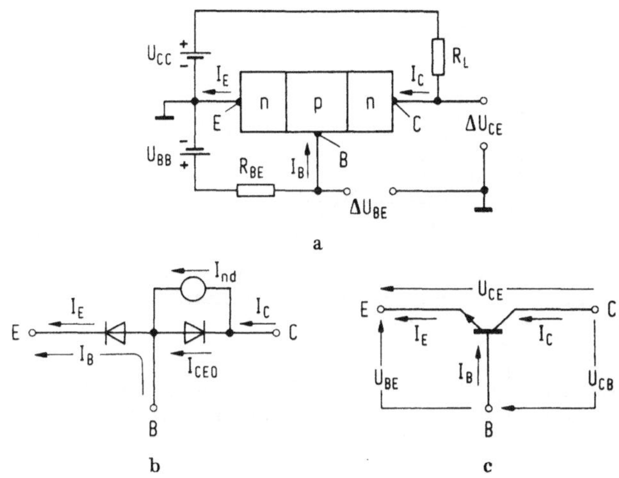

Abb.1.1. npn-Transistor.
a) Schematischer Aufbau und Betriebsspannungen (Emitterschaltung, siehe unten); b) Diodenersatzschaltbild (vereinfacht); c) Schaltsymbol

Im aktiven Arbeitsbereich eines Transistors ist die Emitterdiode zwischen Basis B und Emitter E durch eine Spannung U_{BE} in Flußrichtung gepolt. Dadurch werden beim npn-Transistor Elektronen aus dem Emitter in die Basis injiziert. Die Kollektordiode zwischen Kollektor C und Basis B ist durch eine äußere Spannung U_{CE} gesperrt.

Die Basiszone ist nun so dünn, daß beide Dioden in elektrischer Wechselwirkung stehen. Die aus dem Emitter in die Basis injizierten Elektronen diffundieren als Minoritätsträger bis zum Kollektor. Wenn sie die Kollektorsperrschicht erreicht haben, werden sie durch ein elektrisches Feld in das n-Gebiet herübergezogen. Dieser Diffusionsanteil I_{nd} des Kollektorstromes addiert sich zum Sperrstrom I_{CEO} der Kollektordiode. Da der Minoritätsträgerstrom I_{nd} die Diode zusätzlich in Sperrichtung durchläuft, muß er in Abb.1.1 b durch einen parallel liegenden Stromgenerator berücksichtigt werden.

21

Bei festgehaltener Basis-Emitter-Spannung U_{BE} zeigt I_{nd} in bezug
auf die anliegende Kollektor-Basis-Spannung U_{CB} ebenso wie I_{CEO}
Sättigungscharakter und hängt wenig von U_{CB} ab. Das Ausgangskennlinienfeld rechts in Abb.1.2 ist pentodenähnlich. Die I_C-U_{CE}-Steuer-
kennlinie links in Abb.1.2 entspricht der in Flußrichtung gepolten
Emitterdiode.

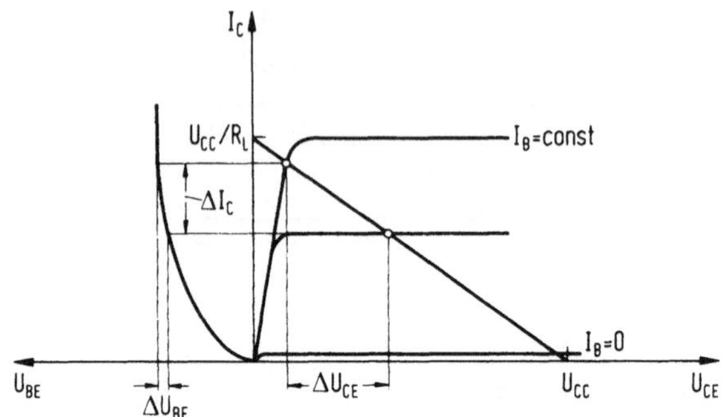

Abb.1.2. Transistor als Verstärker (Emitterschaltung).
Links: Eingangskennlinie. Rechts: Ausgangskennlinien und Widerstandsgerade

Die Anordnung von Abb.1.1a stellt einen einfachen Verstärker in
Emitterschaltung mit einem Arbeitswiderstand R_L dar (siehe unten).
Die Widerstandsgerade ist in Abb.1.2 mit eingezeichnet. Mit klei-
nen Änderungen ΔU_{BE} der Eingangsspannung zwischen B und E las-
sen sich große Änderungen ΔI_C des Kollektorstromes und ΔU_{CE} der
Kollektor-Emitter-Spannung am Arbeitswiderstand erzielen. Der
Transistor hat eine hohe Spannungsverstärkung $\Delta U_{CE}/\Delta U_{BE}$.

Im Gegensatz zur Elektronenröhre oder zum Feldeffekttransistor
erfolgt die Steuerung des bipolaren Transistors nicht leistungslos.
Der Stromfluß zwischen Emitter und Kollektor wird über eine Diffusionsstrecke, die Basiszone, geregelt. Der Diffusionsstrom hängt
primär von der Minoritätsträgeranhebung in der Basis ab. Wegen
der begrenzten Lebensdauer der Minoritätsträger werden dem Transistor laufend Majoritätsträger durch Rekombinationsvorgänge entzogen. Diese Ladungsverluste müssen über einen äußeren Basisstrom
I_B ersetzt werden, um U_{BE} und I_C aufrecht zu erhalten. Es läßt
sich eine Stromverstärkung definieren, die von der jeweiligen Schaltung abhängt.

22

Man unterscheidet drei Grundschaltungen, je nachdem welcher der
drei Transistorkontakte während des Steuervorgangs auf konstanter
Spannung gehalten wird, vgl. Abb.1.3. In der Emitterschaltung von
Abb.1.3a liegt der Emitter auf Massepotential. Der Kollektorstrom
wird über den Basisstrom gesteuert. Die statische Stromverstärkung
B in Emitterschaltung beträgt

$$B = \frac{I_C}{I_B} \; . \tag{1/1}$$

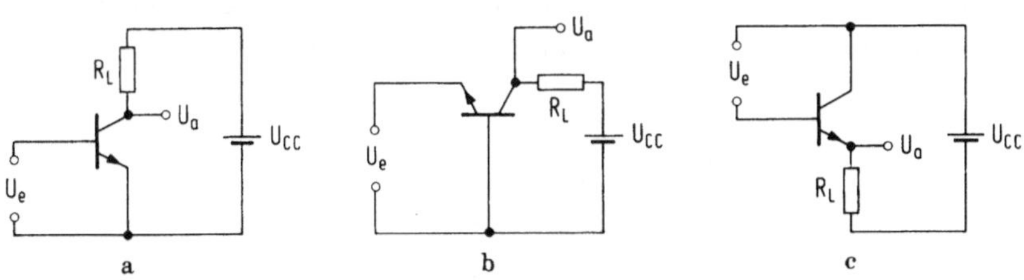

Abb.1.3. Grundschaltungen des Transistors.
a) Emitterschaltung; b) Basisschaltung; c) Kollektorschaltung;
U_e Eingangsspannung, U_a Ausgangsspannung

Bei der Basisschaltung, Abb.1.3b, bleibt das Basispotential konstant. Der Kollektorstrom wird durch den eingeprägten Emitterstrom festgelegt. Die statische Stromverstärkung A in Basischal-
tung ist definiert durch

$$A = \frac{I_C}{I_E} \; . \tag{1/2}$$

Im aktiven Arbeitsbereich des Transistors lautet die Strombilanz

$$I_C + I_B = I_E \; . \tag{1/3}$$

Mit dieser Beziehung folgen die Zusammenhänge

$$A = \frac{B}{B+1} < 1 \quad \text{und} \quad B = \frac{A}{1-A} \tag{1/4}$$

zwischen den beiden Stromverstärkungen.

Abbildung 1.3c zeigt schließlich die Kollektorschaltung, in der die
Spannung von C über die Batteriespannung U_{CC} festgehalten wird.

Die Stromverstärkung stimmt angenähert mit dem Wert B einer
Emitterschaltung nach (1/1) überein.

1.1.3 pn-Übergang [3, 4, 5]

Emitter- und Kollektordiode des bipolaren Transistors sind pn-
Übergänge nach dem Schema der Abb.1.4. Die Verteilungen N_D
der Donatoren bzw. N_A der Akzeptoren sind der Einfachheit halber homogen angenommen (Abb.1.4b). Durch die Dotierungen sind
die Majoritätsträgerkonzentrationen $n_{n0} \simeq N_D$ und $p_{p0} \simeq N_A$ der
Elektronen und Löcher festgelegt. Die Minoritätsträgerdichten ergeben sich im thermodynamischen Gleichgewicht aus

$$p_{n0} = \frac{n_i^2}{N_D} \qquad \text{bzw.} \qquad n_{p0} = \frac{n_i^2}{N_A} \, . \qquad (1/5)$$

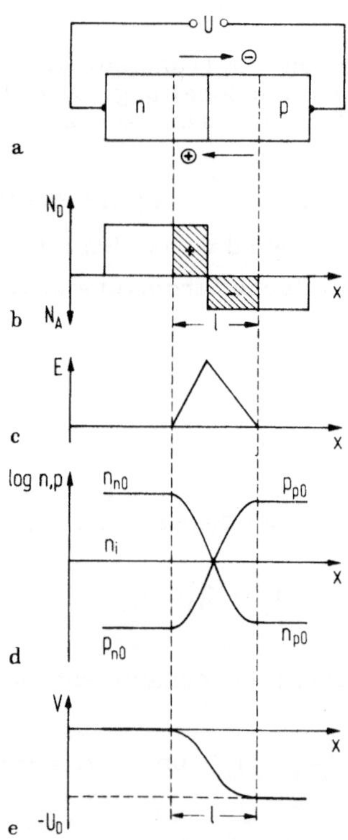

Abb.1.4. pn-Übergang im thermodynamischen Gleichgewicht.
a) Aufbau; b) Dotierungsverlauf; c) Verlauf der elektrischen Feldstärke; d) Verlauf der Trägerdichten; e) Potentialverlauf

n_i ist die Eigenleitungsdichte, die für Silizium bei Zimmertemperatur etwa $10^{10}\,\text{cm}^{-3}$ beträgt.

Die Konzentrationsunterschiede an der pn-Grenze suchen sich durch Diffusionsvorgänge auszugleichen. Elektronen, die ins p-Gebiet wandern, lassen auf der n-Seite die positiv geladenen Donatorenrümpfe zurück. Umgekehrt sorgen auch die ins n-Gebiet laufenden Löcher für eine positive Spannung der n- gegenüber der p-Zone. Am Übergang bildet sich eine an Ladungsträgern verarmte Feldzone aus, in der die Ladungsneutralität gestört ist (Abb.1.4b und c).

In der Feldzone stellt sich im Gleichgewicht eine Verteilung der freien Ladungsträger ein, die in Abb.1.4d skizziert ist. Die elektrische Feldstärke E ist so groß, daß die Diffusionsströme I_{nd} und I_{pd} der Elektronen und Löcher gerade durch gleich große Driftstromkomponenten I_{nf} bzw. I_{pf} kompensiert werden. Die Gesamtströme I_n der Elektronen und I_p der Löcher sind jeweils Null. Dabei ist

$$I_n = I_{nf} + I_{nd} \qquad \text{bzw.} \qquad I_p = I_{pf} + I_{pd} \qquad (1/6)$$

mit den Diffusionsstromkomponenten

$$I_{nd} = e\,D_n\,\frac{dn}{dx}\,A = e\,\mu_n\,U_T\,\frac{dn}{dx}\,A \qquad \text{bzw.}$$

$$I_{pd} = -e\,D_p\,\frac{dp}{dx}\,A = -e\,\mu_p\,U_T\,\frac{dp}{cx}\,A \qquad (1/7)$$

und den Drift- oder Feldstromanteilen

$$I_{nf} = e\,\mu_n\,n\,EA \qquad \text{bzw.} \qquad I_{pf} = e\,\mu_p\,p\,EA\,. \qquad (1/8)$$

Für Silizium gilt typisch:

Elektronen-Diffusionskonstante	$D_n = 35\,\text{cm}^2/\text{s}$,
Löcher-Diffusionskonstante	$D_p = 12,5\,\text{cm}^2/\text{s}$,
Elektronen-Feldbeweglichkeit	$\mu_n = 1400\,\text{cm}^2/\text{Vs}$,
Löcher-Feldbeweglichkeit	$\mu_p = 500\,\text{cm}^2/\text{Vs}$,
Temperaturspannung	$U_T = kT/e = 25\,\text{mV}$ bei RT
Elementarladung	$e = 1,6 \cdot 10^{-19}\,\text{C}$,
Boltzmannkonstante	$k = 1,38 \cdot 10^{-23}\,\text{Ws/K}$.

T ist die Temperatur in Kelvin, E die elektrische Feldstärke und
A der Querschnitt der Strombahn.

Zwischen Trägerdichten und Spannungsverlauf errechnet sich aus
(1/6) bis (1/8) ein exponentieller Zusammenhang innerhalb der
Feldzone:

$$n(x) = n_n \exp\left(-\frac{V(x)}{U_T}\right) . \qquad (1/9)$$

Der Potentialverlauf ist in Abb. 1.4 e gezeichnet. Der gesamte
Spannungsabfall über die Feldzone, die Diffusionsspannung U_D, beträgt

$$U_D = U_T \ln \frac{n_{n0}}{n_{p0}} = U_T \ln \frac{N_D N_A}{n_i^2} . \qquad (1/10)$$

Zahlenbeispiel: Für typische Konzentrationen der Basis-Emitter-
Diode eines npn-Transistors mit $N_D = 10^{19} \text{cm}^{-3}$ und $N_A = 10^{15} \text{cm}^{-3}$
ist $U_D \simeq 0,80$ V.

Außerhalb der Feldzone sind die Trägerdichten im thermodynamischen
Gleichgewicht, das erst durch eine äußere Spannung U aufgehoben
wird:

$$n_p = n_n \exp\left(-\frac{U_D - U}{U_T}\right) = \frac{n_i^2}{N_A} \exp \frac{U}{U_T} . \qquad (1/11)$$

Durch die Flußspannung $U > 0$ verringert sich die Spannungsschwelle U_D. Die Minoritätsträgerdichten am Rande der Feldzone sind angehoben. Durch eine Sperrspannung $U < 0$ werden sie dagegen abgesenkt.

Die Störung der Randkonzentrationen gibt Anlaß zu Diffusionsströmen
in die anliegenden neutralen Halbleitergebiete. Die Konzentrations-
verläufe werden durch die statische Diffusionsgleichung beschrieben.
In einem n-Halbleitermaterial gilt z.B.

$$\frac{d^2 p}{dx^2} = \frac{p_n - p_{n0}}{L_p^2} \qquad (1/12)$$

mit der allgemeinen Lösung

$$p_n - p_{n0} = A \exp \frac{x}{L_p} + B \exp \left(- \frac{x}{L_p} \right) . \qquad (1/13)$$

Ein entsprechender Zusammenhang besteht auch für Elektronen in einem p-Gebiet.

Eine Minoritätsträgerstörung $p_n(x) - p_{n0}$ klingt exponentiell mit der Entfernung ab. Die Diffusionslängen L_p der Löcher im n-Gebiet bzw. L_n der Elektronen im p-Material,

$$L_p = \sqrt{D_p \tau_p} \qquad \text{bzw.} \qquad L_n = \sqrt{D_n \tau_n} \, , \qquad (1/14)$$

stellen ein Maß für die mittlere Reichweite der Minoritätsträgerstörung dar. Im Falle eines Injektionsprozesses ist L der mittlere Weg, den ein Minoritätsträger bis zu seiner Rekombination zurücklegt. τ ist die Lebensdauer der jeweiligen Trägersorte. Zahlenbeispiel: Mit $\tau_p = 10\,\mu s$ beträgt $L_p = 110\,\mu m$.

Die Ausdehnung der Feldzone läßt sich aus den elementaren Gleichungen der Elektrostatik ermitteln. Mit einer Näherung, in der innerhalb des gesamten Raumladungsgebietes nur die Ladungen der ortsfesten Donatoren N_D und Akzeptoren N_A berücksichtigt werden (Schottky-Näherung), errechnet sich im Falle eines stark unsymmetrisch dotierten Stufenprofils eine Raumladungsweite

$$1 \simeq \sqrt{\frac{2 \, \varepsilon\varepsilon_0 (U_D - U)}{e \, N_{A,D}}} \, . \qquad (1/15)$$

Die Dielektrizitätskonstante beträgt für Silizium $\varepsilon \simeq 11,7$ und ε_0 ist $\varepsilon_0 = 8,85 \cdot 10^{-14} \, As/Vcm$. Die Raumladungszone liegt überwiegend auf der schwächer dotierten Seite der pn-Grenze. $U_D - U$ ist der gesamte Spannungsabfall über die Raumladungszone. Ohne äußere Spannung ist nur U_D zu berücksichtigen. Im Falle einer Flußspannung $U > 0$ ist die Raumladungsweite kleiner. Mit einer Sperrspannung $U < 0$ ist 1 erhöht.

Zahlenbeispiel: Mit $N_A = 10^{15}\,cm^{-3} \ll N_D$ und $U_D = 0,8\,V$ hat die Feldzone ohne äußere Spannung eine Ausdehnung $1_p = 1\,\mu m$. Durch

eine Flußspannung von 0,6 V verringert sich l_p auf 0,5 μm, durch
eine Sperrspannung von 100 V erhöht sich l_p auf 11 μm.

Für diffundierte pn-Übergänge ist bei kleinen Raumladungsweiten
wegen des stetigen Dotierungsübergangs anstelle der Stufennäherung
(1/15), eine andere Beziehung zu verwenden, siehe die angegebene
Literatur.

1.1.4 Diffusionstransistor

Ein Diffusionstransistor ist der Idealfall des Shockleyschen Injek-
tionstransistors, in dem der Injektionsstrom durch die Basis ohne
Driftkomponente allein durch Diffusion fließt. In der nachfolgenden
Diskussion wird von folgenden Voraussetzungen und Idealisierungen
ausgegangen:

npn-Transistor, keine schwach dotierte Kollektorzone,

abrupte pn-Übergänge,

homogen dotierte Basiszone, kein Driftfeld,

eindimensionale Ladungsträgerbewegung vom Emitter zum Kollektor, keine transversalen Strom- und Spannungskomponenten,

schwache Injektion,

stationäre Gleichstrombedingungen,

aktiver Arbeitsbereich.

Diese Bedingungen sind nur für die heute nicht mehr gefertigten legierten Transistoren einigermaßen zutreffend. Effekte zweiter Ord-
nung haben aber in der Praxis je nach Transistortechnologie erheblichen Einfluß auf die elektrischen Eigenschaften und werden in späteren Abschnitten noch ausführlich diskutiert.

Den Aufbau des npn-Diffusionstransistors zeigt schematisch Abb.
1.5 a. Der Dotierungsverlauf ist in Abb. 1.5 b gezeichnet. Die pn-
Übergänge sind unsymmetrisch, die Dotierung $N_D = n_n$ der Emit-
ter- und Kollektorzone ist mit typisch 10^{18} bis 10^{21} cm^{-3} viel
größer als die Störstellendichte $N_A = p_p$ ($10^{15} \ldots 10^{17}$ cm^{-3}) in der
Basis.

Der Emitter ist im aktiven Arbeitsbereich durch eine Spannung U_{BE}
in Flußrichtung gepolt. Der Kollektor ist durch U_{CB} (Basisschaltung)

oder U_{CE} (Emitterschaltung) gesperrt. Beide Raumladungszonen erstrecken sich bevorzugt in die schwächer dotierte Basis hinein. Die Potentialverteilungen im Transistor sind dem Energiebandschema von Abb.1.5 c zu entnehmen. Gegenüber dem Spannungsverlauf hat die Elektronenenergie wegen der negativen Elektronenladung ein umgekehrtes Vorzeichen.

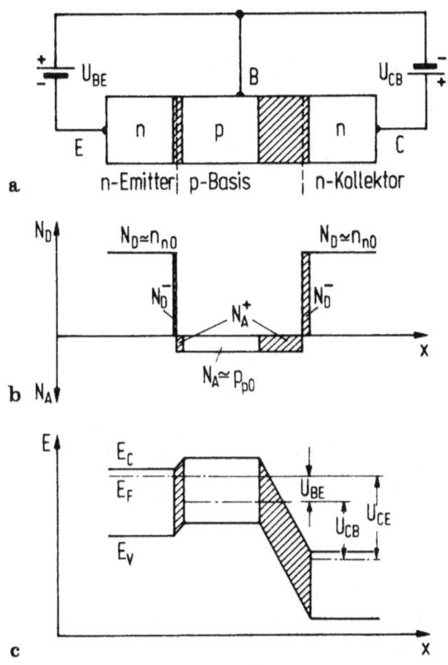

Abb.1.5. Diffusionstransistor im aktiven Arbeitsbereich (npn-Typ, schematisch).
a) Aufbau; b) Dotierungsverlauf; c) Energiebandschema. E Elektronenenergie, E_c Leitungsbandkante, E_v Valenzbandkante, E_F Fermienergie, Raumladungszonen schraffiert

Minoritätsträgerverteilung

Die Minoritätsträgerverteilung innerhalb des Transistors entspricht dem Schema der Abb.1.6. Bei den anschließenden Überlegungen zur Ortsabhängigkeit der Dichten ist die Ortskoordinate x immer von den Rändern der Emitter-Raumladungszone ab in die neutralen Gebiete gerechnet. Die Feldzonen selbst sind ausgespart und in Abb. 1.6 schraffiert gezeichnet. Ihre inneren Ladungsverteilungen sind bei der Ableitung der nachfolgenden Zusammenhänge unwichtig, da nur die neutralen Halbleitergebiete interessieren.

An den Rändern der Emitterfeldzone sind die Minoritätsträgerdichten wegen der Flußspannung U_{BE} angehoben (Trägerinjektion). In der Basis ist

$$n_p(0) = n_{p0} \, \exp \frac{U_{BE}}{U_T} \qquad\qquad (1/16a)$$

und im Emitter

$$p_n(0) = p_{n0} \, \exp \frac{U_{BE}}{U_T} \; . \qquad\qquad (1/16b)$$

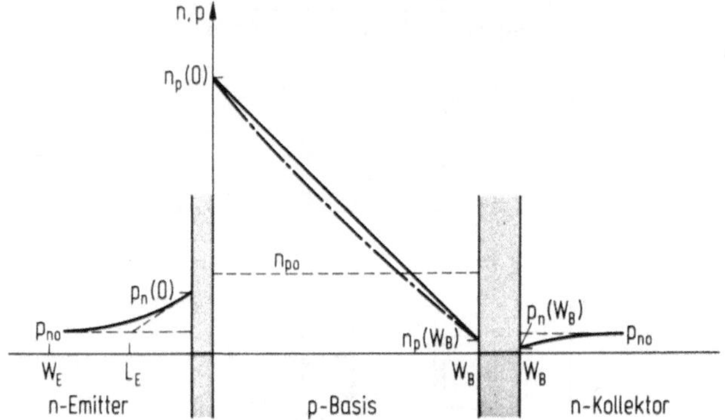

Abb.1.6. Minoritätsträgerverteilung in der Basis eines npn-Diffusionstransistors im aktiven Arbeitsbereich. Ausgezogene Kurve: bei Vernachlässigung der Rekombination; strichpunktierte Kurve: bei Berücksichtigung der Basisrekombination $[n \sim \sinh{(W_B - x)}/L_B)]$

Im Bereich der Kollektorfeldzone sind dagegen die Trägerdichten durch die anliegende Sperrspannung abgesenkt. Die Elektronen werden durch das elektrische Feld aus der Basis in den Kollektor gezogen. Entsprechend ist die Löcherdichte auf der Kollektorseite verringert. Unter der Bedingung $U_{CB} \gg U_T$ ist

$$\text{in der Basis} \qquad n_p(W_B) = n_{p0} \, \exp\left(- \frac{U_{CB}}{U_T}\right) \approx 0 \; , \qquad (1/17a)$$

$$\text{im Kollektor} \qquad p_n(W_B) = p_{n0} \, \exp\left(- \frac{U_{CB}}{U_T}\right) \approx 0 \; . \qquad (1/17b)$$

In der neutralen Basiszone besteht nach (1/16a) und (1/17a) ein starkes Minoritätsträgergefälle zwischen dem Emitter- und dem Kol-

30

lektorrand. Die Diffusionslänge $L_n \equiv L_B$ in der Basis ist beträchtlich größer als die effektive neutrale Basisweite W_B, die je nach Transistortyp zwischen $0,2\,\mu m$ (Hochfrequenztransistor) und $30\,\mu m$ (Niederfrequenz-Leistungstransistor) liegt. In der Basis stellt sich deshalb angenähert die in Abb.1.6 gezeichnete, dreieckförmige Elektronenverteilung ein,

$$n_p(x) \simeq n_p(0)\left(1 - \frac{x}{W_B}\right) \quad \text{für} \quad 0 < x < W_B \; . \qquad (1/18)$$

Im Emitter- und im Kollektorraum wird angenommen, daß die Ausdehnungen groß gegenüber den jeweiligen Diffusionslängen sind und die Minoritätsträgerstörungen exponentiell bis zu den Gleichgewichtsdichten p_{n0} abnehmen. Die neutrale Emittertiefe W_E beträgt je nach Transistortyp zwischen $0,1\,\mu m$ (Höchstfrequenztransistor) und $90\,\mu m$ (einfachdiffundierter Leistungstransistor). Die Bedingung $W_E \gg L_E$ bedeutet, daß die Diffusionslänge L_E im Emitterbereich durch Oberflächen- oder Hochdotierungseffekte ganz erheblich gegenüber den Volumenwerten herabgesetzt ist. Mit $L_p \equiv L_E$ ist im Emitterraum

$$p_n(x) - p_{n0} = (p_n(0) - p_{n0})\exp\frac{x}{L_E} \quad \text{für} \quad x < 0 \; . \qquad (1/19)$$

Entsprechend gilt für das Kollektorgebiet mit seiner meistens beträchtlich größeren Ausdehnung und $L_p \equiv L_C$:

$$p_{n0} - p_n(x) = (p_{n0} - p_n(W_B))\exp\left(-\frac{x - W_B}{L_C}\right) \quad \text{für} \quad x > W_B \; .$$
$$(1/20)$$

Ströme

Bei der Ableitung der nachfolgenden Stromgleichungen werden die sehr kleinen Gleichgewichtsdichten n_{p0} bzw. p_{n0} gegenüber den gestörten Dichten n_p bzw. p_n der Minoritätsträger bei Diffusionsvorgängen der Übersichtlichkeit halber aus den Rechnungen herausgelassen. Das Konzentrationsgefälle der Minoritätsträger in der Basis ist Ursache einer Elektronendiffusion vom Emitter zum Kollektor.

Aus (1/7) errechnet sich mit $D_n \equiv D_B$ ein Diffusionsstrom

$$I_n = I_C \simeq \frac{e\, D_B\, n_p(0)\, A}{W_B} \simeq \frac{e\, D_B\, n_i^2\, A}{W_B \cdot N_B} \exp \frac{U_{BE}}{U_T} \quad . \qquad (1/21)$$

Die diffundierenden Minoritätsträger haben in der Basis eine begrenzte Lebensdauer $\tau_n \equiv \tau_B$. Nicht alle der am Emitter injizierten Elektronen erreichen den Kollektor, einige rekombinieren mit Majoritätsträgern. $I_n(W_B) = I_C$ ist kleiner als $I_n(0)$, was in Abb. 1.6 durch die geringere Neigung der strichpunktiert eingezeichneten Kurve am Kollektorrand angedeutet ist. Die Kurve "hängt" wegen der Rekombinationsverluste durch. Der genaue Verlauf läßt sich aus der Diffusionsgleichung errechnen und wird durch hyperbolische Funktionen beschrieben (z.B. [6], S. 90).

Die Rekombinationsverluste müssen als Basisstrom I_{BB} zugeführt werden. Die in der Basis gespeicherte Injektionsladung Q_B ist der Dreiecksfläche unter der Verteilung $n_p(x)$ von Abb.1.6 proportional. Wegen $Q_B = 1/2 \cdot e\, n_p(0) W_B A$ errechnet sich mit Hilfe der Minoritätsträgerlebensdauer τ_B ein Rekombinationsstromanteil I_{BB} der Basisschicht,

$$I_{BB} = \frac{G_B}{\tau_B} = \frac{e\, n_i^2\, W_B\, A}{2\, \tau_B\, N_B} \exp \frac{U_{BE}}{U_T} \quad . \qquad (1/22)$$

Aus (1/21) und (1/22) folgt bei Berücksichtigung der Basisrekombination die Stromverstärkung $B = B_B$ in Emitterschaltung,

$$B_B = \frac{I_n(W_B)}{I_n(0) - I_n(W_B)} = \frac{I_C}{I_{BB}} \simeq 2\, \frac{D_B\, \tau_B}{W_B^2} = 2 \left(\frac{L_B}{W_B} \right)^2 \quad . \qquad (1/23)$$

Eine hohe Stromverstärkung setzt also geringe Basisweite und große Diffusionslänge voraus, d.h. große Lebensdauer und Diffusionskonstante der Minoritätsträger in der Basis.

Das Verhältnis

$$\alpha_T = \frac{I_n(W_B)}{I_n(0)} = \frac{I_C}{I_C + I_{BB}} \qquad (1/24)$$

des am Kollektor ankommenden Anteils I_C zum gesamten Injektionsstrom $I_n(0)$ am Emitter nennt man Transportfaktor. Gibt es keine weiteren Rekombinationsverluste im Transistor, so stimmt α_T mit der Stromverstärkung A in Basisschaltung überein. Der genaue Ausdruck von α_T errechnet sich aus der Diffusionsgleichung ([6], S. 98):

$$\alpha_T = \frac{1}{\cosh(W_B/L_B)} \; .\qquad (1/24a)$$

Über den Basisstrom müssen aber zusätzlich auch Rekombinationsverluste im Emitterraum nachgeliefert werden. Dieser Anteil I_{BE} entspricht dem Löcherstrom, der aus der Basis in den Emitter injiziert wird. Über (1/7) und (1/19) errechnet sich mit $D_p \equiv D_E$ ein Strom

$$I_p(0) = I_{BE} \simeq \frac{e\,D_E\,n_i^2\,A}{L_E \cdot N_E}\,\exp\frac{U_{BE}}{U_T}\; .\qquad (1/25)$$

Mit (1/21) und (1/25) läßt sich in der allgemeineren Schreibweise $N_B \equiv N_A$ und $N_E \equiv N_D$ wieder eine Stromverstärkung als Injektionsverhältnis des erwünschten Elektronenstromes zum verlorenen Löcherstrom bei Vernachlässigung der Rekombination in der Basis angeben:

$$B = B_E = \frac{I_n(0)}{I_p(0)} \simeq \frac{I_C}{I_{BE}} = \frac{D_B\,N_E\,L_E}{D_E\,N_B\,W_B}\; .\qquad (1/26)$$

Um eine hohe Stromverstärkung zu erreichen, muß der Emitter stark gegenüber der Basis dotiert sein. Dabei kommt es auf die Gesamtzahl der Störstellenatome $N_B\,W_B$ in der Basis bzw. $N_E\,L_E$ innerhalb der wirksamen Emittertiefe an, s. auch Abschnitt 2.1.3. Das Verhältnis

$$\eta_E = \frac{I_n(0)}{I_n(0) + I_p(0)} = \frac{I_C + I_{BB}}{I_E}\qquad (1/27)$$

des aus dem Emitter in die Basis injizierten Minoritätsträgerstromes zum gesamten Emitter-Injektionsstrom nennt man auch Emitterwirkungsgrad oder Emitterergiebigkeit.

Da die Rekombinationsvorgänge im Basis- und Emitterbereich nebeneinander ablaufen, beträgt die resultierende Stromverstärkung

$$\frac{1}{B} = \frac{I_{BB} + I_{BE}}{I_C} = \frac{1}{2}\left(\frac{W_B}{L_B}\right)^2 + \frac{D_E N_B W_B}{D_B N_E L_E} \qquad (1/28)$$

bzw.

$$A = \frac{I_C}{I_E} = \alpha_T \cdot \eta_E \simeq \frac{1}{1 + \frac{1}{2}\left(\frac{W_B}{L_B}\right)^2} \cdot \frac{1}{1 + \frac{D_E N_B W_B}{D_B N_E L_E}} \cdot \qquad (1/29)$$

Im Kapitel 2.1 wird der Fragenkreis Stromverstärkung ausführlicher behandelt.

1.1.5 npn- und npνn-Transistor

Bisher wurde bei den Betrachtungen ein idealisierter npn-Diffusionstransistor zugrundegelegt. Alle in der Praxis hergestellten bipolaren Transistoren können aber zwei unterschiedlichen Schemata zugeordnet werden, die in Abb.1.7 und Abb.1.8 gegenübergestellt sind. Die Zonenfolge, die Abmessungen und die Dotierung der einzelnen Zonen hängen einmal von der gewünschten Sperrfähigkeit des Transistors ab. Darüber hinaus werden beinahe alle anderen elektrischen Eigenschaften wie die Restspannung, das Schaltverhalten, das Hochfrequenzverhalten und die Belastbarkeit beeinflußt.

An einer in Sperrichtung gepolten pn-Diode bildet sich eine Feldzone aus, deren Ausdehnung mit der anliegenden Kollektorspannung zunimmt. Die elektrische Feldstärke ist unmittelbar an der pn-Grenze am größten, vgl. Abb.1.7c und Abb.1.8c. Sie darf dort einen maximalen Wert E_{krit} nicht erreichen, da der Transistor sonst in den Lawinendurchbruch gerät (Abschn. 3.2). Die zulässige Maximalspannung $U = \int E\,dx$ ist proportional zur schraffierten Fläche unter dem Feldstärkeverlauf. Die maximale Feldstärke ist bei vorgegebener Spannung niedrig, wenn die Feldzone eine große Ausdehnung hat. Der Raumladungszone muß deshalb je nach gewünschter Sperrspannung eine schwach dotierte Kristallzone ausreichender Dicke zur Verfügung stehen.

Das schwach dotierte Kristallgebiet ist bei npn-Transistoren nach
Abb.1.7 die p-Basis zwischen zwei gut leitenden n-Zonen. Die Basisweite muß auf jeden Fall größer sein als die Ausdehnung der Kollektorfeldzone. Das Zahlenbeispiel von Abschnitt 1.1.2 ergab nach
(1/15) bei 100 V Spannung eine Raumladungsweite von 11 μm. Mit
einer Basisweite dieser Größenordnung sind aber die Stromverstärkung herabgesetzt, die gespeicherten Minoritätsträgerladungen erhöht und die dynamischen Eigenschaften verschlechtert. In dieser
Anordnung werden deshalb nur Niederfrequenz-Leistungstransisto-
ren mit zulässigen Maximalspannungen bis 150 V gefertigt. Dazu
gehören nicht nur die Siliziumtransistoren in Epibasis- und Einfachdiffusionstechnik (Abschn. 4.2) sondern auch die früher verwendeten legierten Germaniumtransistoren.

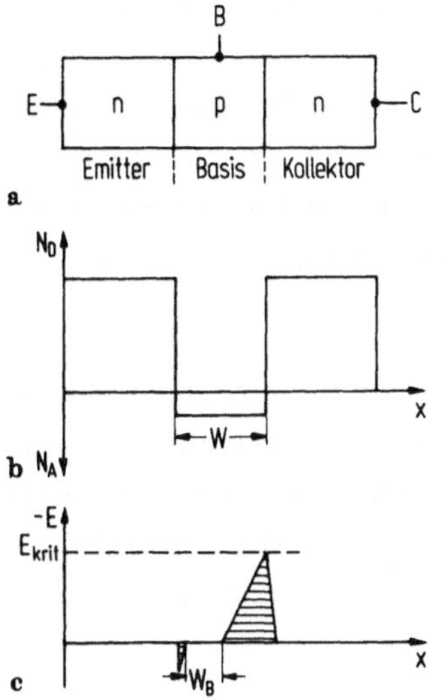

Abb.1.7. Transistoraufbau und
maximale Kollektorspannung: npn-
Typ.
a) Zonenfolge; b) Dotierungsverteilung; c) Verlauf der elektrischen
Feldstärke bei der Durchbruchspannung mit der maximalen Feldstärke
E_{krit}. Die Fläche $\int E\,dx$ (schraffiert)
ist der zulässigen Kollektorspannung
proportional

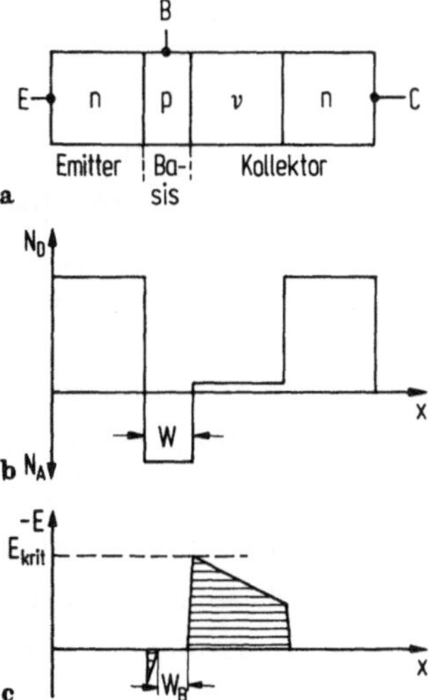

Abb.1.8. Transistoraufbau
und maximale Kollektor-
spannung: npνn-Typ.
Erklärung s. Bildunter-
schrift, Abb.1.7

Liegen dagegen das hochohmige Kristallgebiet und die Feldzone überwiegend auf der Kollektorseite des pn-Überganges, so kann die Basis-

weite auch bei hochsperrenden Transistoren klein bleiben. Ein hoch-
ohmiger Kollektor erhöht aber wegen des Bahnwiderstandes auf uner-
wünschte Weise die Restspannung zwischen Kollektor und Emitter
und verschlechtert außerdem die dynamischen Eigenschaften. Die
Kollektorzone sollte deshalb nicht dicker sein als es die Spannungs-
festigkeit erfordert.

Ein Transistorsystem (Chip) mit einer 11 μm dicken Kollektorschicht, einer Basisweite von 2 μm und einer Emittertiefe von
ebenfalls 2 μm (Abmessungen eines typischen Planartransistors)
hätte eine Gesamtstärke von nur 15 μm. Eine Siliziumscheibe von
75 mm Durchmesser, wie sie heute für die Serienfertigung verwendet wird, könnte in dieser Dicke mechanisch nicht bearbeitet werden. Die hochohmige Kollektorzone muß deshalb durch eine gut leitende n^+-Trägerschicht auf etwa 200 μm verstärkt werden. Das führt
zu der in der Praxis besonders wichtigen $np\nu n$-Struktur des bipolaren Transistors. Die Bezeichnung ν steht hier für eine schwach n-
leitende Kollektorschicht. Die Kennzeichnung n^+ der stark n-leitenden Schichten von Subkollektor und Emitter wird in der Regel nicht
ausdrücklich angegeben. Man spricht aber gelegentlich auch von
$n^+ p n^+$- bzw. $n^+ p \nu n^+$-Strukturen.

Der bekannteste Vertreter mit dieser Zonenfolge ist der epitaxiale
Planartransistor, wie er heute als Einzeltransistor oder in der Großintegration verwendet wird. Sein Aufbau und der reale Dotierungsverlauf sind erst in Abschnitt 4.1 und in Abb.4.2 genauer beschrieben. Ähnlich aufgebaut sind auch die dreifachdiffundierten Leistungstransistoren (Abschn. 4.2 und Abb.4.8).

Außer npn- und $np\nu n$-Transistoren hat man auch kombinierte Struk-
turen in Mehrfach-Epitaxialtechnik hergestellt, in denen sich die
Feldzone der Kollektordiode auf beide Seiten der pn-Grenze verteilt.
Einzelheiten werden ebenfalls in Kapitel 4 behandelt.

1.1.6 Drifttransistor

Bei dem in Abschnitt 1.1.4 beschriebenen Diffusionstransistor ist
eine homogen dotierte Basiszone vorausgesetzt (Kurve I in Abb.
1.9 a). Die elektrische Feldstärke E in der Basis ist Null (Kurve I

in Abb.1.9b). Die Minoritätsträger, die am Emitter injiziert werden, können den Kollektor nur als Diffusionsstrom erreichen. Deshalb stellt sich ein nahezu linearer Abfall der Minoritätsträgerdichte vom Emitter zum Kollektor ein (Kurve I in Abb. 1.9c).

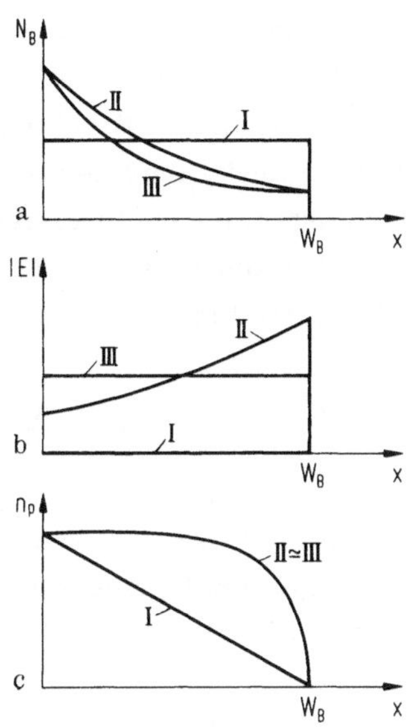

Abb.1.9. Diffusions- und Drifttransistor.
a) Dotierungsverläufe $N_B(x)$ in der Basis; b) Verläufe der elektrischen Feldstärke $E(x)$; c) Minoritätsträgerverteilungen $n_p(x)$. Kurve I Diffusionstransistor (N_B konstant); Kurve II Drifttransistor mit diffundierter Basis [$N_B \sim erfc(x)$]; Kurve III exponentielle Dotierungsverteilung [$N_B \sim exp(-ax)$]

Transistoren mit diffundierter Basis haben nach Abb.4.2 bzw. 4.8 in der Basis andererseits einen Dotierungsverlauf, der von einem Maximum nahe der Emittergrenze zum Kollektor hin abfällt und in Abb.1.9a ebenfalls schematisch eingezeichnet ist (Kurve II). Die ungleichförmige Dotierung beeinflußt die Stromverstärkung. Der Zusammenhang mit dem Injektionsstromverhältnis bzw. dem Emitterwirkungsgrad wird in Abschnitt 2.1.2 diskutiert. Die inhomogene Dotierung der Basis ist aber auch Ursache eines Driftfeldes, das die Rekombinationsvorgänge im Basisraum und den Basistransportfaktor beeinflußt. Die diffundierenden Elektronen werden in der Basis durch das elektrische Feld der negativ geladenen Akzeptoren zusätzlich in Richtung abnehmender Akzeptorendichte zum Kollektor getrieben. Transistoren mit Basisdriftfeld nennt man auch Drifttransistoren.

In der Basis gilt mit einem Akzeptorverlauf $N_B(x)$ bei schwacher Injektion angenähert

$$p_p(x) \simeq N_B(x) \quad \text{und} \quad \frac{dp}{dx} \simeq \frac{dN_B}{dx} . \qquad (1/30)$$

Der Majoritätsträgerstrom durch die Basis muß Null sein, weil die Löcher vom elektrischen Feld der Kollektorsperrschicht abgesto-ßen und am Emitter nicht nachgeliefert werden. Der Löcherdiffusionsstrom, der in Richtung abnehmender Dotierungsdichte zum Kollektor läuft, muß deshalb durch einen entgegengerichteten Löcherfeldstrom gerade kompensiert werden. Für dieses Gleichgewicht folgt aus (1/6) bis (1/8) und (1/30) der Zusammenhang zwischen Driftfeldstärke E und Dotierungsverlauf:

$$E(x) = \frac{kT}{e} \frac{1}{p} \frac{dp}{dx} = \frac{U_T}{N_B(x)} \frac{dN_B}{dx} . \qquad (1/31)$$

Die Minoritätsträger werden durch dieses Feld in der Basis wegen ihrer negativen Ladung zum Kollektor hin beschleunigt. Zum Diffusionsstrom addiert sich ein Feldstrom.

Die Dotierung fällt in einer diffundierten Basis etwa nach einer komplementären Fehlerfunktion erfc (x) ab (Kurve II in Abb.1.9a, vgl. z.B. [7]). In Übereinstimmung mit (1/31) steigt die elektrische Feldstärke zum Kollektor hin an (Kurve II in Abb.1.9b). Man begeht aber keinen großen Fehler, wenn man zur Abschätzung von einer konstanten Feldstärke ausgeht (Kurve III in Abb.1.9b). Nach (1/31) gehört dazu eine exponentiell vom Emitter zum Kollektor abnehmende Dotierung,

$$N_B(x) = N_B(0) \exp\left(- \frac{E\,x}{U_T}\right) \qquad (1/32)$$

und daraus

$$E = \frac{U_T}{W_B} \ln \frac{N_B(0)}{N_B(W_B)} . \qquad (1/33)$$

Mit einer Basisweite von $2\,\mu\mathrm{m}$ und mit $N_B(0) = 100 \cdot N_B(W_B)$ errechnet sich eine Driftfeldstärke von $600\,\mathrm{V/cm}$ und ein Spannungsabfall $E\,W_B$ von $0,12\,\mathrm{V}$.

Das Verhältnis der Minoritätsträger-Driftstromkomponente zum Diffusionsstrom ohne Driftfeld nennt man auch den Driftfaktor m. Ein Feldstrom gleich dem Diffusionsstrom erfordert bei einer Trägerverteilung nach Abb.1.6 eine Feldstärke $E_0 = 2\,U_T/W_B$ in der Basis. Der Driftfaktor ergibt sich als Verhältnis beider Feldstärken zu $m = E/E_0 = E\,W_B/(2\,U_T)$. Da der Spannungsabfall $E\,W_B$ innerhalb der Basis auf jeden Fall kleiner als der halbe Bandabstand E_g (= 1,1 eV für Si) sein muß, ist im Fall des Siliziumtransistors $0 < m < 10$.

In der Basis stellt sich eine Minoritätsträgerverteilung ähnlich Kurve II in Abb.1.9c ein. In Emitternähe besteht kein Dichtegefälle, der Ladungsträgertransport erfolgt als Feldstrom. In Kollektornähe herrscht ein starkes Trägergefälle, der Strom wird durch Diffusionsvorgänge beherrscht. Die gesamte Speicherladung Q_B und die Rekombinationsströme sind bei vorgegebenem Strom I_C herabgesetzt.

Durch das Driftfeld wird auch die Basislaufzeit verkürzt. Die dynamischen Eigenschaften des Transistors sind verbessert, s. Abb.2.13. Bei der Lösung der Diffusionsgleichung ist ein zusätzlicher Feldterm zu berücksichtigen. Die Ergebnisse unterscheiden sich nur quantitativ von denen des Diffusionstransistors. Wenn aber bei starker Injektion (Abschn.2.1.4) die Dichte der injizierten Minoritätsträger groß im Vergleich zur Akzeptorenkonzentration ist, wird das Driftfeld unwirksam. Diffusions- und Drifttransistor unterscheiden sich bei hohen Stromdichten bezüglich ihrer elektrischen Eigenschaften wenig.

Auf der anderen Seite müssen Löcher, die aus der Basis in einen diffundierten Emitter injiziert werden, sich in Richtung zunehmender Donatorendichte bewegen. Sie werden durch das Feld der ionisierten positiven Donatoren gebremst. Auch dieser Effekt erhöht die Stromverstärkung, weil der Emitteranteil des Basisstroms abnimmt.

Der kurze Basisbereich zwischen Emittergrenze und dem Maximum der Basisdotierung sollte den Fluß der Elektronen zum Kollektor dagegen theoretisch behindern. In der Praxis darf dieser Effekt vernachlässigt werden, zumal die dünne Zone zum größten Teil von der auch bei Flußpolung noch verbleibenden Emitterfeldzone überbrückt wird.

1.1.7 Basisweitenmodulation und Durchgreifspannung

Die Kollektordiode eines aktiv betriebenen Transistors ist in Sperr-
richtung gepolt. Die Raumladungszone erstreckt sich auch in die
Basiszone hinein. Dadurch verkürzt sich die Weite W_B der neutralen Basis bei größeren Kollektorspannungen gegenüber der geometrischen Basisweite W, vgl. Abb.1.10. Bei konstanter Randdichte
$n_p(0)$ der Minoritätsträger am Emitterrand sind sowohl das Dichtegefälle als auch der Injektionsstrom erhöht. Die Abhängigkeit der
effektiven Basisweite von der Kollektorspannung nennt man Basisweitenmodulation oder Early-Effekt (nach dem Namen des Entdek-
kers).

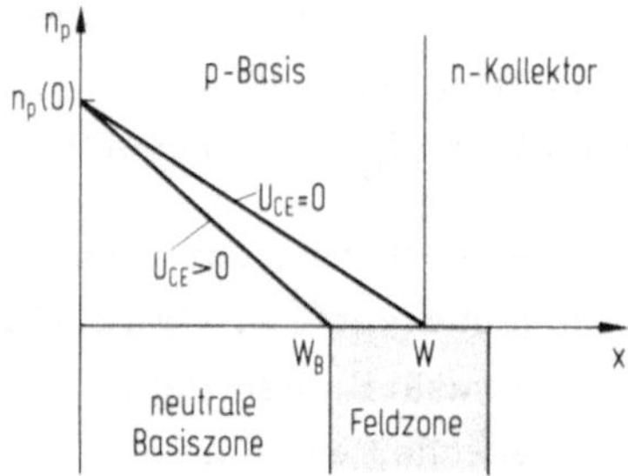

Abb.1.10. Minoritätsträgerverteilung $n_p(x)$ in der Basis bei verschiedenen Kollektor-Emitter-
Spannungen U_{CE}

Beim npn-Transistor ist die Basis im Vergleich zum Kollektor
schwach dotiert. Für ein Stufenprofil der Dotierung errechnet sich
nach (1/15) angenähert

$$W_B = W - \sqrt{\frac{2\,\varepsilon\varepsilon_0\,|U_D - U|}{e\,N_B}} = W - l(U) . \qquad (1/34)$$

Zahlenbeispiel: Mit einer $12\,\Omega$cm-Dotierung beträgt die Basiskon-
zentration in einem Siliziumtransistor $N_B = 10^{15}\,\mathrm{cm}^{-3}$. Durch eine
Kollektorspannung von 10 V verringert sich eine Basisweite von
z.B. $8\,\mu$m auf die Hälfte des maximalen Wertes.

Im Falle eines npνn-Transistors dehnt sich die Feldzone zwar überwiegend in den ν-Kollektor aus. Eine Basisweitenmodulation ist aber
wirksam, da auch eine diffundierte Basis kollektorseitig schwach dotiert ist, und wegen der dünnen Basisweite die relative Änderung groß
sein kann.

Bei konstantem Steuerstrom I_B nimmt der Kollektorstrom I_C mit
der Kollektorspannung U_{CE} zu (Abb.1.11). Da die Basisladung
Q_B mit I_B konstant bleibt, erhöht sich bei abnehmender Basisweite W_B die Minoritätsträgerdichte $n_p(0)$ am Emitterrand, $dn_p(0)/dW_B$
$= -n_p(0)/W_B$. Nach (1/21) gilt deshalb für die Emitterschaltung
$dI_C/dW_B = -2\,I_C/W_B$. Damit besteht ein Zusammenhang

$$\frac{dI_C}{dU_{CE}} = \frac{dI_C}{dW_B} \cdot \frac{dW_B}{dU_{CE}} = -\frac{2\,I_C}{W_B} \frac{dW_B}{dU_{CE}} \simeq 2\,\eta\,\frac{I_C}{U_T}\,.$$

η ist der erst in (1/78) definierte Rückwirkungsfaktor der Ausgangsspannung auf die Basisweite. Die Ausgangskennlinie in Emitterschaltung verläuft nicht mehr horizontal, wie es dem Sättigungscharakter
entsprechen würde. Der Ausgangsleitwert nimmt mit dem Ausgangsstrom linear zu. In Basisschaltung ist dagegen I_C durch I_E eingeprägt und ändert sich in erster Näherung nicht mit der Ausgangsspannung.

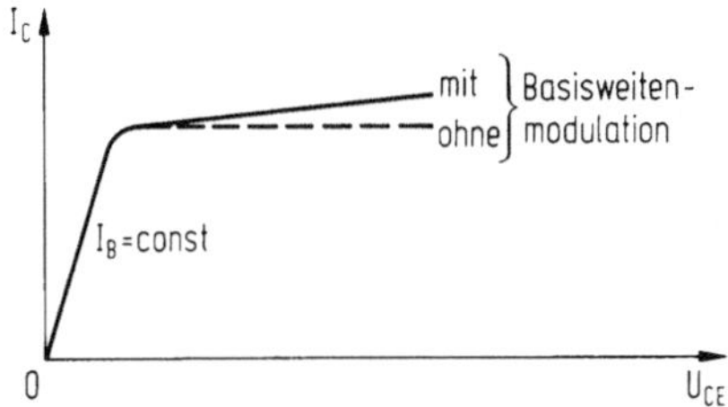

Abb.1.11. Basisweitenmodulation
und Ausgangskennlinie $I_C = f(U_{CE}$,
I_B = const)

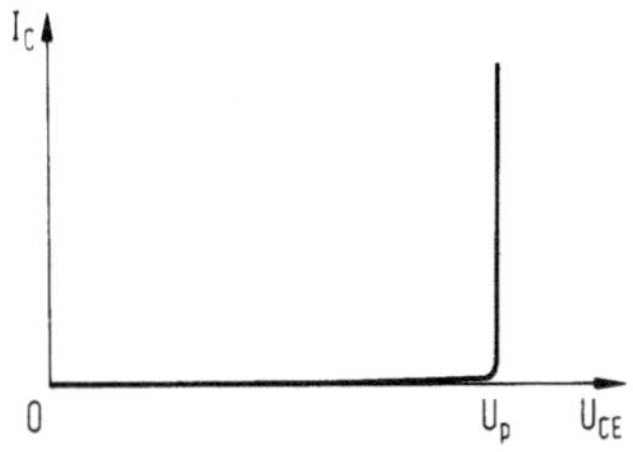

Abb.1.12. Kollektorstrom
I_C bei der Berührspannung
U_P (Punch-Through)

Nach (1/34) erstreckt sich die Feldzone der Kollektordiode bei einer Spannung

$$U_p \simeq W^2\,\frac{e\,N_B}{2\,\varepsilon\varepsilon_0} \tag{1/35}$$

bis zum Emitter. Diese Spannung U_p nennt man Berühr-, Durch-
greif- oder Punch-Through-Spannung. Da Emitter und Kollektor
über die Feldzone kurzgeschlossen sind, entfällt die Diffusionsstrek-
ke in der Basis, der Transistor verliert seine Steuerfähigkeit. Der
Kollektorstrom nimmt zu, sobald die Raumladungszone den Emitter
erreicht, s. Abb.1.12.

Die Durchgreifspannung stellt die maximal zulässige Kollektorspannung des Transistors dar, sofern nicht vorher schon eine Begrenzung durch den Lawinendurchbruch eintritt (Abschn.3.2). In $np\nu n$-Transistoren läßt sich wegen der gut leitenden Basis ein Punch-Through normalerweise nicht vor dem Durchbruch erreichen. Die Feldzone greift statt dessen bei einer Anstoßspannung durch die ganze ν-Zone hindurch bis zum n^+-Substrat.

1.2 Großsignalverhalten und Kennlinien

1.2.1 Gleichungen von Ebers-Moll

In Abschnitt 1.1.4 wurden die Strom-Spannungs-Zusammenhänge für den Fall eines Diffusionstransistors im aktiven Arbeitsbereich abgeleitet. Der gesamte Emitterstrom war die Summe aus einer Elektronen- und einer Defektelektronenkomponente. Mit einer Kollektorspannung $U_{CB} = 0$ folgt aus (1/21) und (1/25) ein Diodenstrom

$$I_E = I_n(0) + I_p(0) = I_{ES}\left(\exp\frac{U_{BE}}{U_T} - 1\right) \qquad (1/36)$$

mit der Sättigungsstromdichte I_{ES},

$$I_{ES} = I_{ESn} + I_{ESp} = e\,A\,n_i^2\left(\frac{D_B}{W_B N_B} + \frac{D_E}{L_E N_E}\right) . \qquad (1/37)$$

Da in diesem Abschnitt auch sehr kleine Diffusionsströme eingeschlossen sein sollen, dürfen die Gleichgewichtsdichten n_{p0} bzw. p_{n0} der Minoritätsträger nicht vernachlässigt werden. Sie verursachen in (1/36) und den nachfolgenden Beziehungen eine Korrektur (-1) hinter den Exponentialausdrücken.

Bei der Ableitung des vollständigen Betriebsverhaltens eines Transistors ist zu berücksichtigen, daß sich Emitter- und Kollektordiode grundsätzlich gleichartig verhalten und ihre Rolle je nach den anliegenden Spannungen auch vertauschen können. Sie sind im vollständigen Diodenersatzschaltbild symmetrisch angeordnet, vgl. Abb.1.13. Die Diodenströme

$$I_E^* = I_{ES}\left(\exp\frac{U_{BE}}{U_T} - 1\right) \quad \text{bzw.} \quad I_C^* = I_{CS}\left(\exp\left(-\frac{U_{CB}}{U_T}\right) - 1\right) \qquad (1/38)$$

werden nachfolgend von den äußeren Transistorströmen I_E und I_C unterschieden. Es ist

$$I_E = I_E^* - A_I I_C^*, \quad \text{bzw.} \quad I_C = A_N I_E^* - I_C^* . \qquad (1/39)$$

Die Gesamtströme I_E und I_C bestehen jeweils aus einer Komponente der anliegenden Diode und einem Transferanteil der gegenüberliegenden Diode. Die Übertragungs- oder Injektionsgrößen $A_N I_E^*$ bzw. $A_I I_C^*$, die die Basis als Diffusionsströme durchlaufen, stellen den Transistoreffekt dar. Sie müssen, da sie von der Spannung der jeweils anderen Diode unabhängig sind, in Abb.1.13 als parallel liegende Stromgeneratoren eingezeichnet werden.

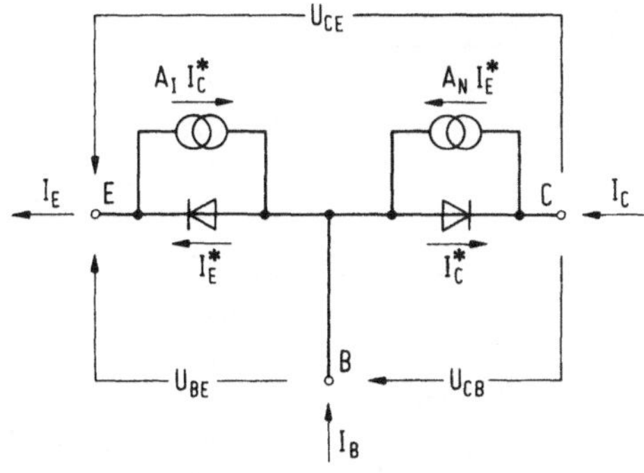

Abb.1.13. Diodenersatzschaltbild des bipolaren Transistors.

Die positiven Stromrichtungen von I_E, I_C und I_B und die positiven Spannungspfeile U_{CE}, U_{CB} und U_{BE} sind nach Abb.1.13 in Übereinstimmung mit denen eines npn-Transistors im aktiven Arbeitsbereich gewählt. Da die positiven Komponenten I_E^* und I_C^* jeweils einer Injektion bei Diodenflußspannung entsprechen, erscheinen sie im Gesamtstrom mit entgegengesetzten Vorzeichen.

Der Anteil A_N des Emitterinjektionsstroms, der den Kollektor erreicht, ist nach (1/29) die Stromverstärkung des normal in Basisschaltung betriebenen Transistors. Entsprechend stellt A_I die Stromverstärkung des invers geschalteten Transistors dar, in dem Emitter und Kollektor vertauscht sind. Wegen des unsymmetrischen Aufbaus bipolarer Transistoren ist meistens $A_I < A_N$ und $B_I \ll B_N$.

Durch Einsetzen der Ausdrücke I_E^* und I_C^* in (1/39) gewinnt man die Ebers-Moll-Gleichungen für das Großsignalverhalten des bipolaren Transistors unter beliebigen Schaltbedingungen [8]:

$$I_E = I_{ES} \left(\exp \frac{U_{BE}}{U_T} - 1 \right) - A_I\, I_{CS} \left(\exp \left(- \frac{U_{CB}}{U_T} \right) - 1 \right) , \qquad (1/40)$$

$$I_C = A_N\, I_{ES} \left(\exp \frac{U_{BE}}{U_T} - 1 \right) - I_{CS} \left(\exp \left(- \frac{U_{CB}}{U_T} \right) - 1 \right) . \qquad (1/41)$$

Arbeitsbereiche	Dioden-spannungen		Injektionsstrom-komponenten		Minoritätsträger-Speicherladung
	U_{BE}	U_{CB}	I_E	I_C	
aktiv normal	>0	>0	I_E^x	$A_N I_E^x$	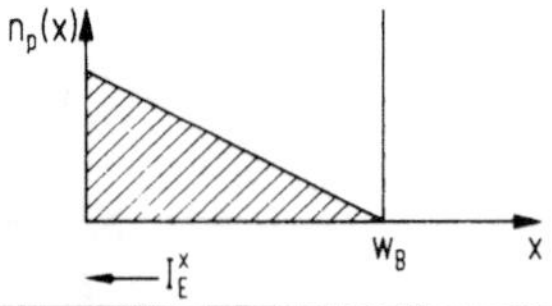
aktiv invers	<0	<0	$-A_N I_C^x$	$-I_C^x$	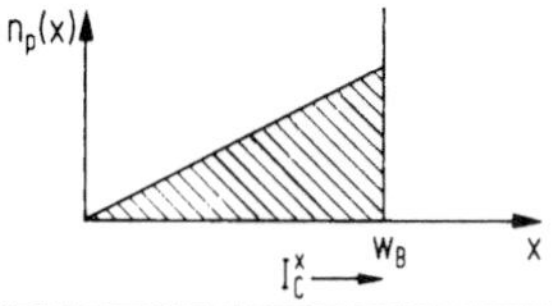
gesättigt	>0	<0	$I_E^x - A_I I_C^x$	$A_N I_E^x - I_C^x$	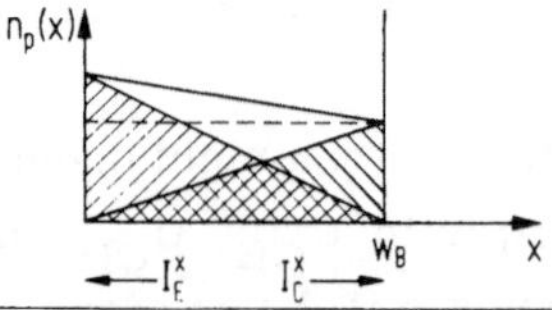
gesperrt	<0	>0	≈ 0	≈ 0	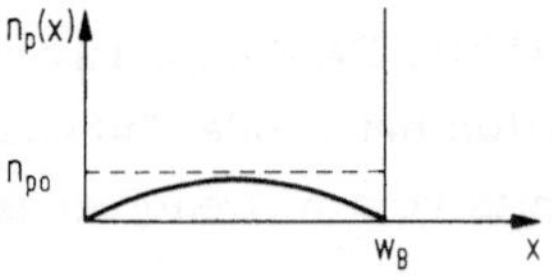
Flußpolung	>0	<0			

Abb.1.14. Betriebsbereiche eines bipolaren Transistors (Vorzeichen entsprechend einem npn-Typ)

Für Diffusionstransistoren ohne Basisdriftfeld besteht ein theoretischer Zusammenhang

$$A_N \, I_{ES} = A_I \, I_{CS} \; . \tag{1/42}$$

Die Beziehung läßt sich beweisen, wenn man A und die Sättigungsströme für den Normal- und den Inversbetrieb berechnet.

Mit den Gleichungen nach Ebers-Moll lassen sich alle Betriebszustände eines Transistors beschreiben. Abhängig vom Vorzeichen der Diodenspannungen definiert man vier Arbeitsbereiche, die in der Tabelle Abb.1.14 zusammengestellt sind: aktiv normaler-, aktiv inverser-, gesättigter- und gesperrter Zustand.

Zu den vier Arbeitsbereichen gehören unterschiedliche Minoritätsträgerverteilungen, vgl. ebenfalls Abb.1.14. Im aktiven und im invers-aktiven Zustand injiziert jeweils nur eine Diode. Die Minoritätsträger in der Basis haben eine nahezu dreieckförmige Verteilung der Steuerladung. Im Falle der Sättigung injizieren beide Dioden gleichzeitig. Die Speicherladung setzt sich aus zwei dreieckförmigen Verteilungen zusammen und läßt sich auch als Summe einer dreieckförmigen und einer konstanten Verteilung, einer Steuer- und einer Sättigungsladung, auffassen.

1.2.2 Ausgangskennlinienfeld in Basisschaltung

Das Großsignalverhalten der Transistoren wird durch Kennlinienfelder beschrieben. Die größte praktische Bedeutung kommt den Ausgangskennlinien zu. Sie stellen den Zusammenhang zwischen Ausgangsspannung und Ausgangsstrom mit einer Steuergröße als Parameter her. Der Zusammenhang zwischen Ausgangsstrom I_C und der Eingangsspannung ist wegen des Diodeneingangs nicht linear. Für bipolare Transistoren als stromgesteuerte Bauelemente ist deshalb der Eingangsstrom als Parameter zweckmäßiger.

In Basisschaltung wird der Transistor über den Emitterstrom gesteuert. Das Ausgangskennlinienfeld $I_C = f(U_{CB}, \, I_E = \text{const})$ erhält man durch Elimination von U_{BE} aus den Ebers-Moll-Gleichungen:

$$I_C = A_N \, I_E - I_{CBO} \left(\exp\left(- \frac{U_{CB}}{U_T} \right) - 1 \right) \qquad (1/43)$$

mit dem Kollektor-Basis-Reststrom I_{CBO}

$$I_{CBO} = (1 - A_N \, A_I) \, I_{CS} \, . \qquad (1/44)$$

Der Ausgangsstrom besteht aus einem spannungsabhängigen Anteil der Kollektordiode, der durch die von U_{CB} unabhängige Injektionskomponente $A_N I_E$ parallel in Richtung größerer Ströme I_C verschoben wird. Der Kennlinienverlauf ist schematisch in Abb.1.15 gezeichnet. Eingetragen sind auch die Grenzen der verschiedenen Arbeitsbereiche.

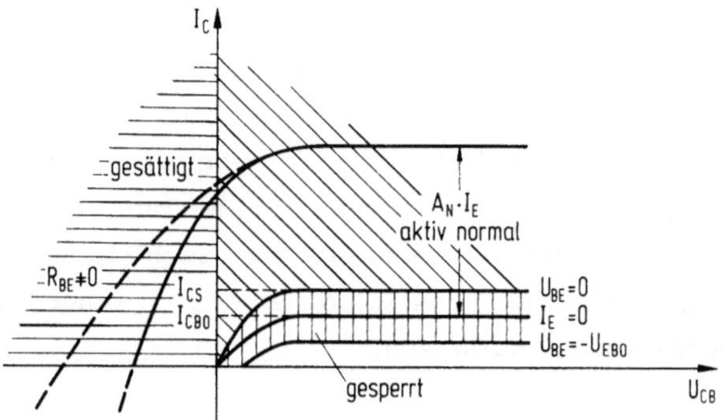

Abb.1.15. Ausgangskennlinienfeld $I_C(U_{CB}, I_E)$ in Basisschaltung.

Aktiver Arbeitsbereich

Bei Spannungen $U_{CB} \gg U_T$, z.B. $U_{CB} > 100\,\text{mV}$, ist im aktiven Arbeitsbereich mit guter Genauigkeit statt (1/43)

$$I_C \approx A_N \, I_E + I_{CBO} \qquad (1/45)$$

I_C ist unabhängig von der Ausgangsspannung. Da in Basisschaltung die Basisweitenmodulation vergleichsweise wenig Einfluß hat, verlaufen die Kennlinien in Abb.1.15 bei kleinen Strömen nahezu horizontal. Der aktive Bereich ist in Abb.1.15 schräg schraffiert gezeichnet. Die Grenzen sind definitionsgemäß wegen $U_{CB} = 0$ durch die I_C-Achse und durch die Kurve $U_{EB} = 0$ festgelegt.

Sättigungsbereich

Mit abnehmender Kollektorspannung verringert sich für $U_{CB} < 0$
auch der Kollektorstrom sehr rasch. Wegen der Flußpolung der
Kollektordiode wird der Emitter-Injektionsstrom durch eine Kol-
lektorinjektion I_C^* kompensiert. Der Schnittpunkt mit der Achse
$I_C = 0$, an dem sich beide Ströme aufheben, läßt sich aus (1/43)
ermitteln:

$$U_{CB}(I_C = 0) = -U_T \ln\left(1 + \frac{A_N I_E}{I_{CBO}}\right) . \qquad (1/46)$$

Theoretisch liegt der Nulldurchgang bei einigen 100 mV. In der
Praxis sind die Spannungswerte wegen der Bahnwiderstände im Basisbereich zu größeren Werten hin nach links verschoben. Der Basisstrom steigt bei eingeprägtem Emitterstrom nach Erreichen der
Sättigung stark an.

Sperrbereich

Der Sperrbereich beider Dioden ist in Abb.1.15 ebenfalls eingezeichnet. Er liegt definitionsgemäß unterhalb der Kennlinie $U_{BE} =$
$= 0$, zu der ein Kollektor-Kurzschlußstrom I_{CES} gehört. Dieser
stimmt für $U_{CB} \gg 0$ mit dem Sättigungsstrom I_{CS} überein. Da
$I_{CBO} < I_{CS}$ ist, liegt die Kennlinie $I_E = 0$ bereits im Sperrbereich.
Mit offenem Emitter stellt sich an der Basis eine negative Spannung
ein, das Emitter-Floatingpotential $U_{float} = U_{BE}(I_E = 0)$. Aus (1/40)
und (1/42) errechnet sich

$$U_{BE}(I_E = 0) = U_{float} = U_T \ln(1 - A_N) < 0 . \qquad (1/47)$$

Die Sperrpolung kommt dadurch zustande, daß die Minoritätsträgerdichte an der Kollektordiode im Sperrfall abgesenkt ist. Aus dem
Emitter werden bei npn-Transistoren Elektronen in die Basis nachgeliefert. Die Emitterzone lädt sich positiv auf, bis eine Sperrspannung $U_{BE} < 0$ diesem Diffusionsprozeß das Gleichgewicht hält. Zahlenbeispiel: Mit einer Stromverstärkung $B = 100$ und $A = 0,99$ beträgt U_{float} etwa 120 mV.

1.2.3 Ausgangskennlinienfeld in Emitterschaltung

Das Ausgangskennlinienfeld $I_C = f(U_{CE}, I_B = \text{const})$ in Emitterschaltung legt den Zusammenhang zwischen Ausgangsstrom I_C und
Ausgangsspannung U_{CE} fest. Kennlinienparameter ist der Steuerstrom I_B. Typische Kennlinien sind in Abb.1.16 dargestellt. Einzelheiten sind vergrößert in Abb.1.17 zu erkennen. Abb.1.17 zeigt
außerdem die Abgrenzungen der verschiedenen Arbeitsbereiche.

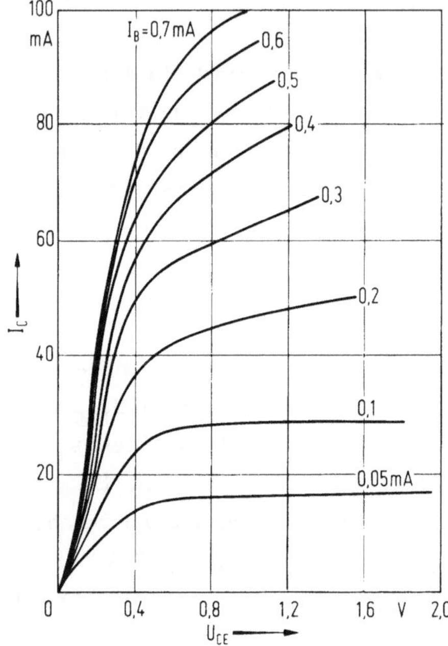

Abb.1.16. Ausgangskennlinienfeld $I_C(U_{CE}, I_B)$ in Emitterschaltung (Vorstufentransistor
BC 107 [9])

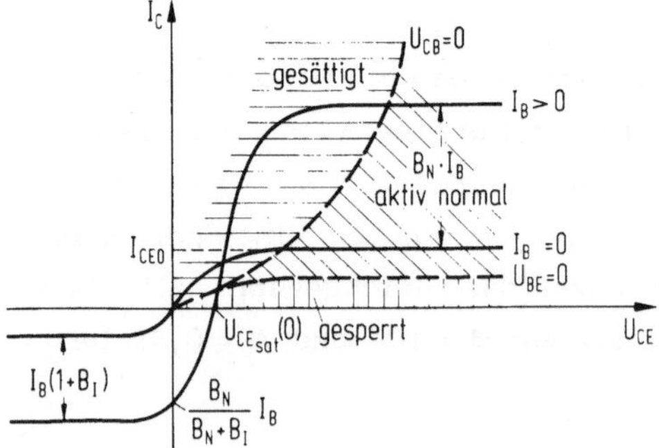

Abb.1.17. Ausgangskennlinienfeld in Emitterschaltung in der
Nähe des Nullpunkts

48

Aktiv normaler Kennlinienbereich

Bei größeren Kollektorspannungen $U_{CE} \gg U_T$ sollte auch in Emitterschaltung der Ausgangsstrom im aktiven Arbeitsbereich unabhängig von U_{CE} sein. Mit $I_E = I_C + I_B$ und $U_{CB} \simeq U_{CE}$ erhält man aus (1/43) angenähert

$$I_C = B_N I_B + I_{CEO}$$

mit

$$I_{CEO} = \frac{1 - A_N A_I}{1 - A_N} I_{CS} = \frac{I_{CBO}}{1 - A_N} = (B_N + 1) I_{CBO} \, . \qquad (1/48)$$

Für $I_B = 0$ fließt bei offener Basis der Sperrstrom I_{CEO}, der beträchtlich größer ist als der Sperrstrom I_{CBO} in Basisschaltung. Mit einem Steuerstrom $I_B > 0$ wird die Kennlinie parallel zu größeren Kollektorströmen verschoben. Wegen der in Abschnitt 1.1.6 diskutierten Basisweitenmodulation steigt aber I_C mit U_{CE} an, was in Abb.1.17 vernachlässigt wurde.

Bei kleinen Steuerströmen ist der Sperrstromanteil bei der Definition der Stromverstärkung zu berücksichtigen. Aus (1/48) folgt (vgl. Abschn.2.1.3)

$$B = \frac{I_C - I_{CBO}}{I_B + I_{CBO}} = \frac{I_C - I_{CEO}}{I_B} \, . \qquad (1/49)$$

Gesättigt normaler Bereich

Wenn eine Ausgangskennlinie $I_B = const$ vom aktiven Bereich her in Richtung abnehmender Spannung U_{CE} durchlaufen wird, kommt der Transistor bei der "Kniespannung" in den gesättigten Zustand, in dem der Kollektorstrom absinkt. Die Sättigungsgrenze, bei der die Kollektordiode zu injizieren beginnt, folgt aus (1/41) mit $U_{CB} = 0$ und $U_{BE} = U_{CE}$:

$$U_{CE}(U_{CB} = 0) = U_T \ln\left(1 + \frac{I_C}{A_N I_{ES}}\right) \, . \qquad (1/50)$$

Im Bereich der Sättigung nennt man die am Transistor verbleibende, äußere Spannung U_{CE} die Kollektor-Emitter-Sättigungsspannung oder auch Restspannung $U_{CEsat}(I_C, I_B)$. Der Transistor ist dabei übersteuert. Der Basisstrom muß einen Mindestwert I_{BO} übertreffen, für den die Sättigungsgrenze gerade erreicht wird. U_{CEsat} ist in der Praxis meistens für feste Werte von I_C und I_B spezifiziert, die bei der Messung eingeprägt werden. Die Spannung U_{BE}, die sich unter gleichen Betriebsbedingungen an der Basis einstellt, definiert man als Basis-Emitter-Sättigungsspannung $U_{BEsat}(I_C, I_B)$.

Die Gleichung der Ausgangskennlinien im gesättigten Bereich läßt sich für die Emitterschaltung ermitteln, wenn man in den Ebers-Moll-Gleichungen U_{CB} auf $U_{CE} - U_{BE}$ und I_E auf $I_C + I_B$ umrechnet. Man erhält schließlich die Restspannung

$$U_{CEsat} = U_T \ln \frac{I_B B_N \dfrac{B_I + 1}{B_I} + I_{CEO} + I_C \dfrac{B_N}{B_I}}{I_B B_N + I_{CEO} - I_C} . \qquad (1/51)$$

Im Restspannungsgebiet liegen die Ausgangskennlinien dicht beieinander. I_B kann sich in weiten Grenzen ändern, ohne I_C nennenswert zu beeinflussen. Durch eine Erhöhung von I_B erhöhen sich die Injektionsstromkomponenten I_E^* und I_C^* beider Dioden. In der Summe heben sich die Änderungen im Gesamtstrom wieder heraus. Die Steuerfähigkeit des Transistors ist herabgesetzt, I_C und U_{CE} sind überwiegend durch die äußere Beschaltung, durch Betriebsspannungen und Arbeitswiderstände, festgelegt.

Die Kennlinien $I_B > 0$ gehen nicht durch den Nullpunkt. Für $I_C = 0$ bleibt am Transistor eine kleine Offset- oder Abschnürspannung stehen, die sich aus (1/51) mit $I_C = 0$ und $I_{CEO} \ll I_B B_N$ in folgender, vereinfachter Form ergibt:

$$U_{CEsat}(I_C = 0) \simeq U_T \ln \frac{B_I + 1}{B_I} = U_T \ln A_I . \qquad (1/52)$$

Der Betrag der Abschnürspannung hängt von der jeweils inversen Stromverstärkung ab. Zahlenbeispiel: Für $A_N = 0,99$ und $A_I = 0,75$ ist im Normalbetrieb $U_{CEsat}(I_C = 0) \approx 7\,\mathrm{mV}$, im invers eingesetzten Transistor dagegen nur 0,25 mV. Um in Zerhackerschaltungen minimale Restspannungen zu erreichen, wurden bipolare Transistoren früher oft invers betrieben. Heute bevorzugt man für diese Anwendung Feldeffekttransistoren, die keine Offsetspannung besitzen.

U_{CEsat} kommt als resultierender Spannungsabfall zweier gegeneinandergeschalteter Dioden zustande, deren Flußspannungen sich gegenseitig nahezu kompensieren, $U_{CEsat}(ideal) = U_{BE} - U_{BC}$. Die Restspannung sollte deshalb theoretisch auch bei größeren Strömen niedrig sein und im Millivoltbereich liegen. In einem realen Transistor haben aber Bahnwiderstände bei fließendem Kollektorstrom einen erheblichen Einfluß. Die $I_C - U_{CE}$-Kennlinien sind geschert:

$$U_{CEsat}(real) = U_{CEsat}(ideal) + R_E I_E + R_C I_C \; . \qquad (1/53)$$

R_E ist der parasitäre Widerstand im Emitterbereich, R_C ist der Bahnwiderstand auf der Kollektorseite. Der Einfluß der Sättigungsladung im ν-Kollektor auf R_C und den Kennlinienverlauf wird in Abschnitt 2.1.5 ausführlich diskutiert.

Inversbetrieb

Die Grenze zwischen gesättigt normalem und gesättigt inversem Arbeitsbereich ist erreicht, wenn U_{CE} das Vorzeichen wechselt. Der resultierende Emitterstrom I_E ändert wegen der dominierenden Kollektorkomponente I_C^* schließlich ebenfalls sein Vorzeichen. Bei noch stärker negativer U_{CE}-Spannung hört die Emitterdiode ganz zu injizieren auf. Der Transistor arbeitet aktiv invers.

Sperrbereich

Die Kennlinie $I_B = 0$ und $I_C = I_{CEO}$ gehört definitionsgemäß noch zum aktiven Arbeitsbereich, da sich an der Emitterdiode eine Flußspannung $U_{BEO} > 0$ einstellt. Aus (1/40), (1/41) und (1/42) ergibt sich diese Spannung zu

$$U_{BEO} = U_T \ln\left(1 + \frac{B_N}{B_I}\right) \; . \qquad (1/54)$$

Zahlenbeispiel: Für $B_N = 100$ und $B_I = 20$ ist $U_{BEO} = 45\,mV$.
Der Sperrbereich beginnt für $U_{BE} \leqslant 0$ und $I_C \leqslant I_{CES}$.

1.2.4 Eingangskennlinien und Sperrströme

Neben den Ausgangskennlinienfeldern können auch Übertragungs-
und Eingangskennlinien aus den Ebers-Moll-Gleichungen abgeleitet
werden. Den theoretischen Stromübertragungskennlinien $I_C =$
$= f(I_E, U_{CB} = \text{const})$ bzw. $I_C = f(I_B, U_{CE} = \text{const})$ kommt aber
im Vergleich zu den Stromverstärkungsverläufen $B = f(U_{CE}, I_B =$
$= \text{const})$ eine geringe praktische Bedeutung zu. Auch die Spannungs-
übertragungskennlinien sind nur von theoretischem Interesse. Wichtiger sind die Eingangskennlinien.

Eingangskennlinien stellen den Zusammenhang zwischen Eingangsstrom und Eingangsspannung dar. Parameter ist entweder ein Ausgangsstrom oder eine Ausgangsspannung. In Basisschaltung ist die
Kennlinie $I_E = f(U_{BE}, U_{CB} = \text{const})$ durch (1/40) gegeben. Bei
größeren Ausgangsspannungen ist im aktiven Arbeitsbereich angenähert

$$I_E \simeq I_{ES} \left(\exp \frac{U_{BE}}{U_T} - 1 \right) + A_I I_{CS} , \qquad (1/55)$$

$$I_E \simeq I_{ES} \exp \frac{U_{BE}}{U_T} \qquad \text{für} \qquad U_{BE} \gg U_T .$$

Bei Betriebsströmen oberhalb des Sperrstromniveaus nimmt I_E
wegen des Diodeneingangs exponentiell mit U_{BE} zu (Abb.1.19).
Wegen des kollektorseitigen Sperrstroms I_{CS} geht die Kurve nicht
durch den Nullpunkt sondern kreuzt die Nullinie bei der negativen
Floatingspannung aus (1/47), s. die Kurve I_E in Abb.1.19.

In Emitterschaltung ergibt sich die Eingangskennlinie im aktiven
Arbeitsbereich durch Subtraktion der Gleichung (1/41) von (1/40):

$$I_B = \frac{I_{ES}}{B_N + 1} \left(\exp \frac{U_{BE}}{U_T} - 1 \right) + \frac{I_{CS}}{B_I + 1} , \qquad (1/56)$$

$$I_B \approx \frac{I_{ES}}{B} \exp \frac{U_{BE}}{U_T} \qquad \text{für} \qquad U_{BE} \gg U_T .$$

Der Diodenstrom ist oberhalb des Sperrstrombereichs im Vergleich zur Basisschaltung bei gleicher Flußspannung wegen der größeren Stromverstärkung geringer. Der Schnittpunkt $I_B = 0$ der Eingangskennlinie wird noch bei Flußpolung der Emitterdiode nach (1/54) erreicht, s. die Kurve I_B in Abb.1.19.

Kollektorstrom (>0) $(U_{CB}, U_{CE} \gg 0)$		U_{BE}		I_B	I_E	Schaltungsbedingung am Transistoreingang
Größe	Gl.	Größe	Gl.			
I_C	(1/21)	$>U_{BEO}$	>0	>0	>0	positiver Basisstrom,
I_{CEO}	(1/48)	U_{BEO}	>0 (1/54)	0	>0	offene Basis,
I_{CER}		$0 \dots U_{BEO}$	>0	<0	>0	ohmscher Basisabschluß
I_{CES}		0	0	<0	>0	Basis-Emitter-Kurzschluß
I_{CBO}	(1/44)	U_{float}	<0 (1/47)	<0	0	offener Emitter
I_{CEV}		$0 \dots U_{EBO}$	<0	<0	<0	gesperrte Basis
I_{Cmin}		U_{EBO}	<0	<0	<0	maximale, negative Basisspannung

Abb.1.18. Definition und Meßbedingungen der Kollektorsperrströme.

Die Eingangskennlinien realer Siliziumtransistoren werden häufig durch zusätzliche Effekte beeinflußt. Insbesondere sind Raumladungs- und Oberflächen-Rekombinationsströme, Bahnwiderstände und starke Injektion zu berücksichtigen. Diese Effekte werden in Abschnitt 2.1 beschrieben.

Bei negativen oder sehr schwach positiven Basis-Emitter-Spannungen fließen über eine gesperrte Kollektordiode nur die kleinen Kollektorsperrströme. Ihre Definitionen und Meßbedingungen sind in der Tabelle Abb.1.18 zusammengestellt. Die einzelnen Stromanteile, die über den Emitter-, den Basis- und den Kollektorkontakt fließen können, sind in Abb.1.19 in Abhängigkeit von U_{BE} dargestellt.

Von den entsprechenden Beziehungen des invers geschalteten Transistors ist in der Praxis nur der Sperrstrom I_{EBO} wichtig, der bei offenem Kollektor über die Emitterdiode läuft.

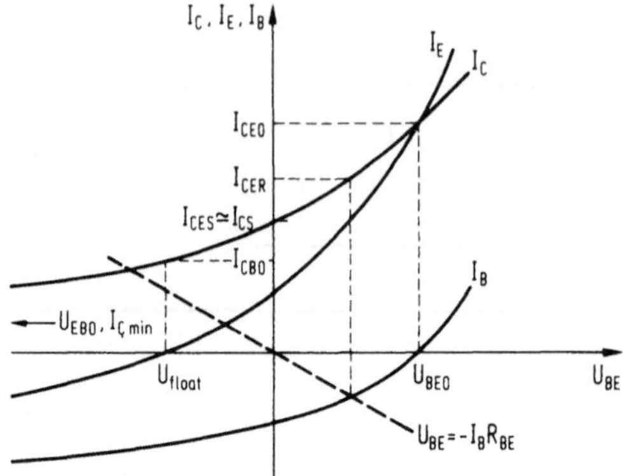

Abb.1.19. Transistorströme bei gesperrter Kollektordiode
($U_{CB} \gg 0$) in Abhängigkeit von der Basis-Emitter-Spannung U_{BE}

1.3 Kleinsignalverhalten

1.3.1 Vierpolparameter

Mit dem Diodenersatzschaltbild des bipolaren Transistors läßt sich das Verhalten bei Aussteuerung mit Wechselspannungen nicht auf einfache Weise deuten. Wegen der nichtlinearen Diodenkennlinien hängen die elektrischen Parameter bei großen Signaländerungen von der Aussteuerung selbst ab. Es treten harmonische Verzerrungen, Mischung oder Kreuzmodulation auf.

Einfachere Beziehungen ergeben sich unter Kleinsignalbedingungen, die eine Linearisierung der Zusammenhänge zwischen den Eingangs- und Ausgangsgrößen erlauben. Zur Unterscheidung von den bisher diskutierten Großsignalspannungen U und I werden die entsprechenden Kleinsignalgrößen durch kleine Buchstaben u und i gekennzeichnet.

Für die praktische Anwendung wird ein Transistor zweckmäßig durch sein lineares Vierpolverhalten beschrieben. Die elektrischen Eigenschaften sind durch Messung der Ströme und Spannungen an Ein- und

54

Ausgang eindeutig festgelegt, der innere Aufbau des Transistors muß nicht bekannt sein. Die Vierpolparameter werden in Abhängigkeit vom Arbeitspunkt bei verschiedenen Strömen, Spannungen, Frequenzen oder Temperaturen gemessen und in den Datenblättern spezifiziert.

Physikalische Kleinsignal-Ersatzschaltungen haben dagegen direkten Bezug auf die im Transistor ablaufenden physikalischen Vorgänge. Sie sind erforderlich, wenn es auf den Zusammenhang zwischen dem inneren Aufbau und den Meßdaten ankommt und werden in den Abschnitten 1.3.3 und 1.3.4 beschrieben.

Von den möglichen Vierpoldarstellungen haben sich für Transistoren besonders die Leitwert- und die Hybriddarstellung durchgesetzt. Bei hohen Frequenzen haben die Streuparameter Vorteile, vgl. den nächsten Abschnitt.

Die Definitionsgleichungen der Leitwert- oder y-Parameter lauten

$$i_1 = y_{11} u_1 + y_{12} u_2 \, , \qquad (1/57)$$

$$i_2 = y_{21} u_1 + y_{22} u_2 \, .$$

Die vier y-Parameter und die positiven Strom- und Spannungsrichtungen sind in Abb.1.20a bis c dargestellt. Mit den Definitionen

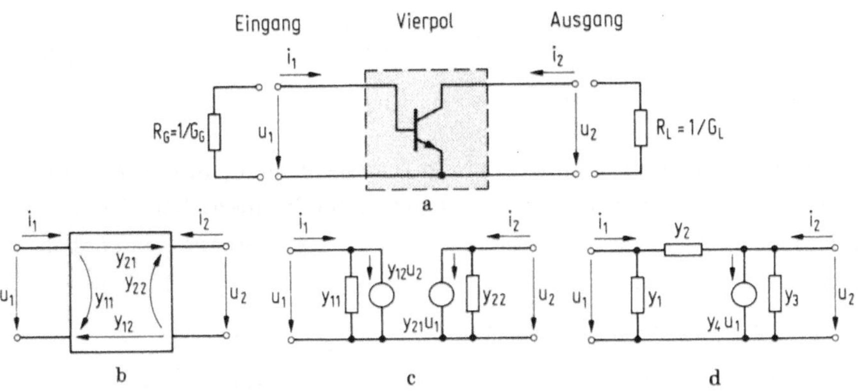

Abb.1.20. Vierpoldarstellung der Transistoreigenschaften durch Leitwert- oder y-Parameter.
a) Transistorvierpol; b) Erklärung der y-Parameter; c) y-Ersatzschaltbild; d) π-Ersatzschaltbild

sind auch die Meßvorschriften festgelegt. Die Messung erfolgt,
während der Eingang oder der Ausgang kurzgeschlossen wird. Entweder u_1 oder u_2 ist Null. Damit haben die y-Parameter folgende
Bedeutung:

$$\text{Kurzschluß-Eingangsleitwert} \quad y_{11} = i_1/u_1 \text{ für } u_2 = 0,$$

$$\text{Kurzschluß-Ausgangsleitwert} \quad y_{22} = i_2/u_2 \text{ für } u_1 = 0,$$

$$\text{Kurzschluß-Vorwärtssteilheit} \quad y_{21} = i_2/u_1 \text{ für } u_2 = 0, \qquad (1/58)$$

$$\text{Kurzschluß-Rückwärtssteilheit} \quad y_{12} = i_1/u_2 \text{ für } u_1 = 0 \ .$$

Das Leitwert-Ersatzschaltbild von Abb.1.20c mit getrenntem Ein-
gangs- und Ausgangskreis und Verkopplung über zwei Transfergene-
ratoren wird für die praktische Anwendung häufig in die äquivalente
π-Ersatzschaltung umgewandelt. Aus den Definitionsgleichungen
der y-Parameter, angewendet auf die π-Darstellung von Abb.1.20d,
folgt

$$\text{Eingangsleitwert} \qquad y_1 = y_{11} + y_{12},$$

$$\text{Querleitwert} \qquad y_2 = -y_{12},$$

$$\text{Ausgangsleitwert} \qquad y_3 = y_{22} + y_{12}, \qquad (1/59)$$

$$\text{Steuergenerator} \qquad y_4 = y_{21} - y_{12} \ .$$

Die Definitionsgleichungen der Hybrid-, Reihen-Parallel- oder h-
Parameterdarstellung sind von der Form:

$$u_1 = h_{11}\, i_1 + h_{12}\, u_2 \ ,$$
$$i_2 = h_{21}\, i_1 + h_{22}\, u_2 \ . \qquad (1/60)$$

Bei der Messung muß entweder der Transistorausgang kurzgeschlossen werden oder der Transistoreingang offen bleiben. Die Parameter sind in der h-Ersatzschaltung Abb.1.21 eingetragen und haben
folgende Bedeutung:

$$\text{Kurzschluß-Eingangswiderstand} \quad h_{11} = u_1/i_1 \text{ für } u_2 = 0,$$

$$\text{Leerlauf-Ausgangsleitwert} \quad h_{22} = i_2/u_2 \text{ für } i_1 = 0,$$

$$\text{Kurzschluß-Stromverstärkung} \quad h_{21} = i_2/i_1 \text{ für } u_2 = 0, \qquad (1/61)$$

$$\text{Leerlauf-Spannungsrückwirkung} \quad h_{12} = u_1/u_2 \text{ für } i_1 = 0 \ .$$

Sowohl die y- als auch die h-Parameter werden bei höheren Frequenzen komplex (Abschn.2.2). In der Praxis bevorzugt man bei hohen Frequenzen die y-Darstellung, da ein Kurzschluß meßtechnisch einfacher als ein Leerlauf zu realisieren ist. h-Parameter haben sich aber für Niederfrequenztransistoren durchgesetzt. Vorteilhaft ist, daß sie die praktisch wichtige Stromverstärkung mit einschließen. Die verschiedenen Vierpoldarstellungen lassen sich ebenso wie die jeweiligen Koeffizienten der Emitter-, Basis- und Kollektorschaltung ineinander umrechnen [10].

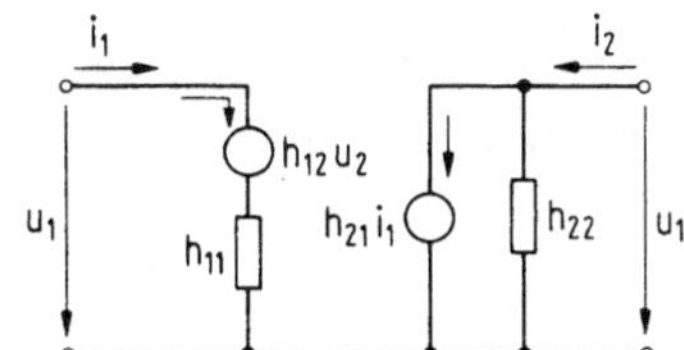

Abb.1.21. Vierpoldarstellung durch Hybrid- oder h-Parameter

Anschließend wird der Zusammenhang zwischen den Vierpolkoeffizienten und den wichtigsten Betriebsgrößen hergestellt. In einer Schaltung sind Eingang und Ausgang des Transistorvierpols durch Widerstände bzw. Leitwerte abgeschlossen. Unter Berücksichtigung der positiven Strom- und Spannungsrichtungen lauten die Abschlußbedingungen bei tiefen Frequenzen:

$$\text{Generatorleitwert} \qquad G_G = \frac{1}{R_G} = -\frac{i_1}{u_1} \,, \tag{1/62}$$

$$\text{Lastleitwert} \qquad G_L = \frac{1}{R_L} = -\frac{i_2}{u_2} \,.$$

Die Abschlußbedingungen wirken über die Übertragungsparameter auf die jeweils andere Seite des Vierpols. Für den allgemeinen Fall errechnet sich aus den Leitwertparametern und Abschlußgleichungen zum Beispiel:

$$\text{Eingangsleitwert} \qquad Y_1 = \left.\frac{i_1}{u_1}\right|_{G_L} = y_{11} - \frac{y_{12} \cdot y_{21}}{y_{22} + G_L} \,, \tag{1/63}$$

$$\text{Ausgangsleitwert} \qquad Y_2 = \left.\frac{i_2}{u_2}\right|_{G_G} = y_{22} - \frac{y_{12} \cdot y_{21}}{y_{11} + G_G} \,, \tag{1/64}$$

Stromverstärkung $\quad V_i = \dfrac{i_2}{i_1}\bigg|_{G_L} = \dfrac{y_{21} \cdot G_L}{y_{11}\,y_{22} - y_{12}\,y_{21} + y_{11}\,G_L}$, $\qquad$ (1/65)

Spannungsverstärkung $\quad V_u = \dfrac{u_2}{u_1}\bigg|_{G_L} = -\dfrac{y_{21}}{y_{22} + G_L}$. $\qquad$ (1/66)

Die entsprechenden Ausdrücke mit h-Parametern finden sich in der Tabelle von Abb.1.28, Abschnitt 1.3.5.

Von den verschiedenen Definitionen der Leistungsverstärkung sollen hier nur zwei erwähnt werden. Wenn P_2 die an einen Lastleitwert abgegebene Wirkleistung und P_1 die am Transistoreingang hineingesteuerte Leistung darstellen, so beträgt die Leistungsverstärkung

$$G = \frac{P_2}{P_1} = \frac{u_2\,i_2}{u_1\,i_1} = V_u V_i \; . \qquad (1/67)$$

Sind Eingang und Ausgang des Transistors in einer Verstärkerschaltung bei hohen Frequenzen optimal an Generator bzw. Last angepaßt und wird außerdem die Rückwirkung vernachlässigt oder neutralisiert, so erreicht die Verstärkung den höchsten möglichen Wert

$$G_{opt} = \frac{|y_{21}|^2}{4\,\mathrm{Re}(y_{11})\,\mathrm{Re}(y_{22})} \;\text{bzw.}\; \frac{|h_{21}|^2}{4\,\mathrm{Re}(h_{11})\,\mathrm{Re}(h_{22})} \; . \qquad (1/68)$$

Diese Leistungsverstärkung wird rückwirkungsfreier oder unilateraler Gewinn genannt. $\mathrm{Re}(y)$ bzw. $\mathrm{Re}(h)$ sind die Realteile der komplexen Parameter y oder h bei der betreffenden Frequenz.

1.3.2 Streuparameter

Für Frequenzen oberhalb von 100 MHz sind die Meßbedingungen der y-Parameter schwer zu realisieren. In diesem Frequenzbereich werden Impedanzen bereits durch die Anschlußleitungen des Transistors in einer Meßfassung oder in einer Meßschaltung transformiert. Eine Kurzschlußbedingung ist unter Berücksichtigung dieser Transformationen in einer vorgegebenen Schaltung nur für eine bestimmte Frequenz einstellbar. Weniger frequenzabhängig meßbar sind dagegen die Wellen-, Streu- oder s-Parameter eines Transistorvierpols über Koaxial-, Streifen- oder Bandleitungen, die mit ihrem Wellenwiderstand abgeschlossen sind. Eingangsgrößen sind die von einem Generator auf den Transistor zulaufende Welle a_1 und die zurücklaufende Welle b_1, vgl. Abb.1.22. Entsprechend wird auf der Ausgangsseite eine von der Last auf den Transistor zulaufende Welle mit a_2 und die zur Last hin wandernde mit b_2 bezeichnet. Unter einer Welle ist dabei die normierte, komplexe Spannung auf der Leitung zu verstehen.

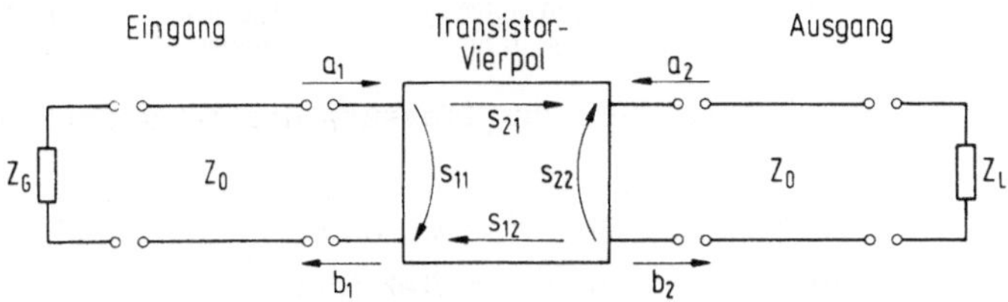

Abb.1.22. Vierpoldarstellung durch Streu- oder s-Parameter

Zwischen den vier Wellen bestehen unter Kleinsignalbedingungen folgende Vierpolbeziehungen:

$$b_1 = s_{11}\,a_1 + s_{12}\,a_2 \; ,$$
$$b_2 = s_{21}\,a_1 + s_{22}\,a_2 \; . \tag{1/69}$$

Wenn die auf den Transistor zulaufenden Wellen a_1, a_2 durch Anpassung der Abschlußimpedanzen Z_G, Z_L an den Wellenwiderstand Z_0 der Leitung jeweils zu Null gemacht werden, ergeben sich folgende Definitionen und Meßbedingungen der s-Parameter:

$$
\begin{aligned}
&\text{Eingangs-Reflexionsfaktor} & s_{11} &= b_1/a_1 \ \text{ für } Z_L = Z_0,\ a_2 = 0,\\
&\text{Ausgangs-Reflexionsfaktor} & s_{22} &= b_2/a_2 \ \text{ für } Z_G = Z_0,\ a_1 = 0,\\
&\text{Eingangs-Übertragungsfaktor} & s_{21} &= b_2/a_1 \ \text{ für } Z_L = Z_0,\ a_2 = 0,\\
&\text{Rückwirkungsfaktor} & s_{12} &= b_1/a_2 \ \text{ für } Z_G = Z_0,\ a_1 = 0\ .
\end{aligned}
$$

$$\tag{1/70}$$

Die s-Parameter sind dimensionslose, komplexe Zahlen. Sie lassen sich nach Betrag und Phase mit einem Vektorvoltmeter messen. Der

Transistor wird dazu in einem Meßadapter mit Doppelrichtkopplern
am Ein- und Ausgang verbunden (Abb.1.23). Im Meßadapter führen Leitungen mit dem Wellenwiderstand Z_0 der Meßgeräte zu den
Transistoranschlüssen.

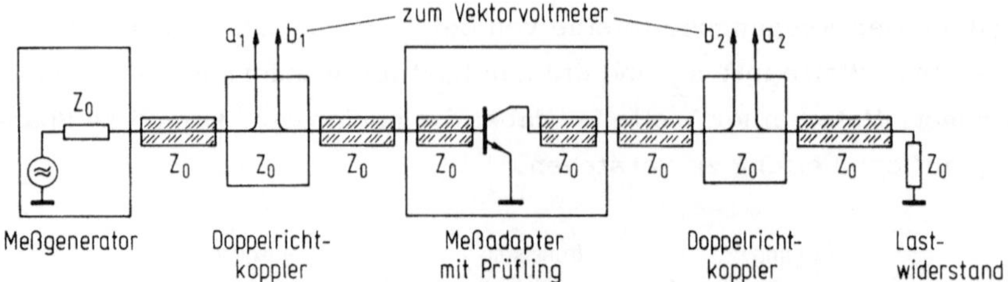

Abb.1.23. Prinzipschaltung zur Messung der s-Parameter

Bei beliebigem Abschluß des Eingangs wird an Z_G eine Welle entsprechend dem Reflexionsfaktor r_G reflektiert:

$$r_G = \left.\frac{a_1}{b_1}\right|_{Z_G} = \frac{Z_G - Z_0}{Z_G + Z_0} \cdot \qquad (1/70)$$

Unter diesen Bedingungen errechnet sich ein Ausgangsreflexionsfak-
tor r_2 des Transistors,

$$r_2 = \frac{b_2}{a_2} = s_{22} + s_{12}\,s_{21}\,\frac{r_G}{1 - s_{11}\,r_G} \cdot \qquad (1/71)$$

Entsprechend erhält man mit einem Lastreflexionsfaktor

$$r_L = \left.\frac{a_2}{b_2}\right|_{Z_L} = \frac{Z_L - Z_0}{Z_L + Z_0} \qquad (1/72)$$

eine Eingangsreflexion r_1 am Transistorvierpol von

$$r_1 = \frac{b_1}{a_1} = s_{11} + s_{12}\,s_{21}\,\frac{r_L}{1 - s_{22}\,r_L} \cdot \qquad (1/73)$$

Beim Schaltungsentwurf ist es wesentlich, die übertragene Leistung
durch Anpassung zwischen Generator, Last und den Transistorstufen zu optimieren. Mit Hilfe der datenblattmäßig in Kreisdiagram-

men angegebenen s-Parameter lassen sich Anpassungschaltungen
bei hohen Frequenzen auch für Breitbandverstärker einfach dimen-
sionieren.

Optimale Leistungsübertragung erhält man bei komplexer Anpassung
zwischen Widerständen und Vierpol mit $r_G = r_1^*$ und $r_L = r_2^*$. Bei
Vernachlässigung der Rückwirkung, mit $s_{12} = 0$, läßt sich die maximale Leistungsverstärkung G berechnen [11]:

$$G = \frac{1}{1 - |s_{11}|^2} \, |s_{21}|^2 \, \frac{1}{1 - |s_{22}|^2} \, . \qquad (1/74)$$

1.3.3 Elemente des physikalischen Ersatzschaltbildes

Die Elemente des Ersatzschaltbildes für den inneren Transistor
sind durch Minoritätsträgereffekte gegeben. Die Minoritätsträgerdichten am emitter- bzw. kollektorseitigen Rand des Basisraums
hängen von den anliegenden Diodenspannungen ab. Der Einfluß kleiner Änderungen der äußeren Spannungen ist in Abb.1.24a und b für
einen Transistor im aktiven Arbeitsbereich gezeichnet.

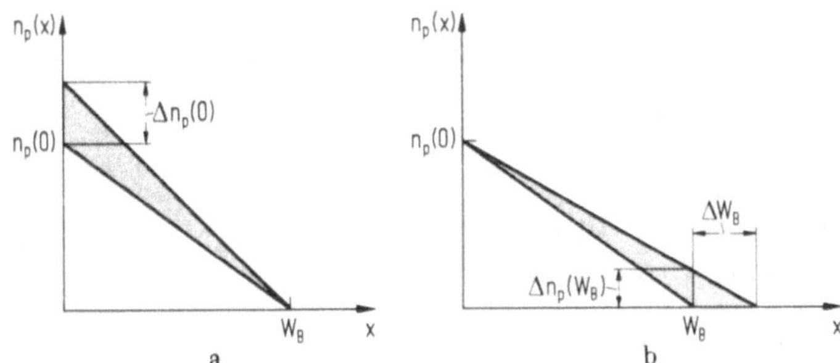

Abb.1.24. Änderung der Minoritätsträgerverteilung n_p in der Basis bei Kleinsignalsteuerung.
a) Bei Änderung der Basis-Emitter-Spannung um u_{BE}; b) bei Änderung der Basis-Kollektor-Spannung um $u_{BC} = -u_{CB}$

Die Spannung an der Emitterdiode setzt sich aus einem Gleichspan-
nungsanteil U_{BE} und einer Wechselkomponente u_{BE} zusammen. Die
Minoritätsträgerdichte am Ort $x = 0$ in der Basis besteht ebenfalls
aus einem mittleren Wert $n_p(0)$ und einer überlagerten Kleinsignal-

größe $\Delta n_p(0)$. Aus (1/11) folgt

$$n_p(0) + \Delta n_p(0) = n_{p0} \exp \frac{U_{BE} + u_{BE}}{U_T} = n_p(0) \exp \frac{u_{BE}}{U_T} \; . \qquad (1/75)$$

Unter Kleinsignalbedingungen ist $u_{BE} \ll U_T \simeq 25\,\text{mV}$. Die Exponentialfunktion läßt sich linear annähern. Man erhält die Kleinsignalkomponente $\Delta n_p(0)$ als emitterseitige Randbedingung,

$$\Delta n_p(0) \simeq \frac{n_p(0)}{U_T} \, u_{BE} \; . \qquad (1/76)$$

Die Kollektorspannung hat im aktiven Bereich des Transistors über die Basisweitenmodulation Einfluß auf die Trägerverteilung, vgl. Abschnitt 1.1.7 und Abb.1.10. Am kollektorseitigen Rand der Basis entsteht am Ort $x = W_B$ der mittleren Basisweite durch die Basisweitenänderung ΔW_B eine Änderung der Minoritätsträgerdichten,

$$\Delta n_p(W_B) \simeq \frac{n_p(0)}{W_B} \, \Delta W_B = \frac{n_p(0)}{W_B} \, \frac{dW}{dU_{CB}} \, u_{CB}$$

oder

$$\Delta n_p(W_B) = -\, \eta \, \frac{n_p(0)}{U_T} \, u_{CB} \; . \qquad (1/77)$$

Die Steuerwirkung der Ausgangsspannung u_{CB} auf die Minoritätsträgerdichten und Diffusionsströme ist also um einen Faktor η kleiner als die der Eingangsspannung u_{BE}. Der Rückwirkungsfaktor

$$\eta = -\, \frac{U_T}{W_B} \, \frac{dW}{dU_{CB}} \qquad (1/78)$$

liegt typisch zwischen 10^{-3} und 10^{-4}.

Die Parameter des Ersatzschaltbildes ergeben sich mit diesen Randbedingungen in allgemeiner Form als Lösungen der zeitabhängigen Diffusionsgleichung [5, 12]. Das Wesentliche läßt sich aber auch mit einfacheren Modellen zeigen.

Die am Transistor liegenden Wechselspannungen und Ströme sind
in Abb.1.25 a, die von Minoritätsträgereffekten abhängenden Elemente des inneren Transistors im Leitwertersatzschaltbild, Abb.
1.25 b, eingetragen. In Emitterschaltung stimmt die Änderung u_{CE}
der Ausgangsspannung angenähert mit u_{CB} überein. Die Kleinsignal-Stromverstärkung $\beta = i_C/i_B$ unterscheidet sich wenig von der
Großsignalverstärkung B nach (1/28), solange nicht B selbst von
I_C abhängt.

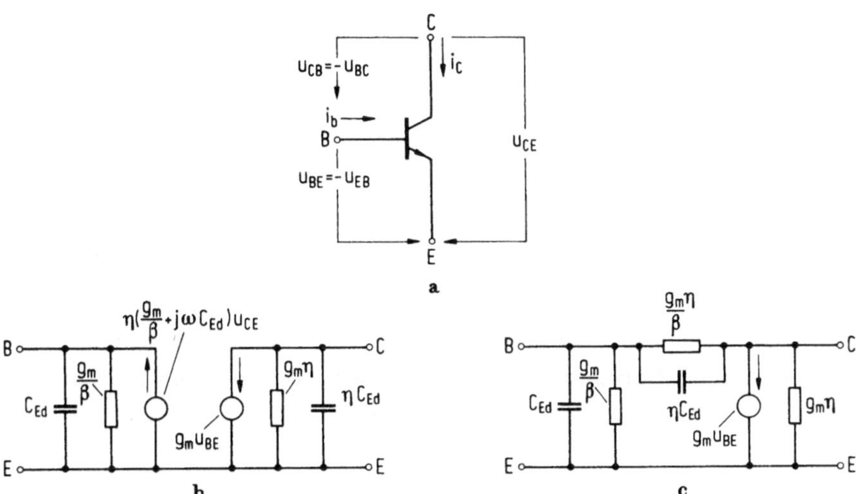

Abb.1.25. Physikalische Ersatzschaltbilder des idealen Transistors
in Emitterschaltung.
a) Strom- und Spannungspfeile; b) Leitwert-Ersatzschaltung ; c) π-
Ersatzschaltung

Vorwärtssteilheit

Eine Diffusionsstromänderung durch die Basis beträgt bei Ansteuerung mit einer kleinen Basis-Emitter-Spannung nach (1/21) und
(1/76)

$$i_C = \frac{e D_B A}{W_B} \Delta n_p(0) = \frac{e D_B A n_p(0) u_{BE}}{W_B U_T} = \frac{I_C}{U_T} u_{BE} = g_m u_{BE}. \quad (1/79)$$

Die Steuerwirkung des bipolaren Transistors läßt sich durch einen
Stromgenerator $g_m u_{BE}$ ausdrücken, der in Abb.1.25 b parallel zum
Ausgang zwischen Kollektor und Emitter angeordnet ist. Die Vor-

wärtssteilheit $g_m = (e/kT)I_C$ nimmt linear mit dem fließenden
Gleichstrom zu und kann beträchtlich größere Werte als bei Elek-
tronenröhren oder Feldeffekttransistoren erreichen. Zahlenbeispiel: Für $I_C = 1\,mA$ beträgt bei Zimmertemperatur $g_m = 40\,mA/V$.

Ausgangsleitwert

Der Diffusionsstrom durch die Basis wird auch durch Änderung der
Kollektorspannung beeinflußt. Aus (1/21) und (1/77) folgt

$$i_C = - \frac{e\,D_B\,A}{W_B}\,\Delta n_p(W_B) = \frac{e\,D_B\,A\,n_p(0)}{W_B\,U_T}\,\eta\,u_{CB} \approx g_m\,\eta\,u_{CE}\,. \qquad (1/80)$$

Der Ausgangsleitwert beträgt

$$g_a = \frac{i_C}{u_{CE}} = g_m\,\eta\,. \qquad (1/81)$$

Das Element g_a liegt im Ersatzschaltbild parallel zu den Ausgangs-
klemmen. g_a ist proportional zur Steilheit, aber um den Rückwirkungsfaktor kleiner.

Eingangsleitwert

Eine Erhöhung der Minoritätsträgerdichte am Emitterrand durch
u_{BE} vergrößert entsprechend der schraffierten Fläche von Abb.
1.24a die Basisladung und erhöht den Rekombinationsstrom I_B um
i_B. Die Basisstromänderung ist über die Kleinsignal-Stromverstärkung β mit i_C verknüpft:

$$i_B = \frac{i_C}{\beta} = \frac{1}{\beta}\,g_m\,u_{BE} \quad\text{und}\quad g_e = \frac{i_B}{u_{BE}} = \frac{g_m}{\beta} \sim I_C\,. \qquad (1/82)$$

Es errechnet sich ein Eingangsleitwert g_e, der im Ersatzschaltbild
zwischen Basis und Emitter angeordnet ist. g_e ist um den Faktor
der Stromverstärkung kleiner als der Diffusionsleitwert g_m. Über
g_e läßt sich der Stromgenerator $i_C = g_m u_{BE}$ nach (1/79) bei Spannungssteuerung auf die alternative Form $i_C = \beta i_B$ für Stromsteuerung umrechnen.

Rückwirkungsleitwert

Auch eine Änderung $u_{CB} \simeq u_{CE}$ der Ausgangsspannung beeinflußt
die Basisrekombination, wie es in Abb. 1.24b schraffiert angedeutet
ist. Damit wirkt sie, entsprechend η geringer als bei Vorwärtssteu-
erung, auf den erforderlichen Basisstrom zurück. Die Basisstromänderung wird nach (1/80) durch den Rückwirkungsgenerator

$$i_B = -\frac{i_C}{\beta} = -\frac{1}{\beta}\,g_m\,\eta\,u_{CE} = -g_r\,u_{CE} \quad \text{mit} \quad g_r = \frac{1}{\beta}\,g_m\,\eta \quad (1/83)$$

parallel zum Transistoreingang erfaßt. Das negative Vorzeichen vor
dem Rückwirkungsleitwert g_r besagt, daß eine höhere Kollektorspannung Basisladung und Rekombinationsstrom herabsetzt. Auch
die Rückwirkung nimmt mit I_C zu.

Emitterdiffusionskapazität

Die Anhebung der Minoritätsträgerkonzentration in der Basis nach
Erhöhung der Steuerspannung erfordert einen Umladebasisstrom,
der einer Emitterdiffusionskapazität C_{Ed} parallel zum Transistoreingang äquivalent ist. Die Ladungsänderung q_B beträgt in linearer Näherung:

$$q_B = \frac{1}{2}\,e\,W_B\,A\,\Delta n_p(0) = \frac{1}{2}\,e\,W_B\,n_p(0)\,\frac{u_{BE}}{U_T} = \frac{I_C\,W_B^2}{U_T\,2\,D_B}\,u_{BE}.$$

$$(1/84)$$

Daraus folgt die Diffusionskapazität

$$C_{Ed} = \frac{q_B}{u_{BE}} = \frac{W_B^2}{2\,D_B}\,g_m = t_B\,g_m\,. \qquad (1/85)$$

Die Abkürzung $t_B = W_B^2/2D_B$ stellt eine Basisladezeit dar, die nach
Abschnitt 2.2.3 mit der Trägerlaufzeit durch die Basis überein-
stimmt. Die Diffusionskapazität ist proportional zur Steilheit und
nimmt mit dem Quadrat der Basisweite zu. Zahlenbeispiel: Für
$W_B = 1\,\mu m$, $D_B = 35\,cm^2/s$ errechnet sich eine Basislaufzeit von
$0,15\,ns$. Zu $I_C = 1\,mA$ gehört ein $C_{Ed} = 5\,pF$, bei einer Emitterfläche von $0,01\,mm^2$ sind das $50\,nF/cm^2$.

Kollektordiffusionskapazität

Der Einfluß der Kollektorspannungsänderung u_{CE} auf die Umladung
der gespeicherten Minoritätsträger ist um den Faktor η gegenüber
einer Emittersteuerung geringer. Die Kollektordiffusionskapazität
hat den Wert

$$C_{Cd} = \frac{q_B}{u_{CE}} = \eta\, C_{Ed} \; . \qquad (1/86)$$

Der kapazitive Ladestrom $j\omega C_{Cd}\, u_{CE}$ beim Umladen der Basis muß
kollektorseitig durch ein Kapazitätselement C_{Cd} parallel zum Ausgang berücksichtigt werden, das die Ausgangsimpedanz herabsetzt.
Der gleiche Ladestrom muß aber zum Basiskontakt wieder aus dem
Transistor herausfließen, er wirkt auch auf den Eingang. Da er von
u_{CE} abhängt, muß er parallel zum Rückwirkungsgenerator $g_r u_{CE}$
angeordnet werden.

1.3.4 Physikalische Ersatzschaltung des realen Transistors

Um praktisch anwendbare Ersatzschaltungen zu erhalten, muß das
Ersatzschaltbild des inneren Transistors nach Abb. 1.25 erweitert
werden durch

Umwandlung in ein π-Ersatzschaltbild,
Berücksichtigung der Majoritätsträgereinflüsse,
Erweiterung von Emitter- auf Basis- und Kollektorschaltung.

π-Ersatzschaltbild

In der Leitwertdarstellung der Emitterschaltung setzen sich die Ströme in Übereinstimmung mit Abschnitt 1.3.3 und Abb. 1.25 folgen-
dermaßen aus den abgeleiteten Einzelkomponenten zusammen:

$$i_B = \left(\frac{1}{\beta}\, g_m + j\omega C_{Ed}\right) u_{BE} - \left(\frac{g_m}{\beta} + j\omega C_{Ed}\right) \eta\, u_{CE} \; , \qquad (1/87)$$

$$i_C = g_m u_{BE} + \left(g_m + j\omega C_{Ed}\right) \eta\, u_{CE} \; . \qquad (1/88)$$

Durch Vergleich mit den formalen Vierpolgleichungen $(1/57)$, mit
$i_1 = i_B$, $i_2 = i_C$, $u_1 = u_{BE}$ und $u_2 = u_{CE}$, folgen die Leitwertpara-

66

meter y_{11e}, y_{12e}, y_{21e} und y_{22e} in Emitterschaltung. Diese lassen sich mit (1/59) in die Elemente des π-Ersatzschaltbildes, Abb. 1.25 c, umwandeln.

Majoritätsträgereffekte

Die in Abb.1.25 enthaltenen Ersatzschaltbildelemente des idealen Transistors gehen ausnahmslos auf Minoritätsträgereffekte zurück. In einem realen Transistor haben aber auch Majoritätsträgereffekte einen wichtigen Einfluß: Bahnwiderstände, Sperrschichtkapazitäten, parasitäre Kapazitäten der Kontakte, der Drähte und des Gehäuses sowie parasitäre Induktivitäten der Zuleitungen. Diese Elemente müssen je nach Frequenzbereich und Anwendungsfall in das Ersatzschaltbild eingefügt werden. Im Bereich von einigen 100 MHz sind die in Abb.1.26 eingezeichneten Elemente von Bedeutung. Bei Mikrowellenfrequenzen haben dagegen die Induktivitäten einen entscheidenden Einfluß auf das Transistorverhalten, vgl. Abschnitt 4.3.4.

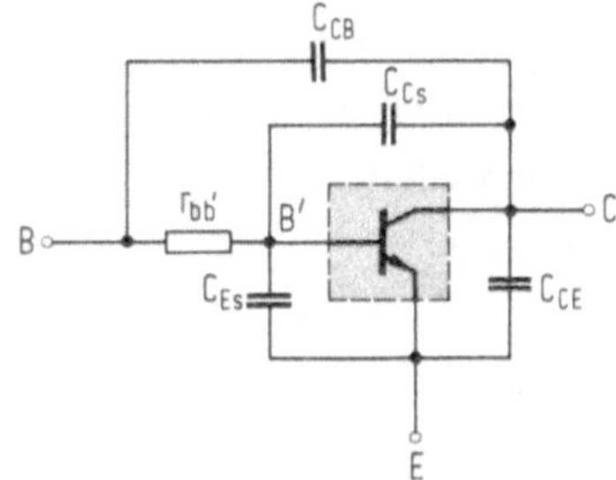

Abb.1.26. Elemente des Ersatzschaltbildes, die durch Majoritätsträgereffekte bedingt sind (schraffiert idealer Transistor mit Minoritätsträgerelementen)

Der Basisbahnwiderstand R_B hat einen großen Einfluß auf das Hochfrequenzverhalten des Transistors. Für Hochfrequenztransistoren wird R_B oft mit r'_{bb} oder r_b bezeichnet. Nähere Angaben sind in Abschnitt 2.1.6 enthalten.

Bei Erhöhung der Sperrspannung an einer pn-Diode verbreitert sich die Raumladungszone. An ihren Rändern werden Kristallbereiche umgeladen, da freie Ladungsträger abgezogen werden. Die Änderung der Ladung in der Feldzone mit der anliegenden Spannung entspricht der Wirkung einer Kapazität C_s mit dem Plattenabstand gleich der

Raumladungsweite. Wegen (1/15) ist

$$C_s = \frac{\varepsilon \varepsilon_0}{l} A = \sqrt{\frac{\varepsilon \varepsilon_0 \, e \, N_{A,D}}{2(U_D - U)}} \; A \; . \qquad\qquad (1/89)$$

Die Sperrschichtkapazität ist bei starker Dotierung groß und nimmt mit steigender Sperrspannung ($< U$) ab. Zahlenbeispiel: Mit $N =$ $= 10^{15} \, cm^{-3}$ und $U = 10\,V$ beträgt $C_s = 4\,nF/cm^2$.

Die Kapazität C_{Es} der Emittersperrschicht ist wegen der starken Dotierung im Emitterbereich trotz der kleineren Fläche größer als die Kapazität C_{Cs} der Kollektorsperrschicht. Beide liegen in Abb. 1.26 parallel zu den jeweiligen Diffusionskapazitäten C_{Ed} und C_{Cd}. Während am Emitter meistens die Diffusionskapazität größer ist, wird die Ausgangskapazität im aktiven Betriebsbereich überwiegend durch die Sperrschicht festgelegt.

Zu den parasitären Kapazitäten zählen auch die Kapazitäten der Zuleitungen und des Gehäuses gegenüber dem Transistorsystem, die Kapazität C_{CE} zwischen Kollektor und Emitter und die Komponente C_{CB} zwischen Kollektor und Basis, die beide in Abb.1.26 eingetragen sind. Die parasitäre Induktivität der Kontaktdrähte muß erst bei allerhöchsten Frequenzen einbezogen werden und wird hier vernachlässigt.

Vollständige π-Ersatzschaltbilder

Unter Einbeziehung der Majoritätsträgerelemente läßt sich Abb.1.25 in das für die Praxis brauchbare π-Ersatzschaltbild von Abb.1.27a umwandeln (Ersatzschaltbild für Emitterschaltung nach Giacoletto). Ein π-Ersatzschaltbild in Basisschaltung ist in Abb.1.27b dargestellt. Die Elemente lassen sich mit Vierpolumrechnungen aus (1/87) und (1/88) ableiten. Abb.1.27c zeigt schließlich die π-Ersatzschaltung eines Transistors in Kollektorschaltung.

Je nach Frequenzbereich und Transistortyp kann man in diesen Ersatzschaltungen einzelne Elemente vernachlässigen und damit die Anwendung vereinfachen. Die maximale Frequenz, bis zu der die Schaltungen noch ausreichend genau sind, liegt unterhalb der halben Basisumladefrequenz.

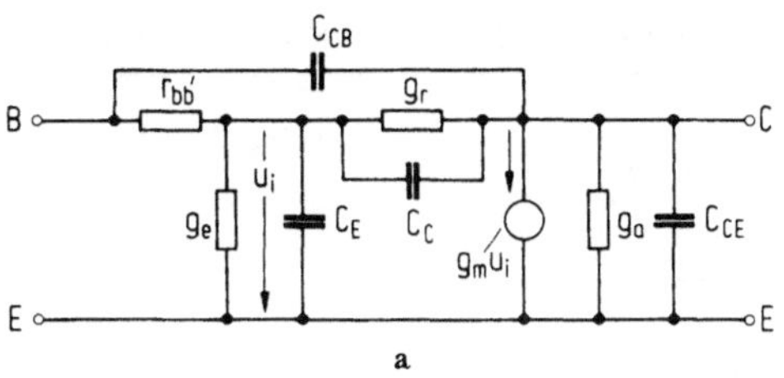

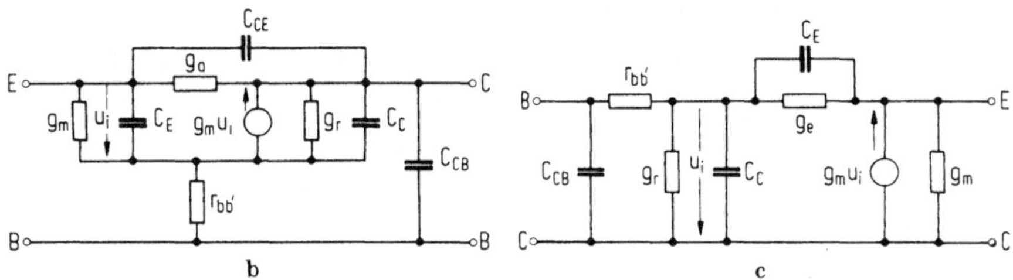

Abb.1.27. Vollständige π-Ersatzschaltbilder, gültig bis zu mittleren Frequenzen [f < $f_1/2$, s. (2/25)]. $g_e = g_m/\beta$; $g_r = g_m \eta/\beta$; $g_a = g_m \eta$; $C_E = C_{Ed} + C_{Es}$; $C_C = \eta C_{Ed} + C_{Cs}$.
a) Emitterschaltung (Giacoletto); b) Basisschaltung; c) Kollektorschaltung

1.3.5 Betriebsverhalten

Die wichtigsten Eigenschaften von Emitter-, Basis- und Kollektorschaltung unter Kleinsignalbedingungen bei tiefen Frequenzen sind in der Tabelle von Abb.1.28 zusammengefaßt. Hinter den Prinzipschaltungen schließen sich die Kleinsignaldaten der Transistoren in diesen Schaltungen an.

Der angenäherte Zusammenhang zwischen den h-Parametern und den physikalischen Größen in Emitterschaltung läßt sich durch Anwendung der Definitionsgleichungen (1/61) auf die Ersatzschaltung der Abb.1.25 herstellen. Da nur niedrige Frequenzen betrachtet werden, können die kapazitiven Elemente entfallen. Die entsprechenden Parameter in Basis- und Kollektorschaltung folgen mit den bekannten Vierpolumrechnungen.

Damit läßt sich die Arbeitspunktabhängigkeit der h-Parameter mit derjenigen der in Abschnitt 1.3.3 abgeleiteten physikalischen Parameter β, g_m und η deuten. Die angegebenen Zahlenwerte beziehen sich auf einen Niederfrequenz-Vorstufentransistor, der bei etwa 0,5 mA Kollektorstrom betrieben wird ([5], S. 302). Ein Vergleich ergibt für diesen Transistor $g_m \simeq 0,017\,\Omega^{-1}$, $\beta = 50$ und $\eta \simeq 1,7 \cdot 10^{-3}$. Bei größeren Strömen nehmen nach Abschnitt 1.3.3 alle Leitwerte mit I_C zu.

	Emitterschaltung	Basisschaltung	Kollektorschaltung
Schaltprinzip			
h-Parameter			
$h_{11}(\Omega)$	β/g_m $(2{,}9\cdot10^3)$	$1/g_m$ (57)	β/g_m $(2{,}9\cdot10^3)$
h_{12}	η $(1{,}7\cdot10^{-3})$	η $(1{,}7\cdot10^{-3})$	≈ 1 (1)
h_{21}	β (50)	1 $(0{,}98)$	$\beta+1$ (51)
$h_{22}(\Omega^{-1})$	$2g_m\eta$ $(60\cdot10^{-6})$	$2g_m\eta/\beta$ $(1{,}2\cdot10^{-6})$	$2g_m\eta$ $(60\cdot10^{-6})$
$\Delta h = h_{11}h_{22} - h_{12}h_{21}$			
Eingangs-widerstand	mittel	klein	groß
$R_1 = \dfrac{h_{11}+\Delta h\,R_L}{1+h_{22}R_L}$	$\beta/g_m \ldots \beta/2g_m$ $(3\,\mathrm{k\Omega}\,\mathrm{bis}\,1{,}5\,\mathrm{k\Omega})$	$> 1/g_m$ $(57\,\Omega\,\mathrm{bis}\,1{,}5\,\mathrm{k\Omega})$	$\approx \beta R_L$ $(3\,\mathrm{k\Omega}\,\mathrm{bis}\,0{,}85\,\mathrm{M\Omega})$
Ausgangs-widerstand	mittel	groß	klein
$R_2 = \dfrac{h_{11}+R_G}{\Delta h + h_{22}R_G}$	$1/g_m\eta \ldots 1/2g_m\eta$ $(35\,\mathrm{k\Omega}\,\mathrm{bis}\,17\,\mathrm{k\Omega})$	$\approx R_G/\eta$ $(35\,\mathrm{k\Omega}\,\mathrm{bis}\,0{,}85\,\mathrm{M\Omega})$	$> 1/g_m$ $(57\,\Omega\,\mathrm{bis}\,17\,\mathrm{k\Omega})$
Strom-verstärkung	groß	klein	groß
$V_i = \dfrac{h_{21}}{1+h_{22}R_L}$	$< \beta$ $(0\,\mathrm{bis}\,50)$	< 1 $(0\,\mathrm{bis}\,1)$	< 1 $(0\,\mathrm{bis}\,51)$
Spannungs-verstärkung	groß	groß	klein
$V_u = \dfrac{h_{21}R_L}{h_{11}+\Delta h R_L}$	$< 1/\eta$ $(0\,\mathrm{bis}\,600)$	$< 1/\eta$ $(0\,\mathrm{bis}\,600)$	$< \beta+1$ $(0\,\mathrm{bis}\,600)$
Leistungs-verstärkung	groß	mittel	klein
$G = V_u V_i$	$< \beta/\eta$ $(0\,\mathrm{bis}\,6000)$	$< 1/\eta$ $(0\,\mathrm{bis}\,400)$	$< \beta$ $(0\,\mathrm{bis}\,50)$

Abb.1.28. Vierpolparameter und Betriebsdaten in Emitter-, Basis-
und Kollektorschaltung bei tiefen Frequenzen (Vorstufentransistor
bei $I_c = 0{,}5\,\mathrm{mA}$, [5], S. 302)

Im Anschluß an die Transistordaten sind in der Tabelle von Abb.1.28
die wichtigsten der aus ihnen ermittelten Betriebsgrößen in den drei
Grundschaltungen angegeben. Die mathematischen Beziehungen lassen sich ähnlich zu (1/63) bis (1/66) ableiten. Die Abhängigkeit
von den Eingangs- bzw. Lastwiderständen in einer Schaltung ist in
den Abb.1.29 a bis d dargestellt. Danach ergeben sich die folgenden charakteristischen Eigenschaften.

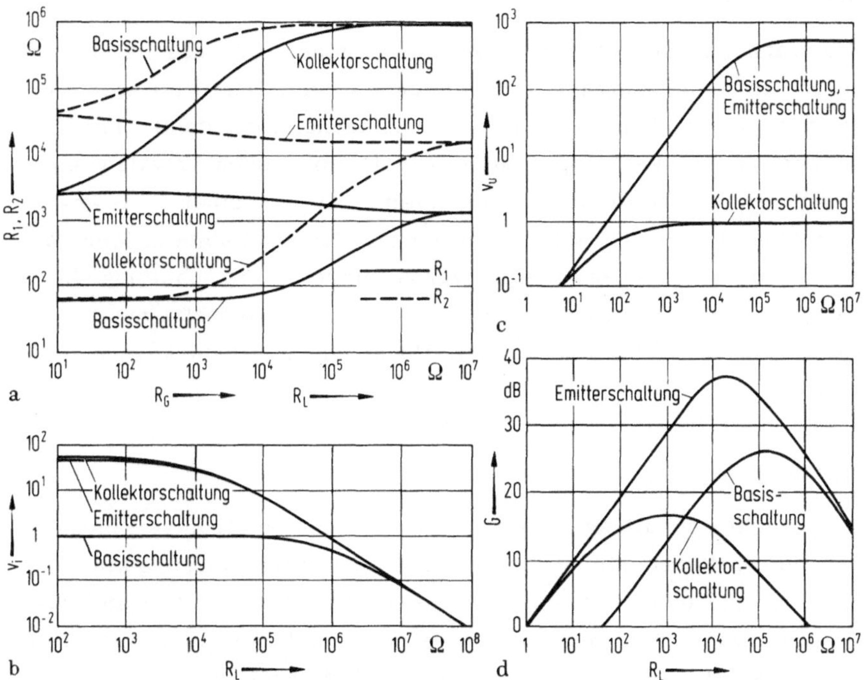

Abb.1.29. Abhängigkeit der Betriebsdaten von Lastwiderstand R_L
und Generatorwiderstand R_G für Emitter-, Basis- und Kollektorschaltung bei niedrigen Frequenzen (vgl. Abb.1.28).
a) Eingangswiderstand $R_1(R_L)$ und Ausgangswiderstand $R_2(R_G)$;
b) Stromverstärkung $V_i(R_L)$; c) Spannungsverstärkung $V_u(R_L)$;
d) Leistungsverstärkung $G(R_L)$

Emitterschaltung

Die Emitterschaltung hat sowohl eine große Strom- als auch eine
große Spannungsverstärkung. Sie besitzt auch die höchste Leistungsverstärkung (Abb.1.29 d). Eingangs- und Ausgangswiderstand hän-

gen wenig von der äußeren Beschaltung sondern überwiegend nur
vom Arbeitspunkt ab. Sie liegen beide in mittleren Bereichen und
sind nicht sehr verschieden. Deshalb können mehrere Verstärker-
stufen ohne große Anpassungsprobleme hintereinandergeschaltet
werden. Die Emitterschaltung stellt bei niedrigen und hohen Frequenzen die universelle Schaltung dar und hat die größte praktische
Bedeutung.

Basisschaltung

Die Spannungsverstärkung entspricht der einer Emitterschaltung,
die Stromverstärkung ist aber kleiner als eins. Damit ist auch die
Leistungsverstärkung niedriger. Der Eingangswiderstand nimmt von
seinem kleinen Wert $1/g_m$ aus erst bei sehr großen Arbeitswider-
ständen R_L zu, bleibt aber immer kleiner als der einer Emitterschaltung. Umgekehrt ist der Ausgangswiderstand stets größer. Wegen dieser besonderen Impedanzverhältnisse ist die Schaltung nur in
besonderen Fällen von Vorteil. Dank der hohen Grenzfrequenz
(Abschn.2.2.1), wird sie z.B. in Hochfrequenzverstärkern verwendet.

Kollektorschaltung

Die Kollektorschaltung hat zwar eine ebenso gute Stromverstärkung
wie die Emitterschaltung, aber eine Spannungsverstärkung kleiner
als eins und eine niedrige Leistungsverstärkung. Der Eingangswiderstand ist größer, der Ausgangswiderstand kleiner als in Emitterschaltung. Mit diesen Eigenschaften wird die Kollektorschaltung in
Impedanzwandlerstufen verwendet. Sie paßt niederohmige Verbrau-
cher an hochohmige Spannungsquellen an, z.B. in Endstufen von
Verstärkern.

Für Einzelheiten über die Einstellung des Arbeitspunktes und die
Dimensionierung von Schaltungen muß auf die Literatur verwiesen
werden [10, 13].

2 Kenndaten

2.1 Stromverstärkung

2.1.1 Rekombinationsvorgänge

Ein Transistor soll in seiner Schaltung eine vorgegebene Funktion
ausüben. In den meisten Fällen arbeitet er als Verstärker, als Os-
zillator oder als Schalter. Die dazu erforderlichen elektrischen
Eigenschaften sind als Kenndaten spezifiziert.

Eine charakteristische elektrische Kenngröße ist die Stromverstärkung. Für die Kleinsignalverarbeitung bei niedrigen Frequenzen
wird man in der Regel einen Transistor mit möglichst großer maximaler Stromverstärkung auswählen. Leistungstypen betreibt man
normalerweise weit außerhalb des Stromverstärkungsmaximums bei
großen Kollektorströmen. Der Maximalwert selbst ist von unterge-
ordneter Bedeutung, die Stromverstärkung soll vielmehr für hohe
Ströme möglichst wenig absinken. Gute Verstärkungseigenschaften
bei hohen Stromdichten sind für Hochfrequenztransistoren auch in
Hinblick auf minimale Abmessungen und das dynamische Verhalten
erforderlich. Der Fragenkreis Stromverstärkung wird anschließend
wegen der besonderen technischen Bedeutung relativ ausführlich untersucht.

Solange ein Diffusionsstrom I_C durch den Transistor fließt, sind
die Minoritätsträgerkonzentrationen durch Injektion an der Emitterdiode angehoben. Erhöhte Trägerdichten suchen sich durch verstärkte Rekombination auszugleichen. Bei der Rekombination wird die Ladung des Minoritätsträgers durch die eines Majoritätsträgers kompensiert, beide gehen dem Stromfluß verloren.

Bei Elektroneninjektion in eine p-leitende Basis beträgt die Rekombinationsrate der Trägerpaare

$$\frac{dn}{dt} = - \frac{n_p - n_{p0}}{\tau_n} \,,$$

und der Basisstromanteil zur Nachlieferung der Majoritätsträger ist durch I_B = e dn/dt = e dp/dt festgelegt.

In einkristallinem Silizium erfolgen Rekombinationsprozesse bevorzugt an Störstellen des Kristallgitters, welche die bei der Rekombination freiwerdenden Energie- und Impulsbeträge der beiden Partner aufnehmen und ans Gitter übertragen, s. Abb.2.1. Die Abhängigkeit der Rekombinationsraten bzw. Trägerlebensdauern von Trägerkonzentrationen, Störstellendichte und energetischer Lage der Zentren zwischen Leitungs- und Valenzband wurde von Shockley und Read berechnet [14].

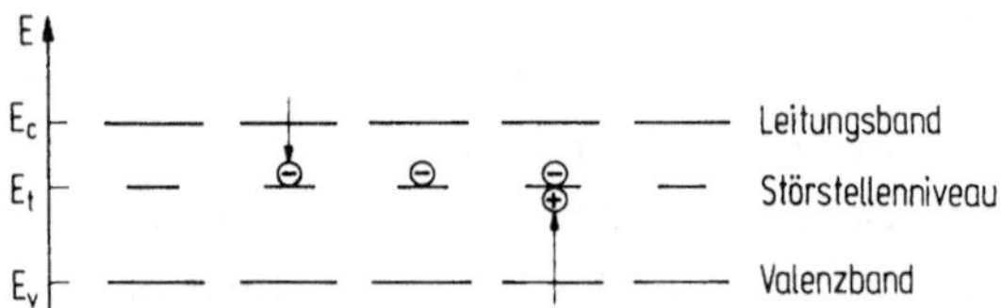

Abb.2.1. Ladungsträgerübergänge bei der Rekombination an Störstellen (E Elektronenenergie)

Rekombinationsvorgänge finden innerhalb des gesamten Halbleiterkristalls statt, in der Basis, im Emitter und im Kollektor. Die wichtigsten Rekombinations- und Basisstromanteile sind in Abb.2.2 eingetragen. Man kann die Beiträge folgender Transistorbereiche zur Stromverstärkung unterscheiden (vgl. mit Abb.2.2):

neutrales Basisvolumen,

neutrale Emitterzone (Injektionsstromverhältnis, Emitterwirkungsgrad),

Basis-Emitter-Sperrschicht (Raumladungsrekombination),

Basisoberfläche (Oberflächenrekombination, Oberflächenströme),

neutrales Kollektorgebiet (bei Basisaufweitung) und

Kollektor-Basis-Sperrschicht (Sperrströme).

Der Zusammenhang zwischen Stromverstärkung und Rekombinationsvorgängen wird durch drei wichtige Effekte quantitativ beeinflußt, durch

Emitterrandverdrängung,
starke Injektion und
Basisaufweitung.

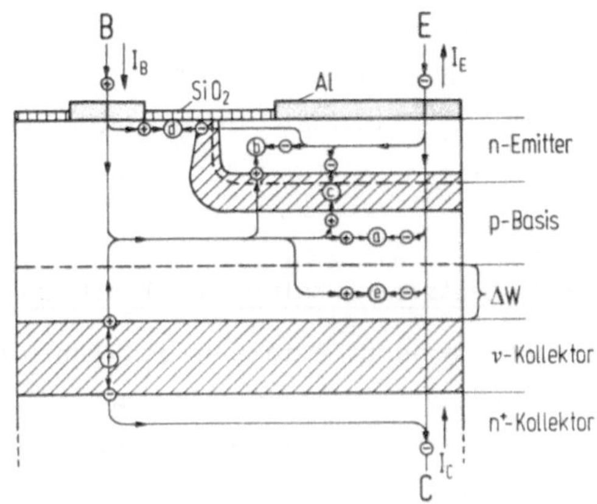

Abb.2.2. Lokalisierung von Generations-Rekombinations-Vorgängen in einem npνn-Transistor.
⊖ Elektronenstrom (Bewegungsrichtung); ⊕ Löcherstrom; ○ Rekombinationsvorgang. Erklärung der zu den Buchstaben gehörenden Rekombinationsstromkomponenten I_B im Text; Raumladungszonen schraffiert; ΔW Basisaufweitung

Die Summe aller Rekombinationsströme legt die resultierende Stromverstärkung B des Transistors in Emitterschaltung fest:

$$B = \frac{I_C}{\sum_i I_{Bi}} .$$

Auf eigene Bezeichnungen der verschiedenen Basisstromanteile wird bei der folgenden Diskussion verzichtet und unter dem Strom I_B der jeweilige Beitrag zum Gesamtstrom verstanden. Die Größen I_{BB} bzw. I_{BE} und die ihnen entsprechenden Verstärkungen B_B bzw. B_E werden als Abkürzungen beibehalten.

Die Rekombination der injizierten Elektronen im Basisbereich wurde bereits in Abschnitt 1.1.4 ausführlich diskutiert. Der Beitrag zum

Basisstrom beträgt nach (1/23)

$$I_{BB} = I_C \frac{1}{2} \left(\frac{W_B}{L_B} \right)^2 = I_C \cdot \frac{1}{B_B} \ . \qquad (2/1)$$

Gibt es keine anderen Basisstromverluste, so stellt B_B die Stromverstärkung B des Transistors dar.

Der Einfluß der Löcherinjektion in den Emitter ist ebenfalls schon berücksichtigt worden (1/26). In Abschnitt 2.1.2 schließt sich eine vertiefte Diskussion an. Alle übrigen Effekte sind Inhalt der Abschnitte 2.1.3 bis 2.1.6.

2.1.2 Emitter-Injektionsstromverhältnis und Emitterwirkungsgrad

Gemeinsam mit der Elektroneninjektion aus dem Emitter in die Basis findet umgekehrt auch eine Löcherinjektion aus der Basis in den Emitter statt. Die Löcherverluste entstehen durch Rekombination im Volumen und an der Oberfläche des Emitters. Sie werden ebenfalls durch den Basisstrom ersetzt.

Für den Injektionsstrom $I_n(0)$ läßt sich für Transistoren mit beliebigem Dotierungsverlauf in der Basis statt (1/21) ein allgemeinerer Ausdruck ableiten [15]. Unter der Bedingung $U_{BE} \gg U_T$ ist

$$I_n(0) = I_C = \frac{e \, n_i^2 A}{G_B} \exp \frac{U_{BE}}{U_T} = I_{ESn} \exp \frac{U_{BE}}{U_T} \ \text{mit} \ G_B = \frac{\int\limits_{W_B} N_B(x)\,dx}{D_B} \ .$$

$$(2/2)$$

Die Gleichung stimmt für $N_B = $ const mit (1/21) überein. Der Sättigungsstrom I_{ESn} der Elektronen hängt außer von der Eigenleitungsdichte n_i noch von der Gummel-Zahl G_B ab, die durch obige Beziehung definiert ist und ein Maß für die Flächendichte der Basisdotierung darstellt [16].

Der Löcherstrom $I_p(0)$ aus der Basis in den Emitter läßt sich in formaler Analogie durch einen ähnlichen Ausdruck anstelle von (1/25) beschreiben,

$$I_p(0) = I_{BE} = \frac{e\,n_i^2\,A}{G_E}\,\exp\frac{U_{BE}}{U_T} = I_{ESp}\,\exp\frac{U_{BE}}{U_T}\quad\text{mit}\quad G_E = \frac{\int\limits_{L_E} N_E(x)\,dx}{\overline{D_E}}\;.$$

(2/3)

Das Integrationsintervall L_E berücksichtigt die wirksame Emittertiefe, die zum Sättigungsstrom I_{ESp} beiträgt. Da die Diffusionskonstante D_E der Minoritätsträger im Emitter wegen der starken Emitterdotierung von der Donatorkonzentration abhängt, muß ein geeigneter Mittelwert verwendet werden.

Aus dem Verhältnis der Injektionsströme errechnet sich in allgemeiner Form ein Basisstrombedarf

$$I_{BE} = \frac{I_C}{B_E}\quad\text{mit}\quad B_E = \frac{I_{ESn}}{I_{ESp}} = \frac{G_E}{G_B} = \frac{\overline{D_B}\int\limits_{L_E} N_E\,dx}{\overline{D_E}\int\limits_{W_B} N_B\,dx}\;,\qquad (2/4)$$

vgl. (1/26). Der Emitterwirkungsgrad folgt wieder aus (1/27).

Durch Verringerung der Basisweite sollten sich in der Basis sowohl die Rekombinationsverluste als auch die Flächendichte der Akzeptoren weitgehend reduzieren lassen. Mit einer starken Emitterdotierung ist unter diesen Umständen nach (2/4) eine sehr große Stromverstärkung zu erwarten. Die theoretischen Werte sind jedoch quantitativ nicht realisiert worden. In der Praxis wurden nur Stromverstärkungen von maximal 1000 beobachtet.

Eine untere Grenze von $\int N_B\,dx$ läßt sich verstehen, wenn die Basis-Kollektor-Grenze über die Emitterdiffusion mit vorangeschoben wird (Emitter-Dip-Effekt, Schneepflugeffekt, s. Abschn. 4.3.3) und die Basisweite eine Dicke von einigen Zehntel-Mikrometern nicht unterschreitet. Andererseits konnte für G_E ein Wert von rund $10^{14}\,\mathrm{cm}^{-4}\mathrm{s}$ bisher nicht übertroffen werden [17]. Dafür gibt es mehrere Erklärungen.

a) Die effektive Emittertiefe ist durch die Emitterdiffusionslänge $L_E = \sqrt{D_E\,\tau_E}$ begrenzt. Bei sehr starker Emitterdotierung mit Phos-

77

phor bilden sich durch Verzerrungen des Siliziumgitters Rekombinationszentren, die die Trägerlebensdauer verkürzen. Darüber hinaus machen sich bei sehr großen Trägerkonzentrationen auch Stoßrekombinationsprozesse zwischen den freien Ladungsträgern bemerkbar (Auger-Rekombination [5], S. 94). Die Diffusionskonstante D_E ist bei sehr starken Dotierungen ebenfalls kleiner.

b) Diese Erklärungen sind quantitativ nicht befriedigend. Man vermutet deshalb, daß nicht die Abnahme der Trägerlebensdauer, sondern ein anderer Hochdotierungseffekt für die Grenze der Stromverstärkung verantwortlich ist [18, 19]. Bei Störstellendichten $N_E > 10^{19}\,cm^{-3}$ treten zwischen den Dotierungsatomen untereinander und dem Siliziumgitter Wechselwirkungen auf, die zu einer Abnahme ΔE des Bandabstandes E_g zwischen Leitungsband E_c und Valenzband E_v führen. Dadurch wird im oberflächennahen Emitterbereich die effektive Eigenleitungsdichte n_{ieff} gegenüber dem Fall des ungestörten Siliziumgitters erhöht. Wegen

$$n_i^2 = const\ T^3\ exp\left(-\frac{E_g}{kT}\right) \qquad (2/5)$$

ist

$$n_{ieff}^2 = const\ T^3\ exp\left(-\frac{E_g - \Delta E}{kT}\right) = n_i^2\ exp\frac{\Delta E}{kT}\ , \qquad (2/5a)$$

wobei ΔE mit der Dotierungsdichte zunimmt. Gegenüber (2/3) ist mit n_{ieff} anstatt n_i der Injektionsstrom in den Emitter erhöht:

$$I_{BE} = \frac{e\overline{D_E}A}{\int\limits_{L_E}\frac{N_E}{n_{ieff}^2}dx}\ exp\frac{U_{BE}}{U_T} = \frac{e\overline{D_E}n_i^2A}{\int\limits_{L_E}exp\left(-\frac{\Delta E}{kT}\right)N_E\,dx}\ exp\frac{U_{BE}}{U_T}\ . \qquad (2/6)$$

Die effektive Dotierungskonzentration im Emitter unter Einrechnung dieses Effektes ist in Abb. 2.3 dargestellt. In (2/4) ist statt $\int N_E\,dx$ der modifizierte, kleinere Wert $\int exp(-\Delta E/kT)\,N_E\,dx$ gemäß (2/6) einzusetzen, der mit zunehmender Störstellendichte abnimmt und die Stromverstärkung verringert. Um den optimalen Emitterwirkungsgrad zu erreichen, darf der Emitter nur mit etwa $10^{19}\,cm^{-3}$ dotiert sein. Darüber nimmt die effektive Emitterkon-

zentration durch Energiebandverzerrung wieder ab (Kurve 1' in
Abb.2.3). Wie in Abschnitt 2.1.7 noch gezeigt wird, resultiert
daraus auch die Temperaturabhängigkeit der Stromverstärkung.

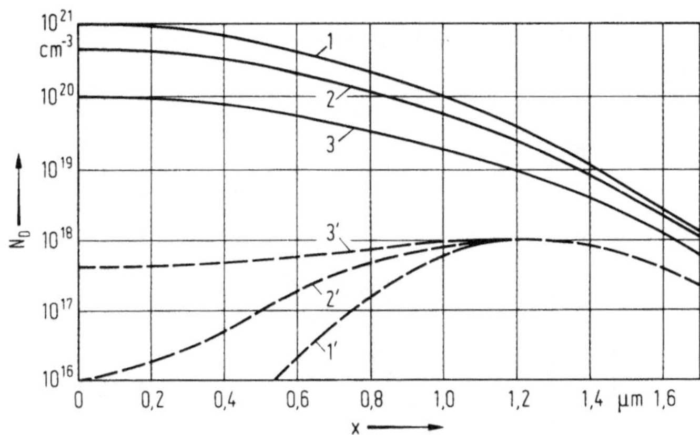

Abb.2.3. Effektive Emitterdotierung bei verschiedenen Dotierungs-
dichten $N_E = N_D$ [18]. Kurven 1, 2, 3: tatsächliche Konzentrationen;
Kurven 1', 2', 3': effektive Konzentrationen

2.1.3 Raumladungs- und Oberflächeneffekte

Rekombination in der Emittersperrschicht

Ein Rekombinationsprozeß, der über Störstellen abläuft, ist dann
besonders wirksam, wenn beide Rekombinationspartner in gleicher
Anzahl vorhanden sind und das Zentrum mit gleicher Wahrscheinlichkeit erreichen können. Sind diese Bedingungen nicht erfüllt, so
kann beispielsweise das eingefangene Elektron in Abb.2.1 ohne Rekombination ins Leitungsband zurückspringen, bevor ein Loch aus
dem Valenzband zur Verfügung steht.

Besonders wirksam sind Zentren, deren Energieniveaus in der Mitte zwischen Leitungs- und Valenzband innerhalb der Raumladungszone einer injizierenden Emitterdiode liegen. Die Dichten beider
Trägersorten sind gegenüber der Verarmung des stromlosen Falles
annähernd im gleichen Umfang angehoben. Für die optimale Bedingung $n = p = n_i \exp(U_{BE}/2\,U_T)$ errechnet sich, ebenfalls aus der
Gleichung von Shockley und Read, für den Rekombinationsstrom I_B

im Sperrschichtvolumen Al

$$I_B = e\,Al\,\frac{n}{2\tau_0} = e\,Al\,\frac{n_i}{2\tau_0}\,\exp\frac{U_{BE}}{2\,U_T}\quad . \tag{2/7}$$

τ_0 stimmt etwa mit der Minoritätsträgerlebensdauer im neutralen Volumen überein.

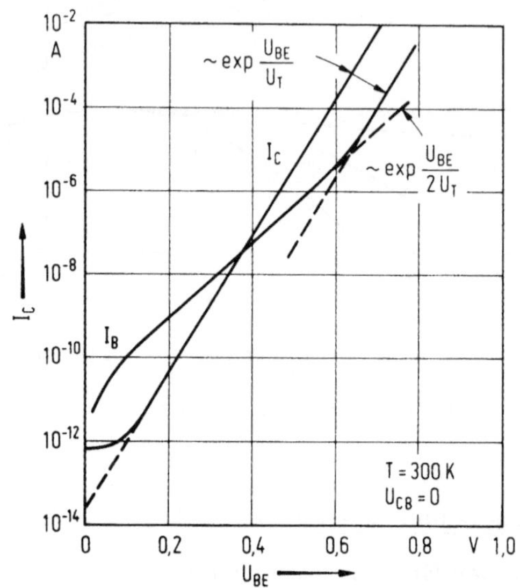

Abb.2.4. Injektionsstrom I_C und Rekombinationsstrom I_B eines Siliziumtransistors in Abhängigkeit von der Flußspannung U_{BE} an der Emitterdiode ([20], S. 269)

Dieser Rekombinationsstrom nimmt nach (2/7) wegen des kleineren Exponentialfaktors und wegen der zunehmenden Sperrschichtweite l weniger stark mit der Flußspannung U_{BE} ab als der Injektionsstrom I_C, s. auch Abb.2.4. Durch Raumladungsrekombination verringert sich die Stromverstärkung in Siliziumtransistoren bei kleinen Strömen. Der Einfluß ist umso größer, je niedriger die Betriebstemperatur ist (vgl. Abschn.2.1.7).

Oberflächenrekombination

Eine Halbleiteroberfläche ist wegen des Abbruchs der Kristallsymmetrie extrem stark gestört. An den nicht abgesättigten freien Va-

lenzen der Siliziumatome lagern sich Fremdatome und Ionen an, die
Defektdichte ist erhöht. Die Oberfläche stellt damit ein besonders
aktives Rekombinationsgebiet dar. Die Konzentration einer Minoritätsträgerstörung im Transistor fällt zur Oberfläche hin ab (Abb.
2.5). Im stationären Fall diffundiert ständig ein Minoritätsträgerstrom zur Oberfläche, der von einem gleich großen Majoritätsträgerstrom begleitet ist. Dieser Rekombinationsstrom im Basisbereich beträgt

$$I_B = e \int\limits_{A_B} s(n_p(0) - n_{p0})\, dA = e\, D_n \int\limits_{A_B} \left(\frac{dn}{dx}\right)_{x=0} dA \ . \qquad (2/8)$$

Das Integral ist über die rekombinationswirksame freie Basisoberfläche A_B zu erstrecken. Den Proportionalitätsfaktor s nennt man
Oberflächen-Rekombinationsgeschwindigkeit. s ist stark von der
Oberflächenbehandlung abhängig. Für geätzte Flächen ist s kleiner
als 10 cm/s, während bei mechanisch bearbeiteten, extrem gestörten Zonen die Werte bis 10^6 cm/s reichen.

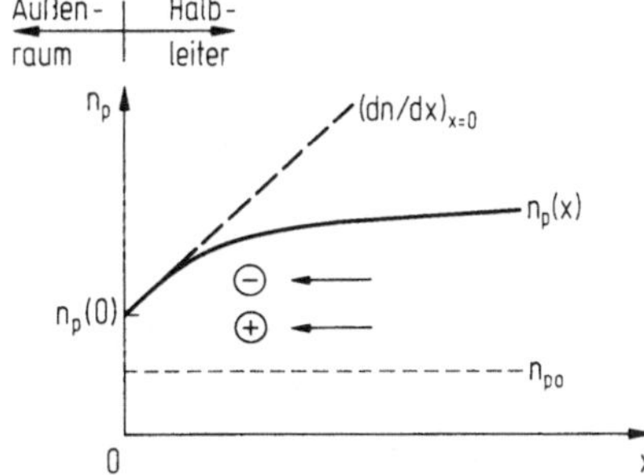

Abb.2.5. Minoritätsträgerdichte
n_p (x) an der Oberfläche bei
Oberflächenrekombination

Der Oberflächen-Rekombinationsstrom in einem npn-Transistor
hängt überwiegend von dem Elektronenanteil ab, der aus dem Emitter seitlich in die Basis injiziert wird. Er sollte linear mit I_C und
der Minoritätsträgeranhebung zunehmen und damit wenig Einfluß
auf die Stromabhängigkeit der Stromverstärkung B haben. Die Oberflächenrekombination führt aber zu einer Abnahme, da sich bei großen Stromdichten die laterale Injektionskomponente durch Emitterrandverdrängung erhöht (s. dazu auch Abschn.2.1.6).

Leckströme

Wenn an der Transistoroberfläche zwischen Basis- und Emitterkontakt eine elektrisch leitende Verbindung besteht, so fließt dort ein Oberflächenstrom, der ebenfalls über den Basisstrom nachgeliefert wird, in erster Näherung aber nicht vom fließenden Kollektorstrom abhängt und sich deshalb bevorzugt bei sehr kleinen Strömen auswirkt. Ein leitender Kanal (channel) entsteht z.B. durch eine Inversionsschicht an der Basis- oder Emitteroberfläche. Einzelheiten zur Frage einer Oberflächenleitfähigkeit werden in Abschnitt 3.2.4 in Zusammenhang mit den Sperrströmen besprochen.

Kollektorsperrströme

Der Kollektorsperrstrom stellt einen inneren Zustrom von Majoritätsträgern in die Basis dar. Er ruft an der Emitterdiode einen zusätzlichen Injektionsstromanteil hervor. Ist bei festen äußeren Strömen I_C und I_B der Sperrstromanteil eines Transistors vergrößert, so ist der steuerbare Anteil von I_C und damit die Stromverstärkung herabgesetzt. In diesem Sinne ist auch (1/49) zu verstehen. Wie in Abschnitt 3.2.4 gezeigt wird, sind die regulären Sperrströme in einem Siliziumtransistor bei kleinen Kollektorspannungen so gering, daß ihr Einfluß in üblichen Anwendungen vernachlässigt werden darf.

2.1.4 Starke Injektion

Die in diesem Abschnitt diskutierte starke Injektion macht eine Korrektur des Injektionsstromverhältnisses (1/26) bzw. (2/4) bei großen Strömen erforderlich. Bisher wurde schwache Injektion der Elektronen aus dem Emitter in die Basis vorausgesetzt. Die Dichte der Elektronen blieb klein im Vergleich zur Basisdotierung, $n_p \ll N_B$. Diese Voraussetzung ist aber bereits bei mittleren Stromdichten nicht mehr erfüllt. Die injizierten Elektronen werden durch die gleiche Anzahl zusätzlicher Löcher neutralisiert, die sich zur dotierungsbedingten Konzentration N_B hinzuaddiert. Anstelle von (1/11) gilt am basisseitigen Rand der Emittersperrschicht ein Zusammenhang

$$n_p(0) = \frac{n_i^2 \exp \dfrac{U_{BE}}{U_T}}{N_B + n_p(0)} \ . \tag{2/9}$$

Im Falle starker Injektion ist die Anhebung der Minoritätsträgerdichte mit der Dotierungskonzentration vergleichbar, $n_p \simeq N_B$, s. Abb.2.6. Aus (2/9) folgt für den Grenzfall $n_p \gg N_B$

$$n_p(0) \simeq p_p(0) = n_i \exp \frac{U_{BE}}{2\,U_T} \; .$$

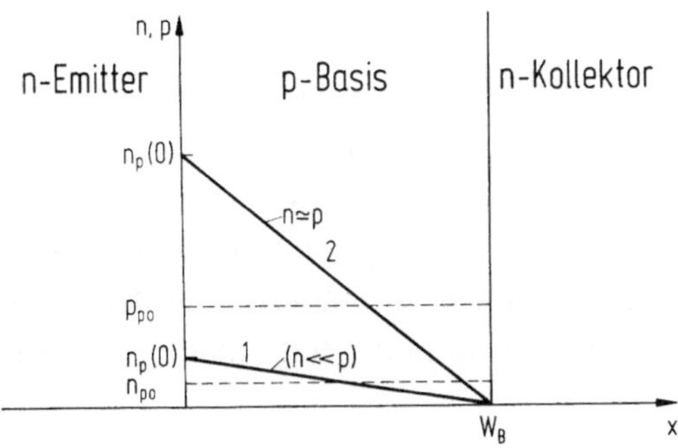

Abb.2.6. Minoritätsträgerverteilung in der Basis bei schwacher und starker Injektion (npn-Typ).
Kurve 1: schwache Injektion, $n \ll p \simeq p_p$; Kurve 2: starke Injektion, $n \simeq p$

Mit dem Einsetzen starker Injektion nehmen Elektronenkonzentration $n_p(0)$ und Injektionsstrom $I_n(0)$ weniger stark mit der Flußspannung U_{BE} zu als Löcherdichte $p_n(0)$ und Löcherstrom $I_p(0)$ auf der Emitterseite. Injektionsstromverhältnis und Stromverstärkung verringern sich. Für $I_n(0)$ ergibt sich im einfachen Fall einer konstanten Basisdotierung anstatt (1/21)

$$I_C \simeq \frac{e\,D_B\,A}{W_B}\, n_p(0) = \frac{e\,D_B\,A}{W_B}\, \frac{n_i^2}{N_B + n_p(0)}\, \exp \frac{U_{BE}}{U_T} \; . \qquad (2/10)$$

Mit (1/25) und (1/21) ist im Vergleich zu (1/26) der Rekombinationsstrom I_B erhöht,

$$I_B = \frac{I_C}{B_E}\, \frac{N_B + n_p(0)}{N_B} = I_{BE}\left(1 + \frac{W_B\,I_C}{e\,D_B\,N_B\,A}\right) \simeq I_{BE}\,\frac{I_C}{I_0} \quad \text{für} \quad I_C \gg I_0 \; .$$

$$(2/11)$$

Die Stromverstärkung nimmt gegenüber den Bedingungen schwacher
Injektion ab, sobald bei zunehmendem Strom mit $n_p(0) \simeq N_B$ die
Leitfähigkeit in der Basis zunimmt. Die Leitfähigkeitsmodulation
setzt ein, wenn der Kollektorstrom einen Schwellenwert

$$I_0 = \frac{e\,D_B\,N_B\,A}{W_B}$$

überschreitet.

Durch starke Injektion wird auch der Diffusionsvorgang der Minoritätsträger in der Basis beeinflußt. Die zusätzlichen Majoritätsträger, die den Basisraum gegen das Feld der Kollektordiode nicht
verlassen können, stauen sich vor der Kollektorraumladungszone
und bauen ein elektrisches Gegenfeld auf. Aus der Bedingung, daß
der Löcherstrom I_p Null sein muß, folgt ähnlich wie in Abschnitt
1.1.6

$$E = U_T \, \frac{1}{p} \, \frac{dp}{dx} \; .$$

Das Feld treibt die Elektronen zusätzlich an. Der Gesamtstrom I_n
ergibt sich mit $n \simeq p$ und $dn/dx \simeq dp/dx$:

$$I_n = I_{nd} + I_{nf} = e\,D_B \, \frac{dn}{dx} \, A \left(1 + \frac{n}{p} \right) \simeq 2e\,D_B \, \frac{n_p(0)}{W_B} \; . \qquad (2/12)$$

Der Injektionsstrom hat sich im Vergleich zu einem reinen Diffusionsstrom verdoppelt. Dieser Effekt beeinflußt weniger die Stromverstärkung als vielmehr die dynamischen Eigenschaften. Die Wirkung eines Basisdriftfeldes geht bei starker Injektion durch die Trägerüberflutung verloren. (2/12) ist dann sowohl für Diffusions- als
auch für Drifttransistoren gültig.

2.1.5 Basisaufweitung

Die Abnahme der Stromverstärkung von $np\nu n$-Transistoren bei
großen Strömen läßt sich als Folge einer Basisaufweitung erklären.
Die kollektorseitige Grenze der quasineutralen Basiszone verschiebt
sich bei hohen Stromdichten über die geometrische pn-Grenze hin-

aus zum Kollektorkontakt. Die Verteilung der Minoritätsträgerladungen im Transistor ist für diesen Fall schematisch in Abb.2.7 dargestellt.

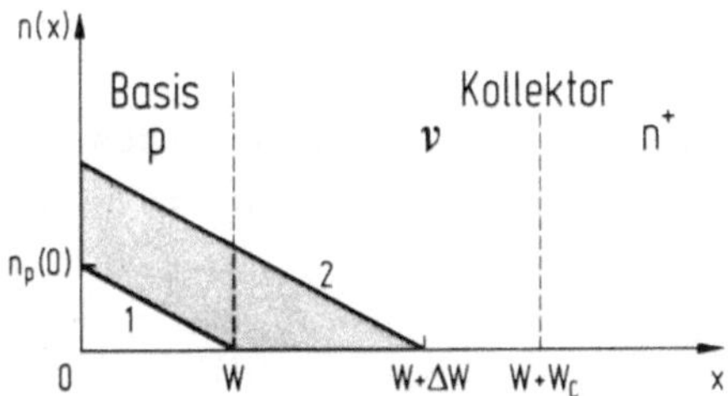

Abb.2.7. Basisaufweitung in n pν n-Transistoren, Dichte n(x) der injizierten Elektronen.
Kurve 1: ohne Basisaufweitung; Kurve 2: mit Basisaufweitung

Durch Basisaufweitung ist auch der Kollektor mit in die Rekombinationsvorgänge einbezogen. Die Speicherladungen im Basisbereich sind ebenfalls vergrößert. Im Grenzfall reicht die Diffusionsstrecke der Minoritätsträger ohne Stufe an der Basis-Kollektor-Grenze vom Emitterrand bis zum n^+-Subkollektor. Die Leitfähigkeit in der Basiszone und in der schwach dotierten ν-Kollektorschicht ist erhöht. Die geänderte Minoritätsträgerverteilung beeinflußt die Stromverstärkung des Transistors auf zweierlei Weise.

a) Bei vorgegebenem Kollektorstrom und Minoritätsträgergradienten erhöht sich mit einer Basisaufweitung um ΔW die gesamte Speicherladung nach Abb.2.7 um den Anteil zwischen Kurve 1 und 2. Damit ist auch der Rekombinationsstrom im neutralen Volumen bei gleichem I_C gegenüber I_{BB} vergrößert und die Stromverstärkung herabgesetzt:

$$I_B = \frac{1}{2}\left(\frac{W + \Delta W}{L_B}\right)^2 \cdot I_C = I_{BB} \cdot \left(\frac{W + \Delta W}{W}\right)^2 . \qquad (2/13)$$

Die Rekombination im Kollektorraum ist nach dieser Betrachtungsweise als erhöhter Anteil der Basiszone berücksichtigt. Zahlenbeispiel (Epitaxial-Planartransistor): Bei einer Basisweite $W_B = 2\,\mu\text{m}$ und einer ν-Kollektorschichtdicke $W_C = 10\,\mu\text{m}$ ist durch eine Basisaufweitung $\Delta W = 1/2\,W_C$ der Rekombinationsstrom gegenüber dem

Wert I_{BB} ohne Basisaufweitung auf den $[(2 + 5)/2]^2 \simeq 12$-fachen Wert angestiegen.

b) Als Folge der Basisaufweitung ist bei unverändertem Strom auch die Dichte $n_p(0)$ der Minoritätsträger am Emitterrand erhöht. Gegenüber (2/10) ist der Zustand starker Injektion schon bei kleineren Strömen erreicht, sodaß die Löcherinjektion aus der Basis in den Emitter relativ zu I_C ansteigt. An die Stelle von (2/11) tritt

$$I_B = \frac{I_C}{B_E} \left(1 + \frac{n_p(0)}{N_B} \frac{W + \Delta W}{W} \right) \simeq I_{BE} \frac{I_C}{I_0} \frac{W + \Delta W}{W} \qquad (2/14)$$

für große Ströme I_C. Zahlenbeispiel zu (2/14): Mit den zuvor angenommenen Zahlen würde sich der Rekombinationsstrom durch die Basisaufweitung um den Faktor $(2 + 5)/2 = 3,5$ erhöhen.

Die Zunahme des Rekombinationsstromes hat nach diesem Mechanismus weniger Einfluß auf die Stromverstärkung als im erstgenannten Fall. Bei sehr starker Basisaufweitung stellt (2/13) den begrenzenden Prozeß dar.

Als Ursache der Basisaufweitung kommen zwei verschiedene physikalische Mechanismen in Frage: Abbau der Kollektorraumladungszone mit Sättigung des Transistors durch den Spannungsabfall an parasitären Bahnwiderständen oder Verschiebung der Feldzone durch Geschwindigkeitsbegrenzung der Ladungsträger im ν-Kollektor. Je nach Kollektorstruktur und anliegender Kollektorspannung ist bei großen Stromdichten die eine oder die andere Begrenzung der Stromverstärkung früher wirksam. In beiden Fällen existiert ein Grenzstrom $I_C = I_g$ für den Beginn der Basisaufweitung.

Sättigungsfall [21]

Basisaufweitung durch Sättigung findet bevorzugt dann statt, wenn die äußere Kollektorspannung $U_{CE} = U_{CB} + U_{BE}$ niedrig ist und die Kollektorfeldzone eine relativ geringe Ausdehnung hat. Der nicht von der Feldzone überspannte Bereich des ν-Kollektors verringert durch seinen Bahnwiderstand R_C bei großen Strömen den Anteil $U'_{CB} = U_{CB} - I_C R_C$ der äußeren Spannung an der Kollektordiode. Die Raumladungszone schrumpft mit zunehmendem Strom zusammen. Bei einem Grenzstrom

$$I_{g1} = \frac{U_{CB}}{R_{Cmax}} = U_{CB} \frac{e\,N_D\,\mu_n\,A}{W_C} \qquad (2/15)$$

fällt die ganze äußere Spannung am Bahngebiet ab (Abb.2.8a). Für $I_C > I_{g1}$ liegt an der Kollektordiode eine negative Spannung, d.h. sie ist in Flußrichtung gepolt. Der Transistor kommt in die Sättigung.

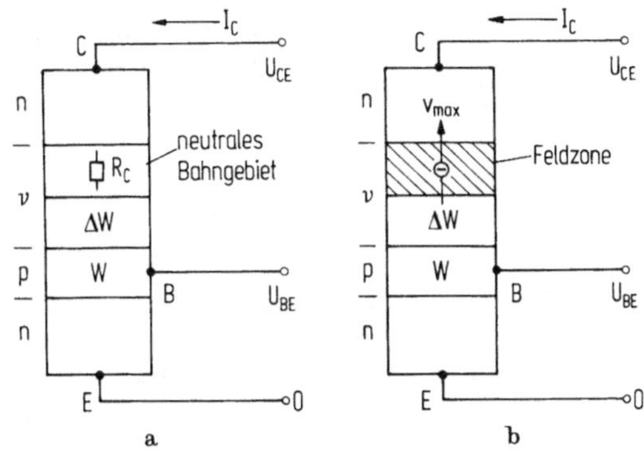

Abb.2.8. Basisaufweitung in npνn-Transistoren.
a) Durch Spannungsverlust am Kollektorbahnwiderstand R_C (I_C, I_B) (Sättigungsfall); b) durch die Raumladung der freien Ladungsträger im ν-Kollektor (Raumladungsfall)

Unter diesen Betriebsbedingungen werden Löcher aus der Basis in den schwach leitenden Kollektor injiziert. Aus Gründen der Ladungsneutralität erhöht sich auch die Anzahl der freien Elektronen, die Leitfähigkeit des ν-Gebietes ist vergrößert. Das hochohmige Bahngebiet verkürzt sich bei wachsendem Strom entsprechend der Eindringtiefe ΔW der Ladungsträger auf $W_C - \Delta W$. Da mit zunehmender Sättigung der Spannungsabfall von I_C an R_C sich dem Wert U_{CE} annähert, errechnet sich mit (2/15) wegen $I_C(W_C - \Delta W) \simeq I_{g1} W_C$ eine Basisaufweitung

$$\Delta W \simeq W_C\left(1 - \frac{I_{g1}}{I_C}\right) \simeq W_C\left(1 - \frac{e\,\mu_n\,N_D\,A}{W_C}\,\frac{U_{CE}}{I_C}\right). \qquad (2/16)$$

Eine Basisaufweitung durch Transistorsättigung ist umso größer, je kleiner die äußere Spannung U_{CE} bzw. U_{CB}, je niedriger die Do-

tierung und je größer die Schichtdicke W_C des ν-Kollektors ist.
Zahlenbeispiel (Niederfrequenz-Leistungstransistor): Mit den Kol-
lektordaten $N_D = 10^{14}\,\mathrm{cm}^{-3}$, $W_C = 30\,\mu\mathrm{m}$ und einer Spannung
$U_{CB} = 3\,\mathrm{V}$ beträgt die Grenzstromdichte für eine Basisaufweitung
$I_{g1}/A = 25\,\mathrm{A/cm}^2$. Bei einem Kollektorstrom $I_C = 2\,I_{g1}$ beträgt
$\Delta W = 1/2\,W_C = 15\,\mu\mathrm{m}$.

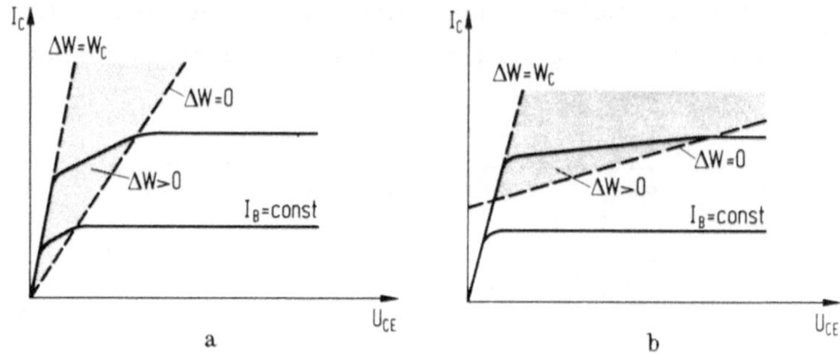

Abb.2.9. Ausgangskennlinienfelder in Emitterschaltung bei Basisaufweitung (schematisch).
a) Sättigungsfall; b) Raumladungsfall. Grenzkurven $\Delta W = 0$ nach
(2/15) bzw. (2/20)

Der erhöhte Rekombinationsstrom bei Basisaufweitung hängt nach
(2/16) von der Spannung am Kollektorkontakt ab. In diesem Betriebsbereich zeigen die Ausgangskennlinien $I_B = \mathrm{const}$ eine verstärkte Abhängigkeit des Kollektorstroms von U_{CE}. Ein Verlauf
nach Abb.2.9a ist typisch für hochsperrende Schalttransistoren,
ist aber auch bei epitaxialen Vorstufentransistoren zu beobachten.
Man erkennt zwei charakteristische Knicke im Kennlinienverlauf.
Wird eine Kurve in Richtung abnehmender Spannung durchlaufen,
so beginnt am rechten Knick bei der gestrichelten Grenzkurve die
Basisaufweitung. Die Kollektor-Emitter-Sättigungsspannung beträgt

$$U_{CEsat} \simeq I_C \frac{W_C - \Delta W}{e N_D \mu_n A} = I_C R_C(I_C, I_B)\,. \qquad (2/17)$$

Am linken Knick ist schließlich die theoretische Restspannung ohne
Bahnwiderstand erreicht, sobald die Leitfähigkeitsmodulation mit
$\Delta W \simeq W_C$ durch die ganze ν-Zone hindurchgreift. Da R_C in (2/17)

durch Trägerüberflutung klein ist, lassen sich mit npvn-Transistoren bei großem Steuerstrom sehr kleine Restspannungen erreichen.

Raumladungsbegrenzung durch Geschwindigkeitssättigung [22]

Eine Basisaufweitung durch die begrenzte Geschwindigkeit der Ladungsträger setzt gegenüber dem Sättigungsfall größere elektrische Feldstärken im Kollektorbereich voraus. Die Beweglichkeit μ_n der Elektronen nimmt in Silizium bei Feldstärken oberhalb von 10^3 V/cm ab, das Ohmsche Gesetz ist nicht mehr gültig. Die Teilchengeschwindigkeit erreicht bei 10^4 V/cm einen Maximalwert $v_{max} \simeq 10^6$ cm/s. Haben die Elektronen innerhalb der Feldzone einer Kollektorsperrschicht ihre Maximalgeschwindigkeit, so kann der Kollektorstrom nur durch Vergrößerung der Anzahl der beteiligten Ladungsträger erhöht werden. Die Zunahme der Trägerdichte mit I_C errechnet sich aus

$$I_C = e\,v_{max}\,nA \quad \text{oder} \quad n = \frac{I_C}{e\,v_{max}\,A}. \qquad (2/18)$$

Die Raumladung der zusätzlichen Elektronen verursacht ebenfalls eine Basisaufweitung. In den folgenden Überlegungen ist eine ausreichend hohe Feldstärke und v_{max} vorausgesetzt. Dazu muß wenigstens 1 V der äußeren Spannung innerhalb von 1 µm der v-Schicht abfallen.

Bei kleinen Strömen legt nach (1/15) die Dotierung N_D der v-Zone allein die Ausdehnung der Feldzone fest. Die Verteilung von Raumladungen und Feldstärke ist in Abb.2.10, Kurve 1, dargestellt. Mit zunehmendem Kollektorstrom und $v = v_{max}$ wird die ortsfeste Ladung der ionisierten positiven Donatoren $N_D^+ \simeq N_D$ durch die wachsende Dichte der negativen Elektronen kompensiert. Die resultierende Raumladungsdichte $e\,(N_D^+ - n)$ nimmt ab. Deshalb verschiebt sich die kollektorseitige Grenze der Raumladungszone in Abb.2.10 nach rechts. Gleichzeitig sinkt die Feldstärke auf der Basisseite.

Für einen Grenzstrom I_{g2} ist die Feldstärke an der geometrischen pn-Grenze auf Null abgesunken und $e\,(N_D^+ - n)$ schon negativ. Oberhalb von I_{g2} beginnt die Basisaufweitung. Für $I_C > I_{g2}$ errechnet sich aus (1/15) und (2/18) mit I_{g2} aus (2/20):

$$\Delta W = W_C - l \simeq W_C - \sqrt{\frac{2\,\varepsilon\varepsilon_0 U_{CE}}{e(n-N_D)}} = W_C - \sqrt{\frac{2\,\varepsilon\varepsilon_0 U_{CE} v_{max} A}{I_C - e\,v_{max} N_C A}} =$$

$$= W_C\left(1 - \sqrt{\frac{I_{g2} - e\,v_{max} N_D A}{I_C - e\,v_{max} N_D A}}\right). \qquad (2/19)$$

Die basisseitige Feldgrenze zieht sich in Richtung zum Kollektorkontakt zurück (Verteilung 2 in Abb.2.10). Die injizierten Elektronen müssen nicht nur die Basis sondern auch das feldfreie Kollektorgebiet als Diffusionsstrom durchlaufen.

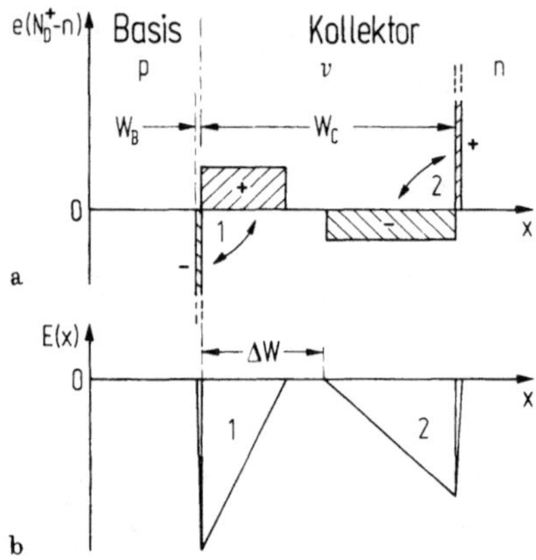

Abb.2.10. Basisaufweitung durch Raumladungsbegrenzung.
a) Verteilung der gesamten Ladung $e(N_D^+ - n)$ im ν-Gebiet; b) Verteilung der elektrischen Feldstärke $E(x)$. Fall 1: kleine Stromdichte, keine Basisaufweitung; Fall 2: große Stromdichte, mit Basisaufweitung

Die Basisaufweitung bei Geschwindigkeitsbegrenzung verstärkt sich
wie im Sättigungsfall durch eine verkleinerte äußere Spannung U_{CE},
eine schwächere Kollektordotierung N_D und eine größere Kollektor-
dicke W_C. Der Grenzstrom I_{g2} für den Beginn der Basisaufweitung
ergibt sich mit $\Delta W = 0$ aus (2/19):

$$I_{g2} = e\,v_{max} A\left(\frac{2\,\varepsilon\varepsilon_0 U_{CE}}{e\,W_C^2} + N_D\right). \qquad (2/20)$$

Zahlenbeispiel (Hochfrequenztransistor): Für $N_D = 10^{15}\,\mathrm{cm}^{-3}$ und
$W_C = 5\,\mu m$ beginnt die Basisaufweitung bei $I_{g2}/A = 200\,\mathrm{A/cm^2}$. Ist
wieder $I_C = 2\,I_{g2}$, so folgt $\Delta W = 3\,\mu m$.

90

Auch bei Basisaufweitung durch Raumladungseffekte steigen die Ausgangskennlinien $I_C(I_B = \text{const})$ mit U_{CE} an, weil nach (2/19) Basisaufweitung und zusätzliche Rekombination abnehmen, s. die Prinzipkurven der Abb.2.9 b. Im Gegensatz zu Abb.2.9 a ist aber der rechte Knick im Kennlinienverlauf normalerweise nicht sichtbar. Er ist zu großen Spannungen und Stromdichten hin verschoben und wird von der in Abschnitt 1.1.7 beschriebenen Kennlinienneigung durch Basisweitenmodulation verdeckt. Die starke Spannungsabhängigkeit der Kollektorströme bei kleinen Werten U_{CE} ist immer charakteristisch für Transistoren mit ν-Kollektor.

2.1.6 Basiswiderstand und Emitterrandverdrängung

Bisher wurde eine konstante Stromdichte entlang der gesamten Emitterfläche A des Transistors vorausgesetzt. Bei großen Strömen konzentriert sich der Injektionsstrom aber auf den Rand des Emitters. Durch die Emitterrandverdrängung verstärken sich alle diejenigen Effekte, die selbst eine Absenkung der Stromverstärkung bei großen Stromdichten verursachen. Die Voraussetzungen für Basisaufweitung und starke Injektion sind örtlich bereits bei kleineren Gesamtströmen erreicht.

Emitterrandverdrängung kommt durch den lateralen Spannungsabfall des Basisstroms I_B am effektiven Bahnwiderstand R_B der Basiszone zustande, der zwischen Emitter- und Kollektorschicht liegt (Abb.2.11 a). Der Basisstrom fließt vom Basiskontakt aus seitlich in das aktive Basisvolumen unter den Emitter. Die Diodenspannung $U_{BE}(y)$ ist nahe dem Basiskontakt größer als an der Emittermitte. Die Injektionsstromdichte $J_n(y) = dI_n/dA$ hängt aber nach (1/21) exponentiell von U_{BE} ab. Schon mit einer nur um 25 mV niedrigeren Spannung am pn-Übergang sinkt die Stromdichte auf ein Drittel des maximalen Wertes ab. Die Abnahme der Stromdichte vom Emitterrand zur Emittermitte ist in Abb.2.11 b skizziert. Von der ganzen Emitterfläche ist nur ein Randbereich aktiv.

Den Basiswiderstand kann man sich in einen inneren Anteil unter dem Emitter und eine äußere Komponente zwischen Emitterrand und Basiskontakt aufgeteilt denken. Die äußere Komponente ist

klein, da die oberflächennahen Basisbereiche stärker dotiert sind
und eine größere Schichtdicke besitzen. Sie ist in Abb.2.11a nicht
eingezeichnet und wird hier nicht weiter diskutiert. Für das dynamische Verhalten ist aber auch dieser Anteil wichtig.

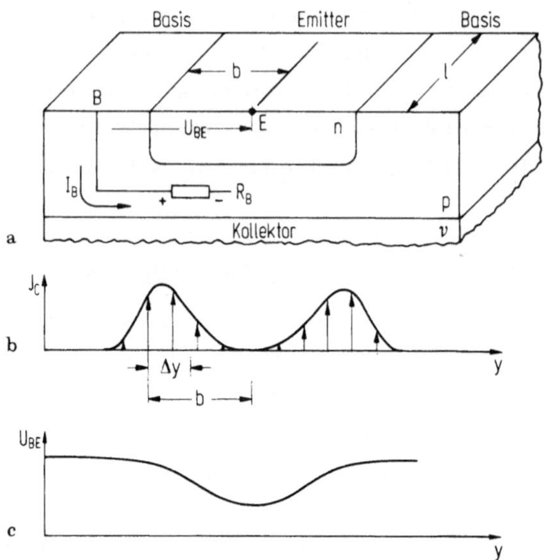

Abb.2.11. Emitterrandverdrängung des Injektionsstroms durch den
Spannungsabfall des Basisstroms am inneren Basisquerwiderstand.
a) Geometrie; b) Stromdichteverlauf; c) Verlauf der effektiven Ba-
sis-Emitter-Flußspannung

Der effektive innere Basiswiderstand hängt selbst von der Stromverteilung ab. Bei gleichmäßiger Strombelastung des Emitters, z.B.
bei kleinen Kollektorströmen, läßt sich ein maximaler Basisinnenwiderstand

$$R_B = K \; \frac{b}{e \, \mu_n \, \overline{N_B} \, W_B l} = K R_S \frac{b}{l} \qquad (2/21)$$

abschätzen ([23], S. 228). b ist die halbe Breite und l die Länge
eines rechteckigen Emittergebietes. l stimmt in Geometrien mit
langen Emitterstreifen annähernd mit der Emitterrandlänge l_E überein. Der geometrieabhängige Zahlenfaktor K hat im Falle eines
Streifenemitters den Wert 1/6. Die Dichte N_B der Basisdotierung

ist gemittelt, weil sie in den meisten Transistoren vom Emitter
zum Kollektor abnimmt. Der Flächenwiderstand $R_S = 1/(e\,\mu_b\,\overline{N_B}\,W_B)$
der Basisschicht ist ein wichtiger Designparameter bipolarer Transistoren und wird in Ohm angegeben. Wenn nun der Spannungsabfall
$R_B\,I_B$ nicht mehr klein gegen U_T ist, wird von der Streifenbreite
b nur noch der Anteil $\Delta y < b$ für den Stromfluß ausgenutzt und der
effektive Basiswiderstand nimmt ab.

Von Emitterrandverdrängung sind diejenigen Transistoren besonders betroffen, die von vornherein einen erhöhten Rekombinationsstrom I_B und eine kleine Stromverstärkung besitzen. Die Möglichkeiten, Emitterrandverdrängung durch Verkleinern des Schichtwider-
standes R_S zu höheren Strömen hinauszuschieben, sind begrenzt. Sowohl eine große Maximalverstärkung als auch die dynamischen Eigenschaften machen eine dünne Basis wünschenswert. Auch die Dotierungsdichte darf man nur begrenzt anheben, wenn das Injektionsstromverhältnis am Emitter nicht zu ungünstig werden soll. Eine
Optimierung muß sich damit auf das Geometrieverhältnis b/l konzentrieren. Zur Verbesserung der Hochstromeigenschaften gibt man
den Transistoren Strukturen, in denen das Emittergebiet aus langen,
schmalen Streifen besteht. Die meisten Transistoren besitzen deshalb eine Finger- oder Kammstruktur mit großer Emitterrandlänge
l_E.

In Abb.2.11 ist die Stromverteilung im Kollektor über die geometrische Emittergrenze hinaus nach außen gezeichnet. Ladungen diffundieren nicht nur seitlich aus der Basis heraus. Sie werden bei hohen
Stromdichten auch bevorzugt seitlich injiziert, weil dort die Flußspannung am höchsten ist. Elektronen, die vom Emitterrand aus
zum Kollektor gelangen, haben im Mittel eine längere Wegstrecke
durch Diffusion zurückzulegen und damit auch eine erhöhte Wahrscheinlichkeit zur Rekombination im Volumen. Sie bewegen sich
außerdem in der Nähe der stärker gestörten Basisoberfläche. Die
Oberflächenrekombination kann im Fall von Emitterrandverdrängung
die Stromverstärkung bei großen Strömen herabsetzen.

Wenn der Zustand starker Injektion eintritt bevor sich Emitterrandverdrängung bemerkbar macht, ist durch Leitfähigkeitsmodulation
der Basiswiderstand bereits verringert und eine Randverdrängung we-

niger wahrscheinlich. Diesen Zustand findet man häufig bei Nieder-
frequenz-Leistungstransistoren mit homogener, schwach dotierter
Basis und großer Basisweite.

Die wirksame Emitterstreifenbreite hängt außer von den Strömen
noch von weiteren Betriebsbedingungen ab. Eine größere Kollektorspannung erhöht z.B. durch Basisweitenmodulation den Basiswiderstand und die Emitterrandverdrängung. In der gleichen Richtung wirkt wegen des positiven Temperaturkoeffizienten von R_B
auch eine Temperaturerhöhung.

Im Falle eines Niederfrequenztransistors ist es nicht sinnvoll, die
Breite eines Emitterstreifens zu fein zu wählen. Ein Maß für die
Minimalbreite ist die Diffusionslänge, weil ein schmaler Stromkanal durch Diffusion seitlich auseinanderläuft. Die dynamische Diffusionslänge nimmt aber nach (2/22) mit zunehmender Frequenz
ab. Dadurch kommt zum Ausdruck, daß der Steuerstrom I_B nicht
nur Rekombinationsverluste deckt sondern auch Ladestromkompo-
nenten enthält, vgl. Abschnitt 2.2.1. Diese Ladeströme erhöhen
den lateralen Spannungsabfall in der Basis und verstärken die dynamische Emitterrandverdrängung gegenüber dem statischen Fall. Je
höher die Betriebsfrequenz eines Transistors ist, um so feiner muß
seine Emitterstruktur gewählt werden (vgl. auch Abschn.4.3 über
Hochfrequenztransistoren).

2.1.7 Stromverstärkungsverlauf

Die Stromverstärkung B ist durch die Summe aller Rekombinations-
stromanteile festgelegt, die über die Minoritätsträgerverteilung
wiederum vom Injektionsstrom abhängen. Der Zusammenhang zwischen Stromverstärkung und Kollektorstrom ist in Abb.2.12 für einen npνn-Transistor dargestellt. B hat ein Maximum im Bereich
mittlerer Ströme, fällt zu niedrigen Strömen hin etwas und zu großen Stromwerten stärker ab. Der Verlauf ist von Transistortyp,
Technologie und Exemplarstreuungen abhängig.

Die maximale Stromverstärkung ist durch Injektionsströme in den
Emitter und durch Rekombination im Basisvolumen festgelegt. Die
Absenkung zu kleinen Strömen entsteht durch Rekombination in der

94

Emittersperrschicht und durch Leckströme zwischen Basis und Emitter. Eine Abnahme zu hohen Strömen kann verschiedene Ursachen haben: Abnahme des Injektionsstromverhältnisses bei starker Injektion, Basisweitenmodulation und ihr Einfluß auf Volumenrekombination und Emitterwirkungsgrad, sowie Oberflächenrekombination. Die Stromverstärkung verringert sich weiter, wenn gleichzeitig Emitterrandverdrängung stattfindet.

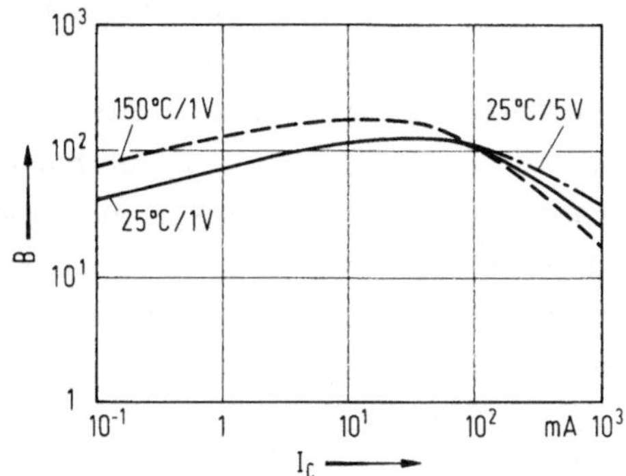

Abb.2.12. Stromverstärkung B in Abhängigkeit vom Kollektorstrom. Parameter: Gehäusetemperatur T_G und Kollektor-Emitter-Spannung U_{CE} (Planar-Epitaxialtransistor in Emitterschaltung)

Das Maximum von B ist nach Abb.2.12 bei größerer Kollektorspannung in Richtung größerer Ströme verschoben. Für die Verschiebung ist die Abnahme der Basisaufweitung mit zunehmender Spannung sowohl im Sättigungs- als auch im Raumladungsfall verantwortlich. Bei einem Transistor ohne ν-Kollektor, dessen Stromverstärkung durch starke Injektion oder Oberflächenrekombination begrenzt wird, ist die Spannungsabhängigkeit geringer und nur wegen des Early-Effektes vorhanden.

Der typische Temperaturgang der Stromverstärkung ist in Abb.2.12 ebenfalls erkennbar. B verdoppelt sich am Maximum zwischen Zimmertemperatur und 150°C und ist auch bei kleinen Strömen angehoben. Im Bereich großer Ströme nimmt B mit höherer Temperatur ab.

Die Temperaturabhängigkeit wird durch die exponentielle Zunahme der Eigenleitungsdichte n_i mit T nach (2/5) beherrscht. Bei fester Basisspannung erhöhen sich nach (1/21) und (1/25) alle Injektions-

stromkomponenten. Solange Elektronen- und Löcherinjektion am
Emitter sich im gleichen Verhältnis mit T ändern, sollte die Stromverstärkung wenig beeinflußt sein. Tatsächlich nimmt aber wegen
der starken Emitterdotierung die effektive Eigenleitungsdichte n_{ieff}
in (2/5a) mit steigender Temperatur gegenüber n_i ab. Der Injektionsstrom I_{BE} verringert sich im Vergleich zum Kollektorstrom,
die Stromverstärkung steigt an.

Nach (2/1) hängt die Stromverstärkung auch von der Diffusionslänge $L_B = \sqrt{D_B \tau_B}$ ab. Die Diffusionskonstante nimmt je nach Tem-
peraturbereich und Störstellendichte schwach mit T zu oder ab.
Die Minoritätsträgerlebensdauer verkleinert sich normalerweise
bei erhöhter Temperatur, da die Stoßhäufigkeit mit Rekombinationszentren größer ist. Die Temperaturabhängigkeit der Rekombination
im neutralen Basisvolumen hat aber insgesamt weniger Einfluß als
die Änderung des Emitteranteils.

Für sehr kleine Ströme ist zusätzlich die schwächere Temperaturabhängigkeit der Trägerrekombination in der Emitterfeldzone für
eine Zunahme von B mit T verantwortlich. Bei sehr großen Stromdichten verursachen die positiven Temperaturkoeffizienten der Halb-
leiterbahnwiderstände eine Vergrößerung der Restspannung. Die Basisaufweitung eines $np\nu n$-Transistors ist mit T vergrößert und die
Stromverstärkung bei großen Strömen herabgesetzt.

Die zu einem festen Strom I_C gehörende Spannung U_{BE} nimmt bei
kleinen und mittleren Strömen nach (1/10) und (2/5) etwa mit
$-2\,\mathrm{mV/K}$ ab. Im Bereich großer Ströme hängt U_{BE} auch vom Bahnwiderstand R_B ab, und U_{BE} nimmt mit T zu.

2.2 Hochfrequenzverhalten

2.2.1 Stromverstärkung in Basisschaltung

Die Kleinsignal-Stromverstärkung α in Basisschaltung hängt ebenso
wie die Großsignalverstärkung A nach (1/29) von Emitterwirkungs-
grad η_E und Basistransportfaktor α_T ab, $\alpha = \eta_E \alpha_T$. Die Frequenzabhängigkeit von η_E, die auf den kapazitiven Majoritätsträgerstrom

durch die Emittersperrschicht zurückgeht, macht sich erst bei höheren Frequenzen bemerkbar und kann hier außer acht gelassen werden. Die Stromverstärkung hat damit die Frequenzabhängigkeit des komplexen Transportfaktors, der sich in allgemeiner Form als Lösung der zeitabhängigen Diffusionsgleichung ergibt ([5], S. 272), siehe auch (1/24a) bei tiefen Frequenzen:

$$\alpha_T = \frac{1}{\cosh(W_B/L_B^*)} \quad \text{mit} \quad L_B^* = \frac{L_B}{\sqrt{1 + j\,2\pi f \tau_B}} \;. \qquad (2/22)$$

Wenn die Signalfrequenz f in die Größenordnung der reziproken Trägerlebensdauer τ_B kommt, wird die komplexe Diffusionslänge L_B^* dem Betrag nach gegenüber L_B kleiner und außerdem in der Phase gedreht. Damit wird quantitativ erfaßt, daß Wechselkomponenten der Minoritätsträgerdichte bei der Diffusion durch die Basiszone nicht nur rekombinieren, sondern auch zerfließen und zeitlich verzögert werden.

In einer vereinfachten Betrachtung verteilt sich im Ersatzschaltbild, Abb. 1.27 b, der Steuerstrom i_E bei höheren Frequenzen auf den Eingangsleitwert g_m und die parallelliegende Diffusionskapazität C_{Ed}. Die Steuerspannung u_{EB} ergibt zusammen mit (1/79) eine frequenzabhängige Stromverstärkung

$$\alpha = \frac{i_C}{i_E} = \frac{g_m}{g_m + j\omega C_{Ed}} = \frac{1}{1 + j\,f/f_\alpha} \;. \qquad (2/23)$$

Der Wert $\alpha = \alpha_0$ bei tiefen Frequenzen ist näherungsweise eins gesetzt. Die Ortskurve der komplexen Stromverstärkung ist in Abb. 2.13 als Kreisbogen eingezeichnet, der im 4. Quadranten liegt (Kurve a).

Die Grenzfrequenz f_α der Stromverstärkung ist erreicht, wenn der Betrag von α gegenüber dem Niederfrequenzwert abgesunken ist auf

$$|\alpha(f = f_\alpha)| = \frac{\alpha_0}{\sqrt{2}} \;. \qquad (2/24)$$

f_α ergibt sich in Abb. 2.13 als Schnittpunkt der Ortskurve mit dem Halbkreis vom Radius $1/\sqrt{2} = 0{,}71$. Der Strom i_C ist bei f_α um $45°$

gegenüber i_E zurück. Die Grenzfrequenz ω_α stimmt mit der reziproken Basisladezeit nach (1/85) überein:

$$\omega_\alpha = 2\pi f_\alpha = \frac{C_{Ed}}{g_m} = \frac{1}{t_B} = 2\pi f_1 \; . \qquad (2/25)$$

f_α hängt von den Transistordaten, nicht aber von der Trägerlebensdauer ab.

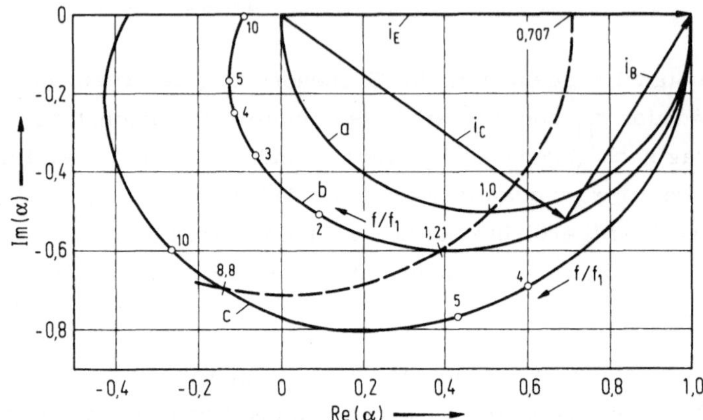

Abb.2.13. Ortskurven der komplexen Kleinsignalverstärkung in Basisschaltung (auf $\alpha_0 = 1$ normiert, nach [6], S. 311).
Kurve a: nach Ersatzschaltbild Abb.1.27b; Kurve b: Diffusionstransistor nach (2/22); Kurve c: Drifttransistor (Driftfaktor m = 4)

Bei der Ableitung von (2/25) wurde der Diffusionsvorgang der Elektronen durch die Basis vereinfacht über konzentrierte Elemente C_{Ed} und g_m im Ersatzschaltbild nachgebildet. Genauer ist aber die Rechnung mit einem verteilten RC-Netzwerk, das beispielsweise in den Lösungen der dynamischen Diffusionsgleichung berücksichtigt ist. Mit der genaueren Frequenzfunktion (2/22) liegt der Schnittpunkt zwischen der Ortskurve und dem $1/\sqrt{2}$-Kreis nach Abb.2.13 bei der höheren Grenzfrequenz

$$f_\alpha = 1,21 f_1 \; .$$

Die Ortskurve (Kurve b in Abb.2.13) durchläuft außerdem mit zunehmender Frequenz weitere Quadranten. Der Phasenwinkel übertrifft bei f_α den Wert von 45°. Die Näherung (2/23) stimmt dem Be-

trag nach bis f_α gut mit der exakten Funktion überein, der Phasen-
fehler beträgt jedoch bereits über 10°. α aus (2/23) muß deshalb
bei Frequenzen $f > 0,2\ f_1$ mit einem Korrekturfaktor für die Phase
multipliziert werden.

Transistoren mit diffundierter Basis haben nach Abschnitt 1.1.6 ein
Basisdriftfeld, das die Basislaufzeit gegenüber $1/\omega_1$ verkürzt. Die
Ortskurve bei Berücksichtigung eines Driftfeldes $E = 8\ U_T/W_B$
(Driftfaktor $m = 4$) ist in Abb.2.13 ebenfalls mit eingetragen (Kur-
ve c). Die Grenzfrequenz ist auf $f_\alpha \simeq 8,8\ f_1$ erhöht und der Phasen-
winkel beträgt bei dieser Frequenz mehr als 90°.

Die Kleinsignal-Stromverstärkung $\alpha = h_{21b}$ ist dem Betrag nach in
Abb.2.14 in Abhängigkeit von der Frequenz aufgetragen. Oberhalb
der Grenzfrequenz f_α erreicht $|\alpha|$ ein Minimum, nimmt dann aber
wieder nahezu bis zum Wert 1 zu. Dieser Wiederanstieg ist ein
Majoritätsträgereffekt, da das Signal bei $r'_{bb} \neq 0$ kapazitiv über C_C
zum Kollektor durchgreift, vgl. das Ersatzschaltbild von Abb.1.27b.

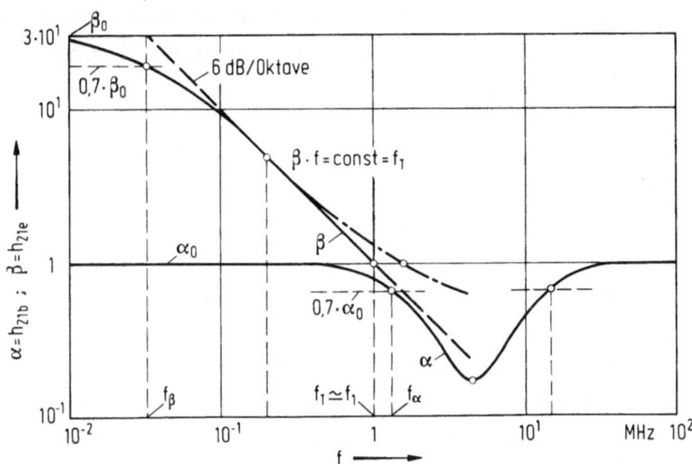

Abb.2.14. Betrag der Kleinsignal-Kurzschlußstromverstärkungen
$\alpha = h_{21b}$ in Basis- und $\beta = h_{21e}$ in Emitterschaltung in Abhängigkeit
von der Frequenz

2.2.2 Stromverstärkung in Emitterschaltung

Die Stromverstärkung β in Emitterschaltung läßt sich bei höheren
Frequenzen näherungsweise aus dem Ersatzschaltbild Abb.1.27a

ableiten. Wenn $\beta = \beta_0$ den Wert bei tiefen Frequenzen darstellt, ist

$$\beta = \frac{i_C}{i_B} = \frac{g_m \, u_{BE}}{(g_e + j\omega C_{Ed}) u_{BE}} = \frac{\beta_0}{1 + j \, \beta_0 f/f_\alpha} = \frac{\beta_0}{1 + j \, f/f_\beta} \ . \qquad (2/26a)$$

β folgt auch aus $(1/23)$, wenn L_B durch L_B^* ersetzt wird,

$$\beta = 2\left(\frac{L_B^*}{W_B}\right)^2 = 2\left(\frac{L_B}{W_B}\right)^2 \frac{1}{1 + j\omega\,\tau_B} = \frac{\beta_0}{1 + j\omega\,\tau_B} \ . \qquad (2/26b)$$

Die Grenzfrequenz f_β ergibt sich aus der Bedingung

$$|\beta(f = f_\beta)| = \frac{\beta_0}{\sqrt{2}} \quad \text{mit} \quad 2\pi f_\beta = \omega_\beta = \frac{\omega_\alpha}{\beta_0} = \frac{1}{\tau_B} \ . \qquad (2/27)$$

f_β ist um den Faktor β_0 kleiner als die Grenzfrequenz f_α in Basisschaltung. Sie hängt ebenso wie β_0 von der Minoritätsträgerlebensdauer τ_B ab. Das erklärt die Abhängigkeit dieser Grenzfrequenz
von Oberflächenbehandlung und Technologie des Transistors. Mit
größerer Trägerlebensdauer erhöht sich zwar der Wert von β_0, verringert sich auf der anderen Seite aber f_β, sodaß die Stromverstärkung oberhalb von f_β wenig von τ_B abhängt.

Oberhalb der Eckfrequenz f_β nimmt β mit $6\,\mathrm{dB}$ je Oktave ab, vgl.
Abb.2.14. In diesem Frequenzbereich ist nach $(2/26a)$ das Produkt
von Verstärkung mal Bandbreite konstant,

$$\omega\,\beta = \omega_\beta\,\beta_0 = \text{const} = \omega_T = 2\pi f_T \ . \qquad (2/28)$$

Nach $(2/28)$ ist f_T auch diejenige Frequenz, bei der die Stromverstärkung in Emitterschaltung auf den Betrag eins abgesunken ist.
Sie stimmt angenähert mit der Umladefrequenz f_1, s. $(2/25)$, überein. Eine viel allgemeinere Bedeutung hat jedoch die Interpretation
als Laufzeitfrequenz, die anschließend näher erläutert wird.

Ein diffundierendes Teilchen legt in einer Zeit t im Mittel eine Wegstrecke $x = \sqrt{2Dt}$ durch statistische Wärmebewegung zurück (Brown-
sche Molekularbewegung). Erreicht x den Wert W_B der Basisweite, so stellt $t = t_B$ gerade die mittlere Zeit dar, die ein Minoritätsträger benötigt, um nach seiner Injektion am Emitter den Rand der

100

Kollektorfeldzone zu erreichen. $t_B = W_B^2/2D$ ist damit auch die Laufzeit der Elektronen durch die Basis. Die Frequenz $f_T = 1/2\pi t_B$ hat deshalb nicht nur den Namen Verstärkungs-Bandbreite-Produkt, sondern heißt auch Transit- oder Laufzeitfrequenz.

Im Frequenzbereich von $f = f_T$ und $\beta = 1$ kann i_C größer sein als es der Stromverstärkung entspricht, siehe die strichpunktierte Kurve in Abb.2.14. Ursache ist wieder eine kapazitive Kopplung des Eingangssignals über C_C und C_{CB} auf den Ausgang (vgl. das Ersatzschaltbild Abb.1.27a).

f_T ist meßtechnisch wichtig, da über eine einfache Verstärkungsmessung bei relativ niedriger Meßfrequenz die Grenzfrequenzen eines Transistors ermittelt werden können. Die Meßfrequenz muß, um Fehler zu vermeiden, um einen Faktor ≥ 3 oberhalb von f_β und um einen Faktor > 2 unterhalb von der Frequenz mit $\beta = 1$ liegen.

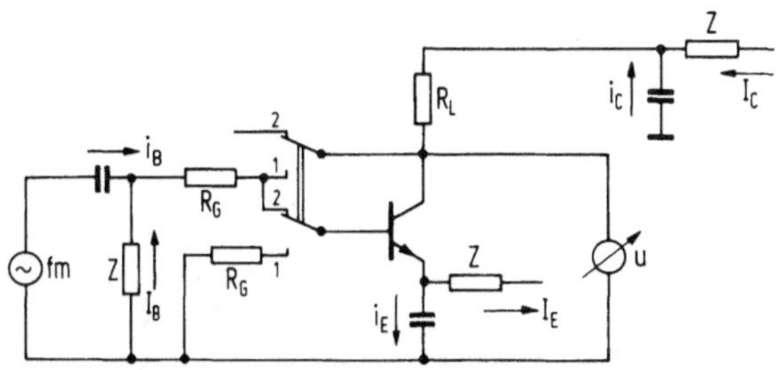

Abb.2.15. Meßschaltung zur Bestimmung der Transitfrequenz $f_T = \beta_m f_m$ (f_m Meßfrequenz).
Schalterstellung 1: Eichen, $u = u_1$; Schalterstellung 2: Messen, $u = u_2$, $\beta_m = u_2/u_1$

Um definierte Meßbedingungen festzulegen, wird eine Kleinsignal-Stromverstärkung normalerweise mit kurzgeschlossenem Ausgang gemessen. β stimmt dann mit dem Hybridparameter h_{21e} überein. Eine einfache Meßanordnung zeigt die Abb.2.15 ([24], S. 165). Aus der Meßfrequenz f_m und dem gemessenen Strom- bzw. Spannungsverhältnis β_m läßt sich mit (2/28) die Laufzeitfrequenz unmittelbar berechnen. Der Meßwiderstand R_L muß möglichst klein gewählt werden, sein genauer Wert geht jedoch in das Ergebnis nicht ein. Bei sehr hohen Meßfrequenzen verwendet man auch abgestimmte Resonanzkreise, um die Kurzschlußbedingung herzustellen.

2.2.3 Laufzeiteffekte

Die Stromverstärkung eines Transistors wird bei hohen Frequenzen
durch seine Transitfrequenz beschrieben. Dabei wurde bisher nur
die Laufzeit der Ladungsträger durch die Basis berücksichtigt. Die
Laufzeit $t_{ges} = 1/2\pi f_T$ eines Ladungsträgers vom Emitter- zum
Kollektorkontakt setzt sich aber aus mehreren Anteilen zusammen,
deren relative Bedeutung vom Aufbau des Transistors, von der verwendeten Technologie und vom Arbeitspunkt abhängt. Es ist

$$t_{ges} = t_E + t_B + t_{Cs} + t_C = \frac{1}{2\pi f_T} \, , \qquad (2/29)$$

mit t_E = Emitterladezeit, t_B = Basislaufzeit, t_{CS} = Kollektorlaufzeit und t_C = Kollektorladezeit.

Die vier Komponenten erklären die Abhängigkeit der f_T-Frequenz
von Kollektorstrom und Kollektorspannung. Bei sehr hohen Fre-

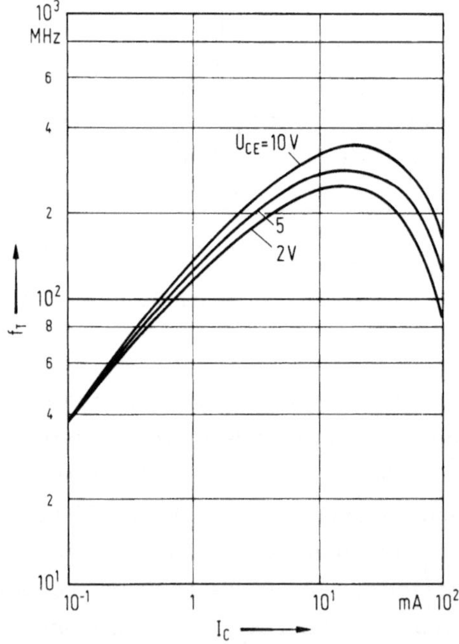

Abb.2.16. Transitfrequenz fτ in Abhängigkeit vom Kollektorstrom
bei verschiedenen Spannungen Ucε (Niederfrequenz-Vorstufentransistor BC 107 [9])

quenzen machen sich zusätzlich die parasitären Elemente des Transistors bemerkbar, die hier aber außer acht gelassen werden.

Ein Beispiel für die Stromabhängigkeit ist in Abb.2.16 dargestellt. Der Zusammenhang hat Ähnlichkeit mit dem B-Verlauf von Abb. 2.12. Die beiden Kurvenverläufe gehen jedoch nur im Hochstrombereich auf gemeinsame Ursachen zurück.

Emitterladezeit

Bevor ein Ladungsträger den Diffusionsvorgang am Emitterrand der Basis beginnen kann und die Minoritätsträgerladung in der Basis sich ändert, muß die Emittersperrschichtkapazität C_{Es} über den Diffusionsleitwert g_m der Emitterdiode umgeladen werden:

$$t_E \simeq \frac{1}{g_m} \cdot C_{Es} = C_{Es} \cdot \frac{U_T}{I_E} \, . \qquad (2/30)$$

Dieser Anteil der Trägerlaufzeit nimmt bei kleinen Strömen große Werte an, neben denen alle übrigen Zeiten in (2/29) vernachlässigt werden können. $2\pi f_T = 1/t_E$ nimmt nahezu linear mit I_C zu. Um gute Hochfrequenzeigenschaften zu erzielen, muß C_{Es} durch eine kleine Emitterfläche minimiert werden. Die Folge ist eine hohe spezifische Strombelastung des Emitters bei Hochfrequenztransistoren.

Basislaufzeit

Die Basislaufzeit t_B stimmt mit der Umladezeit der Emitterdiffusionskapazität über den Diffusionswiderstand überein,

$$t_B = \frac{C_{Ed}}{g_m} = \frac{1}{2\pi f_1} = \frac{W_B^2}{2n\,D_B} \, . \qquad (2/31)$$

n hängt vom Driftfeldfaktor ab, der in einer diffundierten Basis die Laufzeit verkürzt (n = 1 bis 6, [6], S. 326). Mit zunehmendem Strom kann t_E neben t_B vernachlässigt werden und $2\pi f_T \simeq 1/t_B$ ist konstant. Im Bereich dieses Maximums darf die Basisweite W_B guter Hochfrequenztransistoren nur bei wenigen Zehntel-Mikrometern liegen. Durch Basisweitenmodulation steigt f_T mit der Kollektor-spannung an.

Die in Abb.2.16 sichtbare Abnahme von f_T bei großen Kollektor-strömen ist wieder eine Folge der bereits in Abschnitt 2.1.5 beschriebenen Basisaufweitung, von der Transistoren mit ν-Kollektor bei großen Stromdichten betroffen sind. An die Stelle von W_B tritt $W + \Delta W$. Nach (2/31) erhält man eine Abhängigkeit $f_T \sim 1/(W + \Delta W)^2$, die zu einem steilen Abfall mit I_C führt. Bei kleineren Spannungen U_{CE} ist der f_T-Rückgang stärker, da bei flußgepolter Kollektordiode die Speicherladung im Kollektor Diffusionskapazität und effektive Basisweite erhöht.

f_T nimmt auch bei npn-Transistoren ohne Basisaufweitung ab. Mit zunehmenden Stromdichten erhöht sich nämlich die Lateralinjektion. Damit wird die Wegstrecke und effektive Basisdicke immer größer, die ein Ladungsträger durch Diffusion zurücklegen muß.

Kollektorlaufzeit

Bei Hochfrequenztransistoren, in denen t_E und t_B durch kleine Emitterfläche und dünne Basis stark reduziert wurden, ist auch die Laufzeit der Ladungsträger durch die Kollektorfeldzone zu berücksichtigen. Sie beträgt bei einer Maximalgeschwindigkeit v_{max} der Ladungsträger

$$t_{Cs} \simeq \frac{l}{v_{max}} \, , \qquad (2/32)$$

wenn l die Dicke der Sperrschicht bedeutet.

Die Raumladungszone und damit die ν-Zone eines guten Hochfrequenztransistors muß dünn sein. Hohe Sperrspannungen sind nur auf Kosten der dynamischen Eigenschaften zu realisieren.

Kollektorladezeit

Eine Kollektorstromänderung kann sich am Ausgang des Transistors erst auswirken, nachdem die Kollektorsperrschichtkapazität über den Bahnwiderstand R_C des Kollektorgebiets umgeladen ist. Die

104

Kollektorladezeit ist von der Größenordnung

$$t_C = C_{Cs}\, R_C\,.$$
$$(2/33)$$

Die Kollektorsperrschichtkapazität muß über eine schwache Kollektordotierung möglichst klein gehalten werden. Eine kleinere Kollektorfläche verringert zwar C_{Cs}, erhöht aber im gleichen Maße R_C, sodaß t_C und f_T sich dabei nicht verbessern.

2.2.4 Leitwertparameter

Alle Leitwertparameter werden bei höheren Frequenzen komplex. Ihre Frequenzabhängigkeit ist für die Emitterschaltung schematisch in den Ortskurvendarstellungen von Abb.2.17 zusammengefaßt. Die Kurven lassen sich qualitativ mit dem Ersatzschaltbild von Giacoletto, Abb.1.27a, deuten.

Die y-Parameter liegen bei tiefen Frequenzen auf der reellen Achse. Für mittlere Frequenzen verlaufen die Ortskurven angenähert auf Kreisbögen. Das dynamische Verhalten des Transistors wird in diesem Bereich noch durch die Eigenschaften des Transistorchips bestimmt, durch die Elemente des idealen Transistors nach Abb.1.25c, den Basiswiderstand r_{bb}' und die Sperrschichtkapazitäten.

Bei höheren Frequenzen gewinnen die parasitären äußeren Kapazitäten C_{CB} und C_{CE} an Einfluß. Neben dem Transistorchip spielen auch Transistorgehäuse und Montage eine Rolle. Den Kreisbögen überlagern sich kapazitive Leitwertkomponenten. Nur die relativ größeren Leitwerte der Eingangsgrößen y_{11e} und y_{21e} hängen im Bereich der obersten Arbeitsfrequenz des Transistors noch überwiegend von den Minoritätsträgervorgängen ab. Die Beträge der kleineren Ausgangsparameter y_{12e} und y_{22e} werden dagegen schon bei relativ niedrigen Betriebsfrequenzen hauptsächlich durch den äußeren Transistor bestimmt.

Kurzschluß-Eingangsleitwert y_{11e}

Der Eingangsleitwert ist in einem weiten Frequenzbereich durch das Eingangsnetzwerk r_{bb}', $g_e = g_m/\beta$ und C_E festgelegt (Abb.1.27a).

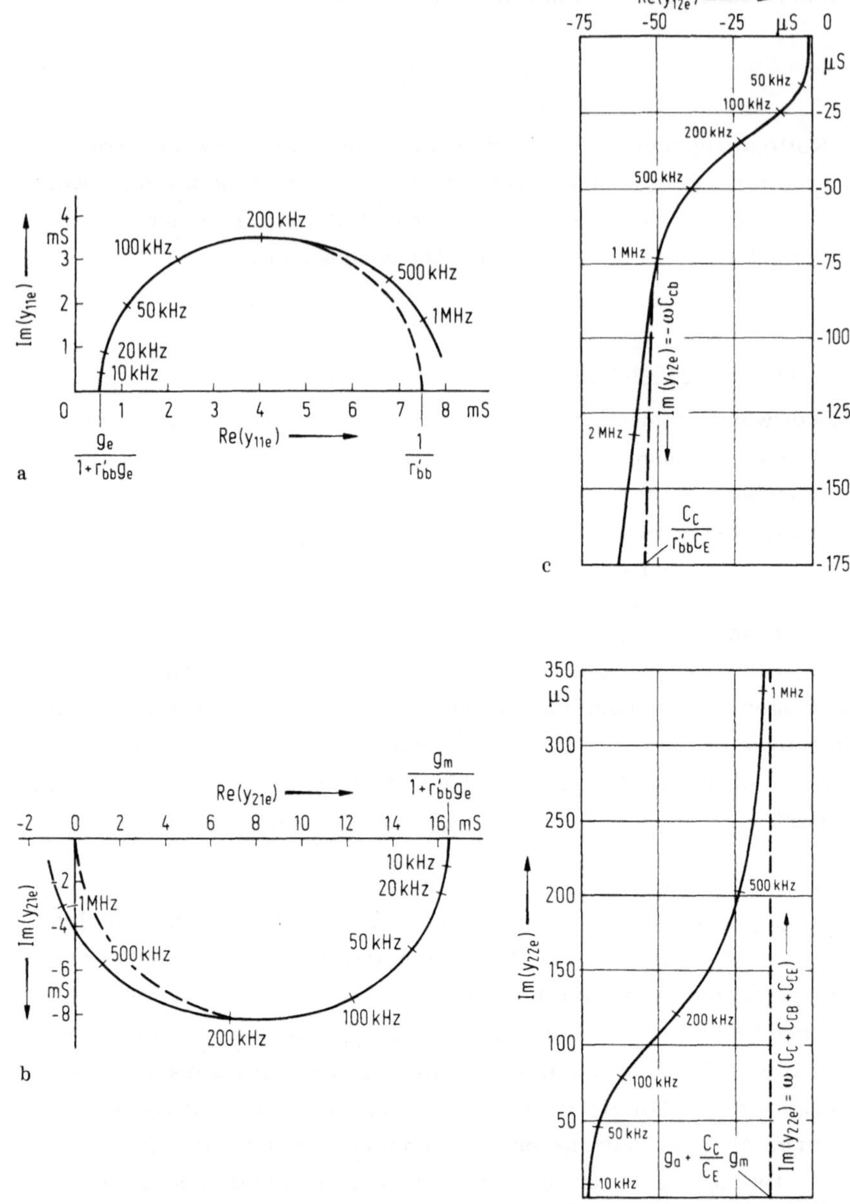

Abb.2.17. Ortskurven der komplexen Leitwertparameter in Emitterschaltung ([25], S. 366).
a) y_{11e} ; b) y_{21e} ; c) y_{12e} ; d) y_{22e} . Ausgezogene Kurven: aus zeitabhängiger Diffusionsgleichung; gestrichelte Kurven: aus dem Ersatzschaltbild, Abb.1.27a von Giacoletto

106

Bei tiefen Frequenzen ist y_{11e} gegenüber dem Eingangsleitwert g_e durch den Basiswiderstand auf $g_e/(1 + g_e r'_{bb})$ herabgesetzt, s. Abb.2.17a. Mit zunehmender Frequenz macht sich die Kapazität C_E als Nebenschluß bemerkbar, y_{11e} wird kapazitiv und auch der Wirkleitwert nimmt zu, s. den Kreisbogen in Abb.2.17a. Für hohe Frequenzen stellt C_E einen Kurzschluß gegenüber g_e dar. y_{11e} läuft in Richtung auf $1/r'_{bb}$. Erst bei sehr hohen Frequenzen führt schließlich C_{CB} wieder zu einer kapazitiven Komponente.

Kurzschluß-Vorwärtssteilheit y_{21e}

Eine äußere Steuerspannung u_{BE} wird durch das Eingangsnetzwerk r'_{bb}, g_e und C_E heruntergeteilt. Die effektive Steilheit beträgt

$$y_{21e} = \frac{g_m}{1 + g_e r'_{bb}} \cdot \frac{1}{1 + j\omega \dfrac{C_E r'_{bb}}{1 + g_e r'_{bb}}} \cdot \qquad (2/34)$$

Der erste Term stellt die statische Steilheit dar, die wegen r'_{bb} verkleinert ist. y_{21e} erhöht sich nicht unbegrenzt mit I_C, sondern läuft auf einen Maximalwert β/r'_{bb} zu. Der zweite Ausdruck beinhaltet die Abnahme der effektiven Steuerspannung mit zunehmender Frequenz durch den Einfluß der parallel zu g_e liegenden Eingangskapazität. Es läßt sich eine Steilheitsgrenzfrequenz f_s definieren,

$$|y_{21e}(f = f_s)| = \frac{y_{21e}(f = 0)}{\sqrt{2}} \quad \text{mit} \quad 2\pi f_s = \frac{1 + g_e r'_{bb}}{C_E r'_{bb}}, \qquad (2/35)$$

die normalerweise zwischen f_β und f_1 liegt. Die Ortskurve liegt auf einem Kreisbogen im vierten Quadranten, s. Abb.2.17b. Der positive Imaginärteil im Nenner von (2/34) bedeutet, daß der Strom der Steuerspannung nacheilt. Dieses induktive Verhalten erklärt sich damit, daß der Kollektorstrom sich erst ändern kann, nachdem die Basis umgeladen ist.

Bei höheren Frequenzen kann die Diffusion des gesteuerten Stromes i_C durch die Basis nicht mehr über eine einzelne Diffusionskapazität sondern nur noch über ein RC-Netzwerk nachgebildet werden. Diese Laufzeiteffekte verursachen bei höheren Frequenzen selbst

eine Frequenzabhängigkeit der inneren Steilheit g_m. Als Lösung
der Diffusionsgleichung erhält man z.B. anstatt g_m einen Ausdruck

$$g_m^* = \frac{W_B/L_B^*}{\sinh(W_B/L_B^*)} \simeq \frac{g_m}{1 + j(f/3f_1)} \quad .$$

Die Kollektor-Emitter-Strecke des inneren Transistors wirkt bei
höheren Frequenzen induktiv. Die Grenzfrequenz $f_s' \simeq 3f_1$ der inneren Steilheit ist aber wegen des Eingangsnetzwerks nicht wirksam.

Kurzschluß-Rückwärtsleitwert y_{12e}

Für die Rückwirkung y_{12e} läßt sich ein Ausdruck ähnlich (2/34)
ableiten, in dem aber die innere Steilheit g_m im Zähler durch den
Rückwirkungsleitwert $-(g_r + j\omega C_C)$ ersetzt ist. Durch C_C ist
y_{12e} bereits bei niedrigen Frequenzen komplex. Die Ortskurve
liegt im dritten Quadranten, s. Abb.2.17c.

Bei höheren Frequenzen läuft der Realteil von y_{12e} durch kapazitive Spannungsteilung auf den Endwert $-C_C/(r_{bb}' C_E)$ zu. Wegen
der kleinen Beträge der beteiligten Leitwerte stellt die äußere Kapazität C_{CB} schon bei relativ niedrigen Frequenzen einen wichtigen
Anteil der Rückwirkung des Transistors dar.

Kurzschluß-Ausgangsleitwert y_{22e}

Der Ausgangsleitwert mit kurzgeschlossenem Eingang hängt bei tiefen Frequenzen einmal vom Element $g_a = \eta\, g_m$ der Ersatzschaltung
ab. Hinzu kommt für $r_{bb}' \neq 0$ eine Rückwirkung der Ausgangsspannung über den Rückwärtsleitwert $g_r + j\omega C_C$ auf den Eingang. Durch
Spannungsteilung mit g_e entsteht eine innere Steuerspannung u_i,
die mit einer zusätzlichen Stromkomponente $g_m u_i$ am Ausgang auch
y_{22e} erhöht.

Dieser Beitrag zur Wirkkomponente von y_{22e} steigt mit zunehmender Frequenz bis zum Wert $C_C/C_E\, g_m$ an (Abb.2.17d). Gleichzeitig wird y_{22e} durch C_C kapazitiv. Ab mittleren Frequenzen machen sich auch die äußeren Kapazitäten C_{CB} und C_{CE} im Ortskur-

venbild der Abb.2.17d bemerkbar. Bei höheren Frequenzen erhält
man

$$y_{22e} \simeq \left(g_a + \frac{C_C}{C_E} g_m \right) + j\omega(C_C + C_{CB} + C_{CE}) \, .$$

2.2.5 Leistungsverstärkung und Schwingfrequenz

Bei Betriebsfrequenzen $f = f_T$ ist die Stromverstärkung eines Transistors in Emitterschaltung auf den Wert eins abgesunken. Eine
Leistungsverstärkung ist aber auch darüber hinaus noch möglich.
Zur Abschätzung der oberen Frequenzgrenze dient das vereinfachte Ersatzschaltbild der Abb.2.18a.

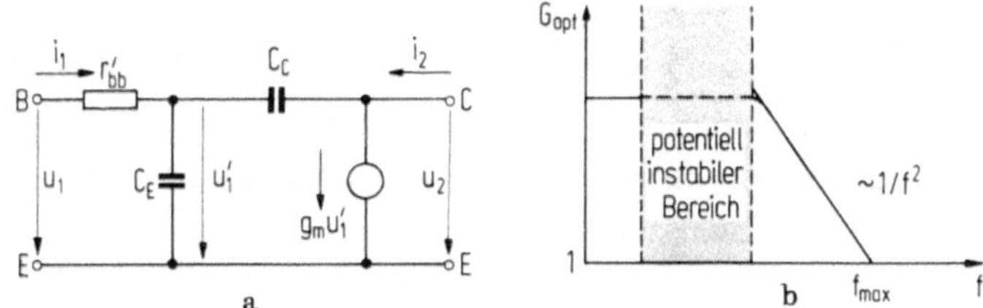

Abb.2.18. Maximale Leistungsverstärkung G_{opt} bei höchsten Frequenzen.
a) Vereinfachtes Ersatzschaltbild aus Abb.1.27a; b) Frequenzabhängigkeit von G_{opt}

Da nur das Verhalten im Bereich höchster Frequenzen $f_1 \ll f < 3f_1$
interessiert, darf g_e in Abb.1.27a gegen C_E und g_r gegen C_C
vernachlässigt werden. Im Rahmen einer Optimumsbetrachtung
werden außerdem die parasitären Kapazitäten C_{CB} und C_{CE} außer
acht gelassen. Mit diesen Vereinfachungen erhält man die maximale rückwirkungsfreie Leistungsverstärkung bei angepaßten Ein- und
Ausgängen nach (1/68),

$$G_{opt} = \frac{|y_{21e}|^2}{4|y_{11e}||y_{22e}|} = \frac{g_m}{4 r'_{bb} C_E C_C (2\pi f)^2} \qquad (2/36)$$

Bei hohen Frequenzen fällt die Leistungsverstärkung umgekehrt proportional zum Quadrat der Frequenz ab, vgl. Abb.2.18b. Solange

sie größer als eins ist, wirkt der Transistor als aktives Element, mit dem sich eine selbstschwingende Schaltung aufbauen läßt. Für die obere Schwinggrenze gilt eine maximale Schwingfrequenz f_{max}, die sich aus (2/36) mit der Bedingung $G_{opt} = 1$ ergibt:

$$2\pi f_{max} = \sqrt{\frac{g_m}{4\, r'_{bb}\, C_C C_E}} \quad \text{oder} \quad f_{max} = \sqrt{\frac{f_1}{8\pi\, r'_{bb}\, C_C}} \qquad (2/37)$$

Die Grenzfrequenz f_{max} liegt für einen typischen Hochfrequenztransistor um einen Faktor zwei oberhalb von f_1. Große Leistungsverstärkung bei sehr hohen Frequenzen setzt sowohl eine hohe Grenzfrequenz $f_1 \simeq f_T$ als auch ein kleines Rückwirkungsprodukt $r'_{bb} C_C$ voraus. f_{max} stellt ein Gütemaß für Hochfrequenztransistoren dar.

In Abb.2.18b ist vor dem Abfall der Leistungsverstärkung ein Frequenzbereich potentieller Instabilität eingezeichnet. Infolge der Rückwirkung, ausgedrückt durch den Rückwirkungsleitwert y_{12e}, hängt der Ausgangsleitwert einer Transistorstufe nach (1/64) von der Beschaltung des Transistoreingangs ab. Die Vierpolparameter ändern in diesem Frequenzbereich ihren Absolutwert und ihre Phase bereits in weitem Umfang. Eine potentielle Schwingneigung wird besonders dann mit großer Wahrscheinlichkeit zu einer Schwingung führen, wenn auch die Generator- und Lastleitwerte stark frequenzabhängig sind. Diese Frequenzabhängigkeit ist in selektiven Verstärkern gegeben, in denen Y_G und Y_L aus Resonanzkreisen bestehen.

Bei gegebenen Transistor-Vierpolparametern gibt es zwei Möglichkeiten, um die Stabilität zu verbessern. Man kann einmal Last- und Generatorwirkleitwerte erhöhen, was aber die Nutzverstärkung verringert. Man kompensiert deshalb vorteilhafter die Rückwirkung y_{12e} durch Neutralisation über ein äußeres Rückkopplungsnetzwerk.

2.3 Schaltverhalten

2.3.1 Transistor als Schalter

Neben Verstärkerschaltungen ist Schaltbetrieb das zweite wichtige Anwendungsgebiet bipolarer Transistoren. Gegenüber mechanischen

Schaltern liegen die Vorteile in der größeren Schnelligkeit, in den kleineren Abmessungen und in der größeren Lebensdauer.

Je nach Anwendung stehen unterschiedliche Transistoreigenschaften im Vordergrund. In der Digitaltechnik, für den Aufbau logischer Schaltungen, in der Informationsverarbeitung und Speicherung, kommt das Ergebnis meistens durch eine große Anzahl gleichartiger logischer Verknüpfungen zustande. Schnelligkeit der Schaltvorgänge, geringer Leistungsverbrauch und große Packungsdichte stehen neben der Wirtschaftlichkeit im Vordergrund. Dieses Anwendungsgebiet wird heute überwiegend in verschiedenen Bipolar- und MOS-Techniken integriert. Einzeltransistoren haben im Vorstufenbereich als Schalter an Bedeutung verloren.

Das Schaltverhalten der Einzeltransistoren bleibt aber interessant, wenn große Ströme und Spannungen geschaltet werden müssen. Neben dem Zeitaufwand für den Schaltvorgang stellen hier Belastbarkeit und Zuverlässigkeit die zentralen Probleme dar. Typische Anwendungen sind getaktete Stromversorgungen, Wechselrichter, Motor- und Ventilsteuerungen, aber auch Zeilen- und Bildkippstufen in Fernsehgeräten oder elektronische Zündanlagen.

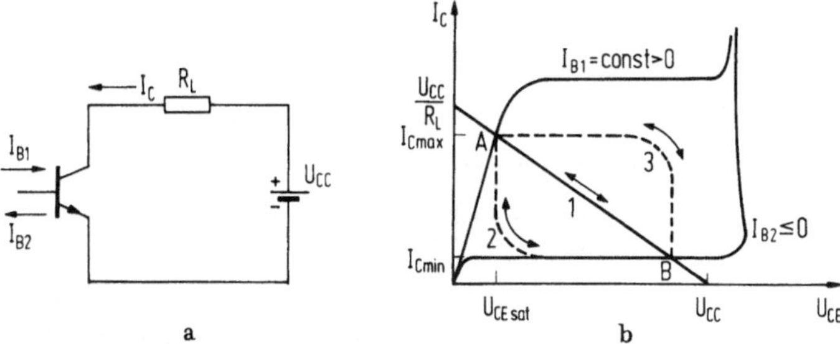

Abb.2.19. Transistor als Schalter.
a) Prinzipschaltung; b) Schaltkurven im Ausgangskennlinienfeld (Kurve 1 ohmsche Last R_L, Kurven 2 bzw. 3 induktive Last beim Ein- bzw. Ausschalten, und kapazitive Last beim Aus- bzw. Einschalten)

Ein Transistorschalter ist im eingeschalteten Zustand bis auf eine Restspannung durchgeschaltet, vgl. Abb.2.19b, Punkt A. Im ausgeschalteten Fall fließt noch ein Reststrom, s. Punkt B. Zwischen diesen stationären Zuständen wird während der Schaltzeiten der ak-

tive Bereich des Kennlinienfeldes durchlaufen. Bei ohmscher Last
liegen die Schaltkurven auf der Widerstandsgeraden. Mit kapaziti-
ver oder induktiver Last gelten wegen der zeitlichen Trägheit von
Spannung bzw. Strom die gestrichelt eingezeichneten Kurvenverläufe
2 und 3.

Die Größe des geschalteten Stroms ist dadurch begrenzt, daß der
Transistor noch eine ausreichende Stromverstärkung besitzen muß.
Weder stationäre Steuerleistung noch Restspannung, Schaltzeiten
und gesamte Verlustleistung dürfen zu groß werden. Die maximale
geschaltete Spannung muß andererseits mit einem Sicherheitsabstand unter der Durchbruchspannung des Transistors bleiben. Wegen der größeren Leistungsverstärkung werden normalerweise Transistoren in Emitterschaltung bevorzugt.

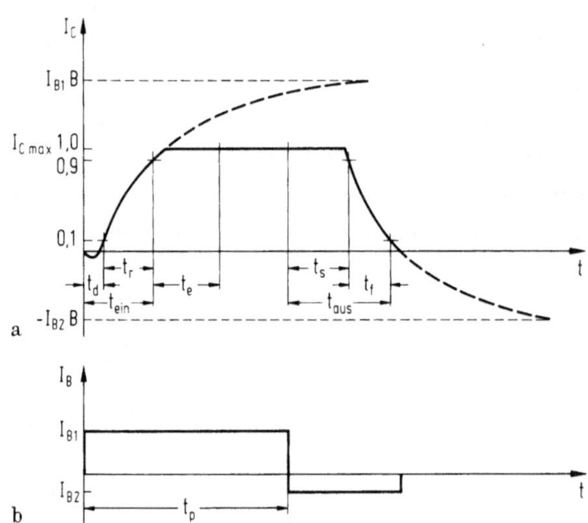

Abb.2.20. Zeitliche Verläufe der Transistorströme während des
Schaltens nach der Ladungssteuerungstheorie.
a) Kollektorstrom; b) Basisstrom I_{B1} beim Einschalten und I_{B2}
beim Ausschalten

Während der Umschaltvorgänge wird der Ausgangsstrom I_C gegenüber dem Eingangs-Steuersignal I_B charakteristisch verformt und
verzögert. Das zeitliche Verhalten, das von Transistortechnologie
und Arbeitspunkt abhängt, ist in Abb.2.20 gezeichnet. Die Schaltzeiten sind aus meßtechnischen Gründen bei Kollektorströmen definiert, die 10 % bzw. 90 % des Maximalstroms I_{Cmax} betragen. Man

unterscheidet folgende Schaltzeiten, deren Definitionen aus Abb.2.20 ersichtlich sind:

t_d: Verzögerungszeit   für $0 < I_C \leqslant 0,1\,I_{Cmax}$,

t_r: Anstiegszeit   für $0,1\,I_{Cmax} \leqslant I_C \leqslant 0,9\,I_{Cmax}$,

t_s: Speicherzeit   für $I_{Cmax} \geqslant I_C \geqslant 0,9\,I_{Cmax}$,

t_f: Fallzeit   für $0,9\,I_{Cmax} \geqslant I_C \geqslant 0,1\,I_{Cmax}$.

Außerdem ist

$t_{ein} = t_d + t_r$: Einschaltzeit,

$t_{aus} = t_s + t_f$: Ausschaltzeit.

Die 10/90%-Definitionen werden bei der Ableitung der grundlegenden Gleichungen in Abschnitt 2.3.3 nicht berücksichtigt.

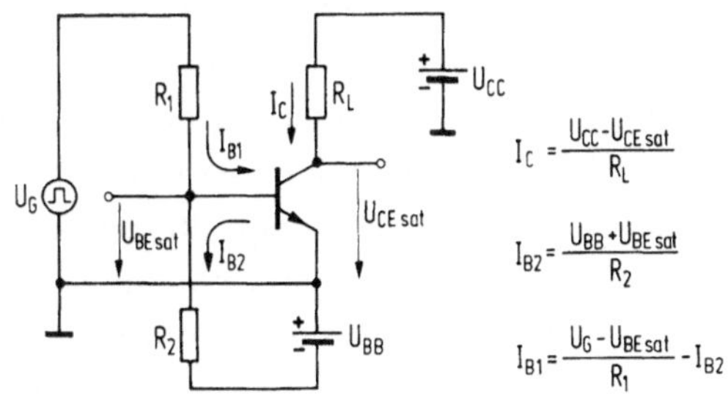

Abb.2.21. Schaltzeitmessung mit ohmscher Last R_L

Das Meßprinzip ist in Abb.2.21 dargestellt. Um reproduzierbare Meßbedingungen zur Kennzeichnung des Bauelements zu erhalten, sind die Steuerströme I_{B1} beim Einschalten und I_{B2} beim Abschalten konstant gehalten. Die Messung wird außerdem mit ohmscher Last R_L durchgeführt. Die Ströme werden oszillografisch mit Stromzangen ermittelt. Wegen der größeren praktischen Bedeutung beschränkt sich die weitere Diskussion auf Transistoren in Emitterschaltung.

2.3.2 Ladungssteuerung

Das Schaltverhalten bipolarer Transistoren ist durch den Auf- und Abbau von Majoritätsträger- und Minoritätsträgerladungen bedingt.

Die Majoritätsträger werden zum Umladen der Sperrschichtkapazitäten von Emitter- und Kollektordiode benötigt. Die Minoritätsträger sind in den Diffusionskapazitäten enthalten, da Diffusionsvorgänge mit Ladungsspeicherung verbunden sind. Weil Schalttransistoren oft in die Sättigung gesteuert werden, ist neben dem Emitteranteil auch eine Kollektordiffusionskapazität einzubeziehen.

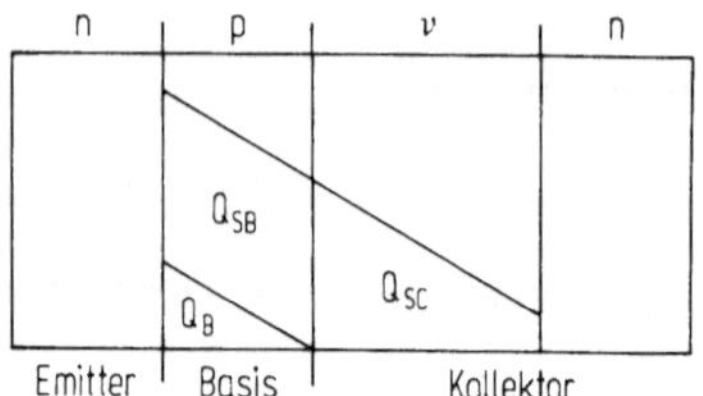

Abb.2.22. Verteilung der Speicherladungen im übersteuerten npνn-Transistor (Q_B Steuerladung, Q_{SB} und Q_{SC} Sättigungsladungen)

Die stationären Minoritätsträgerladungen in einem übersteuerten npνn-Transistor sind in Abb.2.22 schematisch dargestellt. Die gespeicherte Ladung in der Basis setzt sich aus der Steuerladung Q_B und der Sättigungsladung Q_{SB} zusammen, s. auch Abb.1.14. Die Elektronenladungen sind aus Gründen der Gesamtneutralität durch die gleiche Anzahl von Löchern kompensiert. In einem npνn-Transistor ist bei Basisaufweitung infolge der Löcherinjektion aus der Basis in den Kollektor zusätzlich eine positive Minoritätsträgerladung Q_{SC} und die entsprechende negative Kompensationsladung abgespeichert (Abschn.2.1.5). In Abb.2.22 ist eine so starke Übersteuerung vorausgesetzt, daß die Ladungsträgerkonzentrationen ohne Sprung vom Emitterrand bis zum Kollektor abfallen.

Der Kollektorstrom I_C ist im stationären Fall der Steuerladung Q_B proportional,

$$I_C = Q_B/t_B \ .\tag{2/38}$$

Proportionalitätskonstante dieser Ladungssteuerung ist die Basisladezeit bzw. Basislaufzeit t_B nach (1/85) oder (2/31). Sobald mit zunehmendem Strom die Sättigung mit Injektion an der Kollektordiode erreicht ist, bleibt der Anteil $Q_B = Q_{Bmax}$ konstant. Es werden nur noch Sättigungsladungen gespeichert.

In einer ersten Abschätzung der Schaltzeiten darf die Trägerrekombination während des Schaltens vernachlässigt werden. Man nimmt

114

an, daß der gesamte Basisstrom I_{B1} bei Einschalten und I_{B2} beim Ausschalten nur zur Umladung verwendet wird. Unter diesen Bedingungen ist in Emitterschaltung $t_r = Q_B/I_{B1}$ und $t_f = Q_B/I_{B2}$.

Ist diese Vereinfachung nicht zulässig, so muß nach der Ladungssteuerungstheorie mit einer Aufteilung des Basisstroms I_B in einen Rekombinationsanteil Q_B/τ_B und eine Ladestromkomponente dQ/dt gerechnet werden. Die Rechnung mit konstanten Steuerströmen bedarf einer Erklärung. Für die Ansteuerung eines Schalttransistors gibt es zwei Grenzfälle, die in Abb.2.23a bis d zusammengestellt sind: Spannungssteuerung und Stromsteuerung.

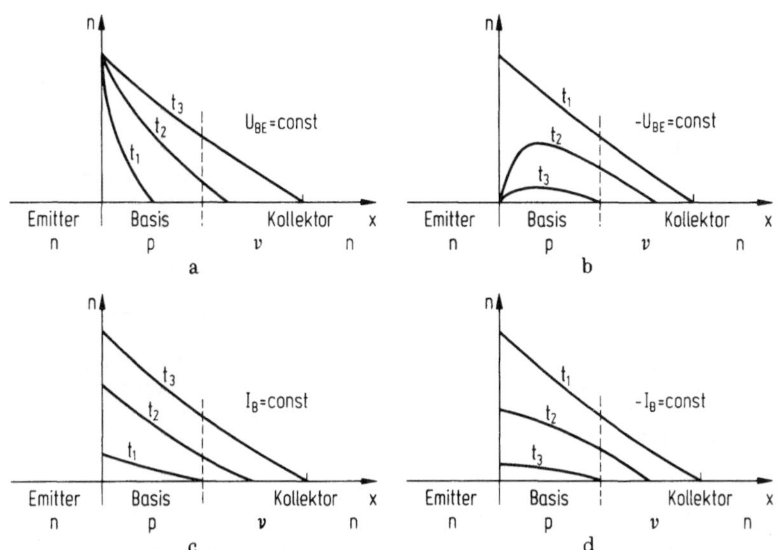

Abb.2.23. Elektronenverteilung $n(x,t)$ während des Schaltens in einem npνn-Transistor zwischen Emitter und Kollektor (Emitterschaltung, zeitliche Reihenfolge t_1, t_2, t_3).
a) Einschalten bei Spannungssteuerung; b) Ausschalten bei Spannungssteuerung; c) Einschalten bei Stromsteuerung; d) Ausschalten bei Stromsteuerung

Im Falle einer Spannungssteuerung hält der Steuergenerator die Minoritätsträgerdichte $n_p(0)$ am Emitterrand der Basis schon während des Einschaltens auf dem Maximalwert entsprechend U_{BE} fest (Abb.2.23a). Solange aber die maximale Basisladung noch nicht abgespeichert ist, sind Minoritätsträgergefälle und Injektionsstrom ebenso wie der Basisladestrom erhöht. Beim Abschalten stellt die

Steuerspannung $U_{BE} \leqslant 0$ die Minoritätsträgerdichte $n_p(0)$ wiederum sofort auf Null zurück (Abb.2.23b). Ist noch Speicherladung in der Basis vorhanden, so wird sie über einen hohen Ausräum-Stromimpuls zwischen Basis und Emitter entfernt.

Bei Ansteuerung mit einem Basisstromgenerator ist dagegen der Aufbau von Speicherladung durch die Größe des vorgegebenen Basisstroms I_{B1} begrenzt. Minoritätsträgergradient am Emitterrand und Injektionsstrom erreichen erst allmählich die stationären Werte (Abb.2.23c). Auch beim Abschalten können sich Minoritätsträgerverteilung und Injektionsstrom nur in dem Maße ändern, wie die Ladung über den festen Ausräumstrom I_{B2} abfließen kann (Abb.2.23d).

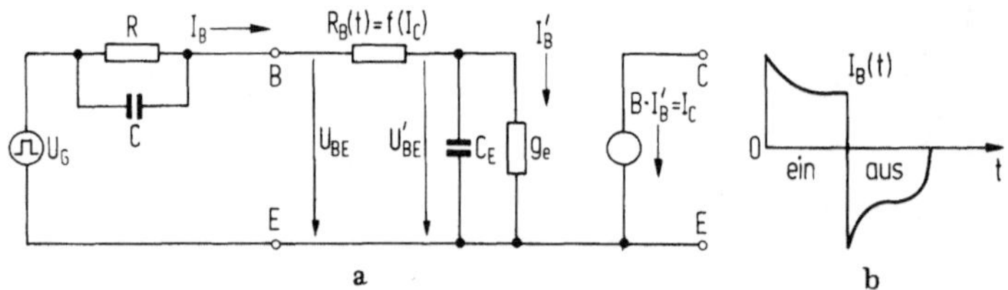

Abb.2.24. Basisansteuerung beim Schalten über eine RC-Parallelanordnung.
a) Vereinfachte Ersatzschaltung des Transistoreingangs mit induktivem Verhalten durch Leitfähigkeitsmodulation des Basiswiderstandes; b) optimaler Verlauf des Basisstroms bei gemischter Strom-Spannungssteuerung

Eine echte Spannungssteuerung hat gegenüber der Stromsteuerung den Vorteil schnellerer Umladung und kürzerer Schaltzeiten, ist aber in der Praxis nicht realisierbar. Einmal teilt der in Reihe zur Emitterdiode liegende parasitäre Bahnwiderstand der Basis den wirksamen Anteil der äußeren Steuerspannung U_{BE} herunter. Hinzu kommt ein "induktives" Verhalten der Basis. Der Basisstrom steigt während des Einschaltens in dem Maße an, wie der Basisbereich durch die injizierten Speicherladungen besser leitet. Insgesamt läuft deshalb die Umladung beim Schalten meistens mit Stromeinprägung schneller ab.

Ein optimales Schaltverhalten ergibt sich mit einer gemischten Ansteuerung, die eine RC-Parallelanordnung in der Basisleitung zusammen mit einer großen Steuerspannung enthält (Abb.2.24a). Der-

Widerstand bedeutet stationär eine Stromsteuerung. Der Kondensator verursacht während des Umschaltens eine Spannungssteuerung und liefert über den stationären Steuerstrom hinaus zusätzliche Ladestromspitzen (Abb.2.24b). Ähnliche Ansteuerverfahren finden in den meisten praktischen Schaltungen Verwendung.

In den anschließenden Rechnungen sind die Basisströme I_{B1} und I_{B2} konstant vorausgesetzt. Dadurch ist nicht nur die Ableitung der Schaltzeiten übersichtlicher, sondern auch eine experimentelle Nachprüfung wegen der exakter definierten Meßbedingungen leichter möglich.

2.3.3 Schaltverhalten nach der Ladungssteuerungstheorie [26]

Verzögerungszeit t_d

Im gesperrten Zustand liegt am Eingang eines npn-Transistors eine negative Spannung $-U_{BB}$ von einigen Volt. Nach dem Umpolen auf den positiven Basisstrom I_{B1} vergeht eine Verzögerungszeit t_d, bis die Sperrschichtkapazität C_{Es} umgeladen, die Emitterdiode auf die Spannung U_{BE} in Flußrichtung gepolt ist und ein Kollektorstrom fließen kann. Bei eingeprägtem Basisstrom I_{B1} ist näherungsweise

$$t_d = \frac{|U_{BB}| + U_{BE}}{I_{B1}} \, \overline{C_{Es}} \ . \tag{2/39}$$

Die Sperrschichtkapazität C_{Es} ist wegen ihrer Spannungsabhängigkeit gemittelt. Die Kollektorsperrschicht muß um den gleichen Spannungsbetrag umgeladen werden. Dieser Ladestrom ist in Abb. 2.20a als kleiner negativer Kollektorstrom angedeutet. t_d ist neben t_r nur bei sehr schnellen Schalttransistoren zu berücksichtigen.

Anstiegszeit t_r

Während der Anstiegszeit teilt sich I_{B1} in einen Rekombinationsanteil Q_B/τ_B und einen Ladestrom dQ_B/dt auf,

$$I_{B1} = \frac{Q_B}{\tau_B} + \frac{dQ_B}{dt} \ . \tag{2/40}$$

117

Mit Q_B aus $(2/38)$ errechnet sich nach der Ladungssteuerungstheorie

$$I_C = \frac{Q_B}{t_B} = B\,I_{B1}\left[1 - \exp\left(-\frac{t}{\tau_e}\right)\right]\ . \qquad (2/41)$$

Die Einschaltzeitkonstante τ_e ist von der Größenordnung einer mittleren Minoritätsträgerlebensdauer des von Rekombinationsvorgängen betroffenen Transistorbereichs. Das Verhältnis τ_B/t_B stimmt
nach Abschnitt 2.2.2 mit der Stromverstärkung $\beta \simeq B$ in Emitterschaltung überein.

Während des Stromanstiegs muß wegen der Abnahme der anliegenden Kollektorspannung beim Schalten auch die Kollektorsperrschichtkapazität C_C umgeladen werden. In der Ladungsbilanz, $(2/40)$, addiert sich ein Term dQ_{sperr}/dt. Mit ohmscher Last R_L erhöht
sich die Einschaltzeitkonstante τ_e im Exponenten von $(2/41)$ auf
$\tau_e + \overline{C}_{CB}\,B\,R_L$.

Wenn man die meßtechnisch bedingten $10\,\%$ bzw. $90\,\%$-Definitionen
außer acht läßt, folgt die Anstiegszeit t_r aus $(2/41)$ mit der Bedingung $t = t_r$ für $I_C = I_{Cmax} = (U_{CC} - U_{CE\,sat})/R_L$,

$$t_r = \tau_e\,\ln\frac{I_{B1}}{I_{B1} - I_{B0}} = \tau_e\,\ln\frac{ü}{ü - 1}\ . \qquad (2/42)$$

$I_{B0} = Q_{Bmax}/\tau_B = I_{Cmax}/B$ ist der Basisstrom, mit dem der Transistor gerade die Sättigungsgrenze erreicht. I_C ändert sich nach
$(2/41)$ während t_r exponentiell mit t.

t_r ist über den Bauelementefaktor τ_e zu beeinflussen. Die Minoritätsträgerlebensdauer kann z.B. über eine zusätzliche Golddotie-
rung des Transistors herabgesetzt werden. t_r verkürzt sich aber
auch über einen größeren Übersteuerungsfaktor $ü = I_{B1}/I_{B0}$, entweder durch Auswahl eines hochverstärkenden Transistors mit klei-
nem I_{B0} oder durch einen großen Einschaltbasisstrom. Die Ladungsverteilung im Transistor ändert sich nach Abschnitt 2.3.2
auch noch nach Beendigung der Anstiegszeit. Der überschüssige
Basisstrom $I_{B1} - I_{B0}$ dient zum Aufbau der Sättigungsspeicherla-

dung $Q_S = Q_{SB} + Q_{SC}$ entsprechend

$$I_{B1} - I_{B0} = \frac{Q_S}{\tau_s} + \frac{dQ_S}{dt} \, . \qquad (2/43)$$

In Abb.2.20a soll der Punkt t_e den Zeitpunkt anzeigen, an dem die stationäre Ladungsverteilung erreicht ist. Der Einfluß der Sättigungsladung wurde bereits in Abschnitt 2.1.5 in Zusammenhang mit der Basisaufweitung durch Sättigung diskutiert. Q_{SB} und Q_{SC} sind die Ladungsanteile, die nach Beginn der Basisaufweitung im p- und im n-Gebiet abgespeichert werden.

Speicherzeit t_s

Eine Übersteuerung des Transistors durch einen großen Basisstrom I_{B1} verkleinert zwar Einschaltzeit und Restspannung, verschlechtert aber das Ausschaltverhalten. Die Ladungen müssen entweder durch Rekombination oder über den negativen Basisstrom I_{B2} entfernt werden. Nach Umkehr des Basisstroms fließt der Kollektorstrom während t_s zunächst unverändert weiter. Sowohl der Rekombinationsstrom $I_{B0} + Q_S/\tau_s$ als auch der negative Basisstrom I_{B2} werden den Sättigungsladungen Q_{SB} und Q_{SC} entzogen:

$$- \frac{dQ_S}{dt} = \frac{Q_S}{\tau_s} + I_{B0} + I_{B2} \, . \qquad (2/44)$$

Die Speicherzeitkonstante τ_s ist meistens größer als die Minoritätsträgerlebensdauer in der Basis, da die Sättigungsladungen sich im Mittel weiter von der gestörten Halbleiteroberfläche entfernt im Halbleiterinneren aufhalten. Mit der Randbedingung $Q_S(t = 0) = (I_{B1} - I_{B0})\tau_s$ lautet die Lösung

$$Q_S = \tau_s [(I_{B1} + I_{B2}) \exp^{-t/\tau_s} - (I_{B2} + I_{B0})] \, . \qquad (2/45)$$

Die Speicherzeit t_s errechnet sich formal aus der Bedingung, daß Q_S den Wert Null erreicht:

$$t_s = \tau_s \ln \frac{I_{B2} + I_{B1}}{I_{B2} + I_{B0}} = \tau_s \ln \frac{a + \ddot{u}}{a + 1} \, . \qquad (2/46)$$

119

Analog zum Übersteuerungsfaktor ü ist $a = I_{B2}/I_{B0}$ der Ausräumfaktor. Die Speicherzeit erhöht sich mit I_{B1}, also mit der Übersteuerung vor dem Abschalten, da mehr Sättigungsladung entfernt
werden muß (Abb.2.27). t_s nimmt außerdem mit der Stromverstärkung B zu, da ein kleineres I_{B0} ein größeres Verhältnis
$(I_{B1} - I_{B0})/I_{B0} = Q_S/Q_{Bmax}$ von Sättigungsladung zu Steuerladung
bedeutet. t_s verkleinert sich aber durch einen größeren Abschalt-
strom I_{B2}.

Fallzeit t_f

Die Ladungssteuerungstheorie geht davon aus, daß ein Transistor
sperrfähig ist und die Fallzeit beginnt, sobald alle Sättigungsladungen in Basis und Kollektor entfernt sind. In der Strombilanz während der Fallzeit t_f entstammt sowohl der Rekombinationsstrom
Q_B/τ_B als auch der konstant angenommene Ausräumstrom I_{B2} der
verbliebenen Basisladung,

$$- \frac{dQ_B}{dt} = \frac{Q_B}{\tau_B} + I_{B2} \ . \tag{2/47}$$

Als Lösung errechnet sich ein zeitabhängiger Strom

$$I_C = \frac{Q_B}{\tau_C} = (I_{Cmax} + BI_{B2}) \exp^{-t/\tau_a} - BI_{B2} \ . \tag{2/48}$$

Die Fallzeit folgt aus der Bedingung $t = t_f$ für $I_C = 0$ zu

$$t_f = \tau_a \ln \frac{I_{B2} + I_{B0}}{I_{B2}} = \tau_a \ln \frac{a+1}{a} \ . \tag{2/49}$$

Die Ausschaltzeitkonstante τ_a entspricht im einfachsten Fall dem
Wert τ_e in (2/41). Nach der Ladungssteuerungstheorie klingt der
Strom während t_f exponentiell ab (Abb.2.20a). t_f verkürzt sich
mit zunehmendem Ausräumfaktor $a = I_{B2}/I_{B0}$, wenn entweder I_{B2}
größer oder I_{B0} eines höher verstärkenden Transistors kleiner
ist. t_f hängt nach der einfachen Theorie nicht von I_{B1}, d.h. nicht
von der vorangehenden Sättigung des Transistors ab.

Die Ladungssteuerungstheorie, der lineare Zusammenhang zwischen Ladung und Strom, ist für einen realen Transistor während der Umschaltvorgänge nur mit Einschränkungen gültig. Abweichungen sind überwiegend darauf zurückzuführen, daß Umladevorgänge innerhalb des Transistors wegen unvermeidlicher Bahnwiderstände ungleichmäßig und mit zeitlicher Verzögerung erfolgen. Man kann einen Quer- und einen Längseffekt unterscheiden, die sich überlagern.

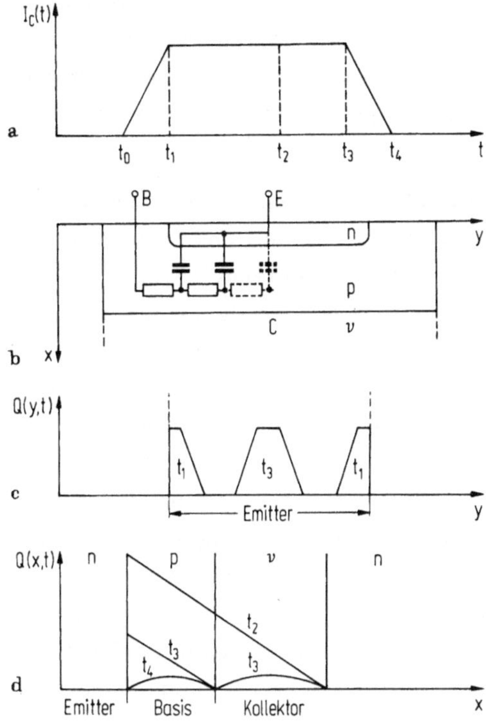

Abb.2.25. Ladungsverteilung während des Schaltens in einem realen Transistor.
a) Strom-Zeit-Diagramm; b) RC-Ersatzschaltbild der Basis; c) Verteilung der Ladungsdichte Q(y, t) in Querrichtung; d) Verteilung der Ladungsdichte Q(x, t) in Längsrichtung

Eine laterale Inhomogenität entsteht durch dynamisch erhöhte Emitterrandverdrängung der Stromdichte beim Einschalten und dynamische Stromkonzentration auf die Emittermitte beim Abschalten. Ursache ist der Basisquerwiderstand, der zusammen mit Emittersperrschicht- und Diffusionskapazität ein verteiltes RC-Netzwerk zwischen Basiskontakt und Emittermitte darstellt (Abb.2.25b). Entscheidend ist nun, daß die Diffusionskapazität selbst mit dem Injektionsstrom zu- und abnimmt, $C_d \sim Q_B \sim I_C \sim \exp(U_{BE}/U_T)$. Als Folge können Umladung und Injektion in einem Emittergebiet sich erst ändern, nachdem die Umladung der näher beim Basiskontakt liegenden Zonen bereits abgeschlossen ist. Der Strom konzentriert sich beim Einschalten auf den Emitterrand (Bereich t_1 in Abb.2.25c) und verteilt sich erst nach Ende der Einschaltzeit entsprechend der stationären Emitterrandverdrängung. Beim Abschalten wird wieder die Emitterrandzone als erstes umgeladen. Die Stromdichte kann dort bereits während der Speicherzeit absinken, obwohl die Emittermitte sich noch im gesättigten Zustand befindet (Abb.2.25c, Bereich t_3).

Eine inhomogene Umladung in Längsrichtung zwischen Emitter und Kollektor ist darauf zurückzuführen, daß diejenigen Kristallgebiete, die weiter von den pn-Grenzen entfernt liegen, nur zeitlich verzögert gegenüber den näher gelegenen Bereichen umgeladen werden. Besonders beim Abschalten, wenn der größte Anteil der Minoritätsträgerladungen bereits über den Basiskontakt abgeflossen ist, kann der Ladungsrest wegen des geringen Minoritätsträgergefälles und der langen Bahnwiderstände weder als Diffusions- noch als Feldstrom schnell entfernt werden. In einem npνn-Transistor ist deshalb die Kollektordiode schon sperrfähig und der Kollektorstrom abnehmend, obwohl noch Sättigungsladungen im ν-Kollektor vorhanden sind (Kurve t_3 in Abb.2.25d). Auch die Basisladung sinkt in Emitternähe rascher ab als in der Basismitte. Der Diffusionsstrom zum Kollektor wird Null, während noch Speicherladung übrig ist.

Inhomogene Umladungsvorgänge haben einen nachteiligen Einfluß auf die Schaltzeiten hochsperrender Schalttransistoren. Die Probleme können durch stärkere Dotierung von Kollektor- und Basiszone verringert werden, allerdings auf Kosten der Stromverstärkung und der zulässigen Maximalspannung.

Ein Schaltverhalten wie in Abb.2.20a findet man in der Praxis lediglich bei npn-Transistoren ohne ν-Kollektor. Der zeitliche Verlauf von $U_{CE} = U_{CC} - R_L I_C$ eines realen npνn-Typs hoher Sperrspannung ist in Abb.2.26 gezeichnet. Die Übergänge vom Stromanstieg zum Endwert I_{Cmax} sind gerundet. Mit sehr hochsperrenden Transistoren von über 1000 V Spitzenspannung wird der Endwert erst nach einigen Mikrosekunden erreicht. Man kann sich die Einschaltkurve aus zwei überlagerten Zeitkonstanten zusammengesetzt denken. An der Sättigungsgrenze wirkt sich der volle Bahnwiderstand der ν-Zone aus, da stationäre Basisaufweitung und Leitfähigkeitsmodulation noch fehlen. Die Abnahme der Restspannung durch Trägerüberflutung ist ein langsamer Prozeß, der von Speicherzeitkonstante und technologischem Aufbau des Transistors abhängt. Wegen der dynamischen Emitterrandverdrängung ist der Stromquerschnitt während des Einschaltens zusätzlich verkleinert und $U_{CEsat}(t)$ erhöht.

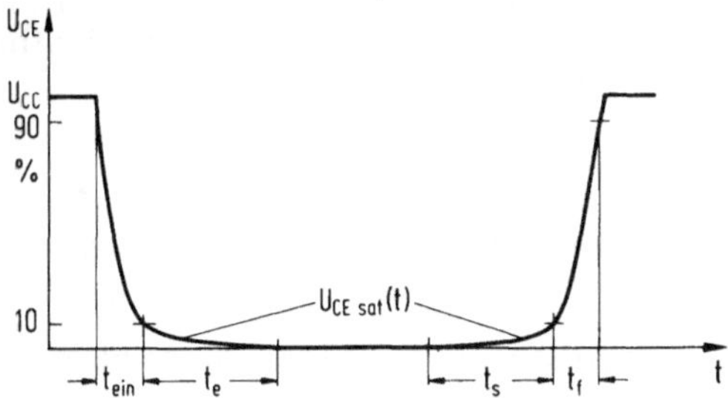

Abb.2.26. Kollektorspannung $U_{CE} = U_{CC} - R_L I_C$ eines hochsperrenden npνn-Transistors in Abhängigkeit von der Zeit

Die Restspannung steigt schon während der Speicherzeit wieder an und verringert I_C, da die Leitfähigkeitsmodulation des ν-Kollektors abnimmt. Der Übergang zwischen Speicher- und Fallzeit ist fließend. Auch während t_f fließt noch Kollektorrestladung in die Basis zurück, soweit sie von der sich ausbreitenden Feldzone der Kollektordiode bei zunehmender Kollektorspannung erfaßt wird. Damit hängt die Fallzeit, abweichend von (2/49), auch noch von der vorausgehenden Übersteuerung ab (Abb.2.27). Die Ausschaltzeitkonstante τ_a ist oft größer als τ_e.

Der Strom nimmt außerdem nicht exponentiell ab wie in Abb.2.20a, sondern erreicht den Wert Null schneller. Durch die erhöhte Leitfähigkeit nahe der Emittergrenze ist in einem npνn-Transistor mit diffundierter Basis die Trägerinjektion rascher beendet als der Abbau

der Speicherladungen. Die zurückbleibende Ladung aus den emitter-
fernen Bereichen fließt erst nach Beendigung von I_C als Inversstrom
über die Emitterdiode ab.

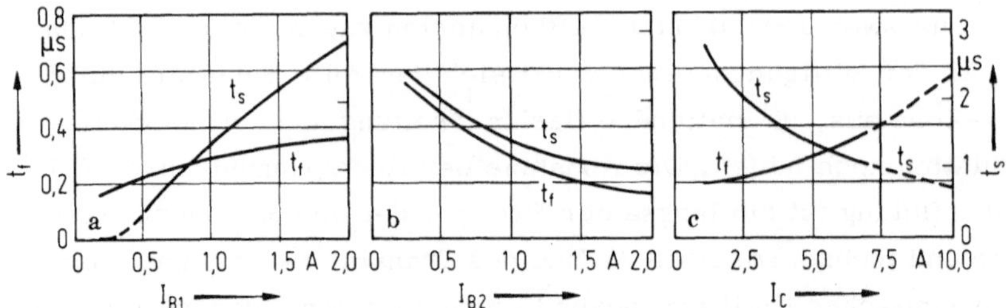

Abb.2.27. Zusammenhang zwischen Speicherzeit t_s , Fallzeit t_f und
den Betriebsströmen (dreifachdiffundierter Leistungstransistor mit
U_{CEO} = 400 V, [29]).
a) Einfluß des Einschaltstromes I_{B1} (I_C = 5A, I_{B2} = 1A); b) Einfluß
des Ausschaltstromes I_{B2} (I_C = 5A, I_{B1} = 1A); c) Einfluß des Kollektorstromes I_C ($I_C : I_{B1} : I_{B2}$ = 5A : 1A : 1A)

Wenn beim Abschaltvorgang sich der Strom auf die Emittermitte
zusammendrängt, ist der Basisinnenwiderstand zwischen Stromkanal und Basiskontakt wegen des größeren Abstands erhöht. Eine
Einprägung des Ausräumstroms I_{B2} kann nicht aufrechterhalten
werden. I_{B2} nimmt bereits während t_f ab und die Ausschaltzeit
verlängert sich. Bei hochsperrenden Transistoren werden nachein-
ander verschiedene Ausschaltzeitkonstanten in den Verläufen von
I_B und I_C sichtbar.

Die Übersteuerung eines Schalttransistors ist erforderlich, um Sättigungszustand und kleine Restspannung schnell zu erreichen. Die
Probleme, die mit der Sättigungsladung beim Abschalten entstehen,
lassen sich durch eine Klammerdiode zwischen Basis und Kollektor
verringern. Sobald die Kollektorspannung einen Minimalwert unterschreiten will, kommt die Diodenstrecke in den Flußzustand. Dadurch kann ein Teil des Basisstroms I_{B1}, ohne die Speicherladung
zu vergrößern, direkt in den Kollektor abfließen. Wegen der geringen Flußspannung und der kurzen Schaltzeiten eignen sich dazu besonders Schottkydioden ([30], S. 39).

Die in der Praxis mit bipolaren Transistoren erreichbaren kürze-
sten Schaltzeiten liegen in der Größenordnung weniger Nanosekunden.

124

Dazu muß allerdings die Zahl der wirksamen Rekombinationszentren durch eine zusätzliche Golddiffusion erhöht und auf diese Weise die Minoritätsträgerlebensdauer verringert werden. Hochsperrende Leistungs-Schalttransistoren für getaktete Netzgeräte besitzen dagegen Abfallzeiten größer als $0,1\,\mu s$ und Speicherzeiten um $1\,\mu s$. Typische Zusammenhänge zwischen Schaltzeiten und Strömen zeigt Abb.2.27.

2.4 Rauschen

2.4.1 Eigenschaften von Rauschvorgängen [31, 32]

Die Verstärkung kleiner elektrischer Signale mit einem Transistorverstärker wird durch das elektronische Rauschen der ersten Transistorstufen begrenzt. Der Name elektronisches Rauschen und die Bezeichnungen der einzelnen Rauschspektren leiten sich aus dem akustischen Eindruck ab, den die Rauschspannungen in einem Lautsprecher am Verstärkerausgang hervorrufen. Das Rauschen hängt mit der Elementarladung $e = 1,6 \cdot 10^{-19}$ As von Elektronen und Löchern zusammen, die jeden elementaren elektrischen Leitungsvorgang quantisiert. Es setzt sich aus einer sehr großen Anzahl von Einzelprozessen zusammen.

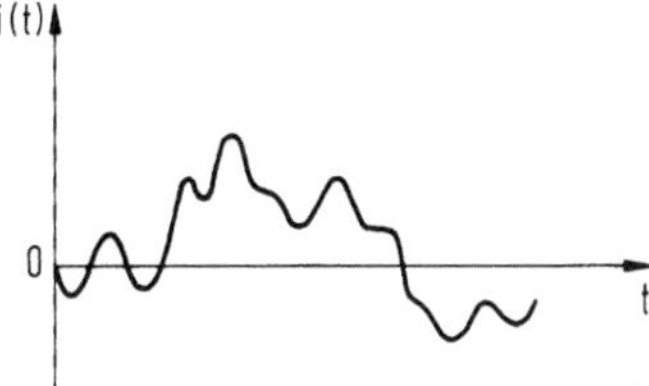

Abb.2.28. Zeitlicher Verlauf eines Rauschstroms

Der Rauschstrom $i(t)$, der sich am Ausgang eines Transistors messen läßt, hat einen regellosen zeitlichen Verlauf, s. Abb.2.28. Der Mittelwert ist definitionsgemäß Null. Unter dem Rauschen versteht man das mittlere Schwankungsquadrat

$$\overline{i^2} = \lim_{\tau \to \infty} \frac{1}{2\tau} \int_{-\tau}^{\tau} i^2(t)\, dt$$

125

des Stromes, das einer Rauschleistung entspricht. Der Begriff
Leistung besagt, daß es sich um ein Quadrat des Effektivwertes
handelt. Anstelle der Schwankungsquadrate sind auch die Effektiv-
wertangaben üblich.

Wirken zwei Rauschströme $i_1(t)$ und $i_2(t)$ zusammen, so beträgt
das gesamte mittlere Schwankungsquadrat

$$\overline{i^2} = \overline{(i_1 + i_2)^2} = \overline{i_1^2} + \overline{i_2^2} + 2\overline{i_1 i_2} \ .$$

Die zwei Rauschvorgänge sind in vielen Fällen voneinander unabhän-
gig oder unkorreliert. Die Mittelwerte $\overline{i_1}, \overline{i_2}$ sind jeweils Null und
nur die Schwankungsquadrate $\overline{i_1^2}$ und $\overline{i_2^2}$ addieren sich zum Gesamtrauschen. Gehen jedoch beide auf dieselben physikalischen Vorgän-
ge zurück, so besteht eine Korrelation. Die Mittelwerte enthalten
dann gemeinsame Anteile und ihr Produkt ist nicht mehr Null. Bei
der Addition der Rauschleistungen muß neben den Schwankungsquadraten ein gemischter Term berücksichtigt werden.

Während bei periodischen Funktionen zur Ermittlung des Effektivwertes eine Integrationsdauer gleich der Periodendauer der Grund-
welle genügt, muß sich bei nichtperiodischen Rauschsignalen der
Integrationsbereich über einen großen Zeitraum erstrecken. Das
Spektrum einer Rauschgröße kann alle Frequenzen zwischen Null
und unendlich enthalten. Der Effektivwert ist deshalb nur unter
gleichzeitiger Angabe des verfügbaren Frequenzbereichs definiert.
Unter dem Rauschspektrum $S_i(f)$ eines Stromes versteht man die
Leistungsdichte bzw. das mittlere Schwankungsquadrat $\overline{i_f^2}$ innerhalb
eines schmalen Frequenzbandes df bei der Mittenfrequenz f. Das
gesamte Schwankungsquadrat $\overline{i^2}$ erhält man durch Integration zwischen den Frequenzen Null und unendlich:

$$\overline{i^2} = \int\limits_0^\infty \overline{i_f^2} \, df = \int\limits_0^\infty S_i(f) \, df \ . \qquad (2/50)$$

Für den elementaren Prozeß läßt sich wegen seines statistischen
Charakters eine Zeitfunktion nicht angeben. Über den Gesamtstrom

können aber statistische Aussagen gemacht werden. Man kann z.B.
eine Häufigkeitsverteilung p(i) für das Auftreten einer Amplitude i
ermitteln.

Das zeitliche Verhalten des Rauschvorgangs läßt sich durch eine
Autokorrelationsfunktion $\rho(\tau)$ kennzeichnen. $\rho(\tau)$ gibt an, mit welcher Wahrscheinlichkeit eine Schwankung zwischen den Zeiten t
und t + τ im Mittel abklingt, bzw. welche Autokorrelation zwischen
den Werten des Rauschstroms i(t) zu beiden Zeitpunkten besteht
([31], S.7):

$$\rho(\tau) = \overline{i(t)\,i(t+\tau)} \ . \tag{2/51}$$

$\rho(\tau)$ hat ein Maximum für τ = 0 und stimmt dann mit dem mittleren Schwankungsquadrat überein, $\rho(0) = \overline{i^2}$. Für zwei weit ausein-
anderliegende Zeiten besteht dagegen zwischen den gemessenen
Stromamplituden kein Zusammenhang mehr. Das Produkt der Mittelwerte und die Autokorrelation gehen nach Null. Als Beispiel für
die mit zunehmendem Zeitabstand abnehmende Autokorrelation zeigt
die Abb.2.29 den exponentiellen Zusammenhang für das Generations-
Rekombinations-Rauschen.

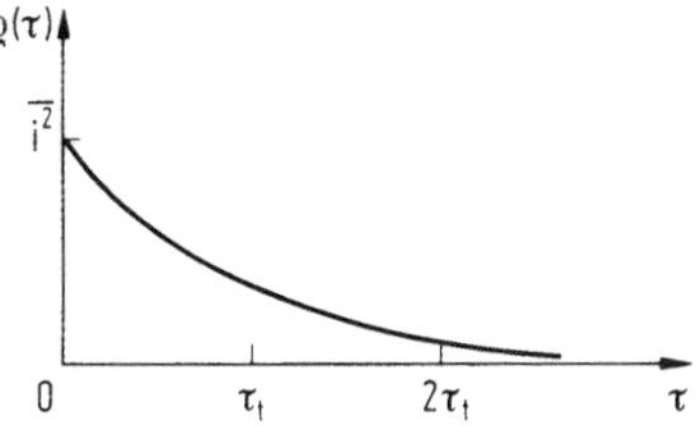

Abb.2.29. Exponentiell mit der Zeit
τ abnehmende Autokorrelationsfunktion $\rho(\tau)$ (Generations-Rekombinations-Spektrum, Abb.2.34a)

Autokorrelationsfunktion und Leistungsspektrum eines Rauschstroms
sind ebenso wie Zeitfunktion und Frequenzspektrum eines periodischen Vorgangs über eine Fouriertransformation miteinander verknüpft. Es gelten die Beziehungen von Wiener-Chintchine ([31], S.
10):

$$S(f) = 4 \int_0^\infty \rho(\tau) \cos(2\pi f\tau)\, d\tau \quad \text{und} \quad \rho(\tau) = \int_0^\infty S(f) \cos(2\pi f\tau)\, df \ .$$

$$\tag{2/52}$$

Wenn die Autokorrelation sehr rasch mit τ abnimmt, ist das Rauschspektrum bis zu sehr hohen Frequenzen konstant (weißes Rauschen). Eine große Korrelationszeit bei sehr langsam verlaufenden Schwankungsvorgängen bedeutet dagegen einen Schwerpunkt des Rauschens im niederfrequenten Bereich.

Zur Berechnung von Rauschspektren ermittelt man aus dem mittleren zeitlichen Verhalten des zugrundeliegenden physikalischen Vorgangs zunächst $\rho(\tau)$ nach (2/51) und daraus $S(f)$ mit (2/52).

2.4.2 Darstellung und Messung

In bipolaren Transistoren kennt man eine Reihe von Rauschquellen mit unterschiedlichen physikalischen Mechanismen und Rauschspektren. An jedem elektronischen Leiter läßt sich bereits im stromlosen Gleichgewicht eine thermische Rauschspannung $\overline{u_R^2}$ bzw. ein Rauschstrom $\overline{i_R^2} = \overline{u_R^2} \cdot 1/R^2$ messen (Nyquistrauschen, Johnsonrauschen ([31], S. 34). Ursache ist die statistische Wärmebewegung der Ladungsträger. Das Leistungsspektrum ist bis zu sehr hohen Frequenzen frequenzunabhängig oder weiß:

$$\overline{u_R^2} = 4kT\,R\,\Delta f \ . \tag{2/53}$$

Mit dem thermischen Rauschen sind alle Bahnwiderstände in Basis, Emitter und Kollektor eines Transistors behaftet. Die größte praktische Bedeutung hat das Rauschen $4\,k\,TR_B\,\Delta f$ des Basiswiderstandes R_B bzw. r_{bb}'. Es läßt sich durch einen Rauschgenerator $\overline{u_{RB}^2}$ in Reihe zum rauschfrei gedachten Widerstand beschreiben.

Bei fließenden Strömen ist in einem bipolaren Transistor zusätzlich das Schrotrauschen der Ladungsträger beim Transport durch die Feldzonen der Diodenstrecken zu berücksichtigen. Hinzu kommt bei tiefen Frequenzen das 1/f-Rauschen als Folge langsamer Besetzungsschwankungen von Haftstellen sowie ein bistabiles Rauschen. Einzelheiten über die Eigenschaften, die physikalischen Ursachen und die Anordnung der jeweiligen Rauschgeneratoren im Ersatzschaltbild folgen in den weiteren Abschnitten.

Das Rauschverhalten eines Transistors läßt sich durch zwei Messungen erfassen. Alle Rauschquellen werden bezüglich ihrer Wirkung durch zwei äquivalente Rauschgeneratoren $\overline{i_{äq}^2}$ und $\overline{u_{äq}^2}$ am Transistoreingang ersetzt, die unabhängig vom Quellenwiderstand R_G sind (Abb.2.30). Wird die Messung mit offenem Eingang ausgeführt, so erhält man den parallel zum Eingang liegenden Rauschstromgenerator $\overline{i_{äq}^2}$. Bei kurzgeschlossenem Eingang läßt sich der Rauschspannungsgenerator $\overline{u_{äq}^2}$ in Reihe zur Eingangsdiode ermitteln. Beide Generatoren hängen von Frequenz, Bandbreite und Arbeitspunkt ab, das resultierende Rauschen am Transistorausgang zusätzlich von R_G. $\overline{u_{äq}^2}$ und $\overline{i_{äq}^2}$ oder die entsprechenden Effektivwerte sind als absolute Rauschkennwerte eines Transistors zusammen mit den Meßbedingungen auch in Datenblättern spezifiziert.

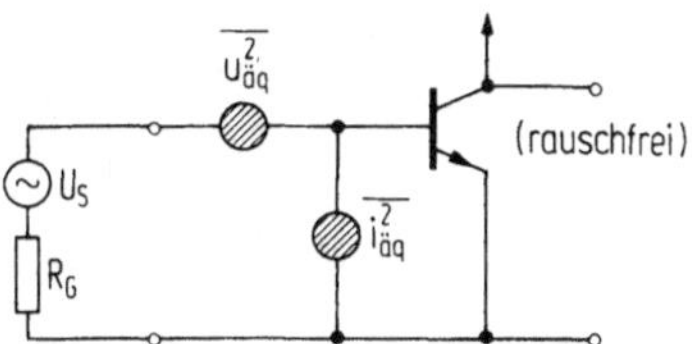

Abb.2.30. Ersatz des Transistorvierpols durch einen rauschfreien Transistor und zwei äquivalente Rauschgeneratoren $\overline{u_{äq}^2}$ und $\overline{i_{äq}^2}$

Besonders praxisnah ist jedoch folgende Darstellungsweise, in der das Transistorrauschen durch einen einzigen Kennwert als relatives Maß ausgedrückt ist. Man vergleicht das gesamte Rauschen $\overline{u_{ges}^2}$ am Ausgang eines Transistors mit dem thermischen Rauschen $\overline{u_{RG}^2} = 4kT R_G \Delta f$, das der Generatorwiderstand allein am Ausgang hervorrufen würde. Das Verhältnis ist als Rauschfaktor F definiert:

$$F = \frac{\overline{u_{ges}^2}}{\overline{u_{RG}^2}} = \frac{\overline{u_{Tr}^2} + \overline{u_{RG}^2}}{\overline{u_{RG}^2}}. \qquad (2/54)$$

Man denkt sich also den Transistorverstärker rauschfrei und ersetzt seinen Beitrag $\overline{u_{Tr}^2}$ zum Gesamtrauschen durch Vergrößerung des Generatoranteils auf $F\,\overline{u_{RG}^2}$. Der Rauschfaktor zeigt damit die Verschlechterung des Signal-Rausch-Verhältnisses durch den Transistor. In Datenblättern wird F meistens logarithmisch durch $10\log F$ als Rauschmaß in Dezibel angegeben (noise figure).

F ist abhängig von Arbeitspunkt, Frequenzbereich und Generatorwiderstand spezifiziert. Bei der Messung wird das Rauschen zunächst breitbandig verstärkt, mit elektrischen Filtern anschließend
spektral zerlegt und die herausgefilterte Komponente schließlich
nach weiterer Verstärkung quadratisch gleichgerichtet (Abb.2.31).
In Schalterstellung eins mißt man nur das thermische Rauschen
$\overline{u^2_{RG}}$ des Eingangswiderstandes ohne Prüfling und stellt den Ausschlag des Anzeigeinstruments auf eins. In Stellung zwei läßt sich
das Gesamtrauschen als Rauschfaktor direkt ablesen. Die Verstärkung des Prüflings gleicht man über eine Regelautomatik des Vor-
verstärkers aus. Das Eigenrauschen des Verstärkers muß klein gegenüber den Meßwerten sein.

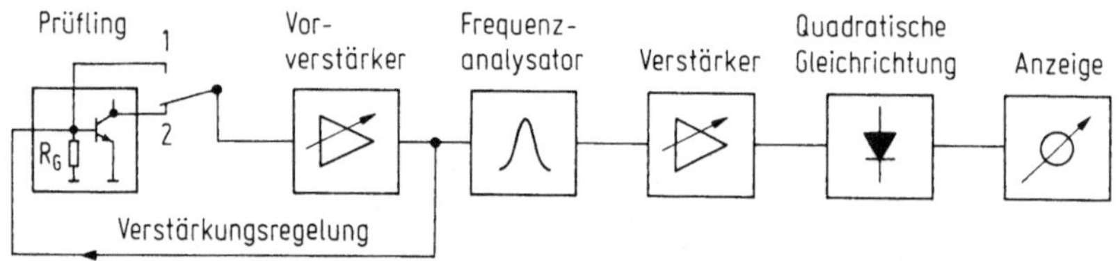

Abb.2.31. Prinzipschaltung zur Messung des Rauschfaktors.
Stellung 1: Eichen mit dem thermischen Rauschen des Generatorwiderstandes R_G; Stellung 2: Messen des Gesamtrauschens

Die Verschlechterung des Signal-Rausch-Verhältnisses durch das
Transistorrauschen läßt sich auch durch eine erhöhte Temperatur
des rauschenden Generatorwiderstandes am Eingang des wieder
rauschfrei gedachten Transistors ausdrücken. Dem Beitrag $\overline{u^2_{Tr}}$ des
Transistorrauschens entspricht eine Anhebung der echten Temperatur T_R des thermischen Rauschens auf eine höhere Rauschtempera-
tur $T_r = T_R + \overline{u^2_{Tr}}/(4k\,R_G\,\Delta f)$.

2.4.3 Schrotrauschen

Jeder Ladungsträger transportiert bei der Wanderung durch die Feldzone eines pn-Übergangs eine Ladungsmenge e und trägt mit einem
Stromimpuls $i = e/t_{Cs}$ der Dauer t_{Cs} zum Gesamtstrom I bei. t_C
ist die Laufzeit durch die Sperrschicht. Die Einzelimpulse sind voneinander unabhängig, ihre Anzahl ist statistischen Schwankungen un-
terworfen. Als Ergebnis ist dem Gleichstrom I ein Schrotrauschen

überlagert (shot noise):

$$\overline{i^2} = 2e\,I\,\Delta f \ . \qquad\qquad (2/55)$$

Das Rauschen ist weiß und nimmt linear mit dem Gleichstrom zu.

Der Strom I setzt sich im Mittel aus z Einzelimpulsen zusammen, $I = z\,i\,t_{Cs} = z\,e$. Ihre mittleren Schwankungsquadrate summieren sich mit $\overline{i^2} = z\,\overline{i^2}\,t_{Cs} = z\,e^2/t_{Cs} = I\,e/t_{Cs}$ zum Schrotrauschen. Eine Autokorrelation kann nur während der mittleren Impulsdauer t_{Cs} eines Einzelimpulses bestehen und nimmt während t_{Cs} linear bis Null ab. Nach (2/51) ist $\rho(\tau) = \rho(0)(1 - \tau/t_{Cs}) = \overline{i^2}(1 - \tau/t_{Cs})$ mit $\tau \leqslant t_{Cs}$. Mit (2/52) errechnet sich daraus das Frequenzspektrum des Rauschstromquadrates:

$$S_i(f) = 2e\,I\ \frac{\sin^2(\pi f t_{Cs})}{(\pi f t_{Cs})^2} \ . \qquad\qquad (2/56)$$

Das Schrotrauschen ist nur für $f \ll 1/t_{Cs}$ unabhängig von der Frequenz. Die Abhängigkeit ist durch die mittlere Laufzeit der Ladungsträger in der Feldzone der Weite l bestimmt. Für einen Driftstromträger gilt $t_{Cs} = l/v = 1/\mu E$, s. auch (2/32). Ein diffundierender Ladungsträger benötigt analog zu (2/31) eine Zeit $t_{Cs} = l^2/2D$.

In injizierenden pn-Übergängen, deren Raumladungsweite klein ist, dominieren nach Abschnitt 1.1.2 die Diffusionsströme. Bei Sperrpolung sind überwiegend die Driftstromkomponenten wirksam. Die größere Raumladungsweite bei hohen Sperrspannungen wird durch die im Vergleich zu Diffusionsvorgängen größere Driftgeschwindigkeit $v = \mu E \simeq v_{max}$ ausgeglichen. In beiden Fällen ist die Laufzeit durch die Feldzone relativ zur Gesamtlaufzeit der Träger in einem Transistor klein. Der Frequenzfaktor in (2/56) ist deshalb in allen praktischen Fällen zu vernachlässigen. Das Schrotrauschen erhält die einfache Form (2/55).

In bipolaren Transistoren zeigen sowohl der Emitter- als auch der Kollektorstrom ein Schrotrauschen. Da in beiden Fällen die gleichen Ladungsträger beteiligt sind, sind beide Schrotrauschgeneratoren miteinander korreliert. Der Emitterstrom setzt sich aber aus zwei unabhängigen Anteilen I_C und I_B zusammen. Dem Injektionsstrom I_C ist im Ersatzschaltbild der Abb.2.32 ein Rauschstromgenerator $\overline{i_2^2} = 2eI_C\,\Delta f$ parallel zum Ausgang zugeordnet, dem Rekombinationsstrom I_B ein Generator $\overline{i_1^2} = 2eI_B\,\Delta f$ parallel zum Transistoreingang.

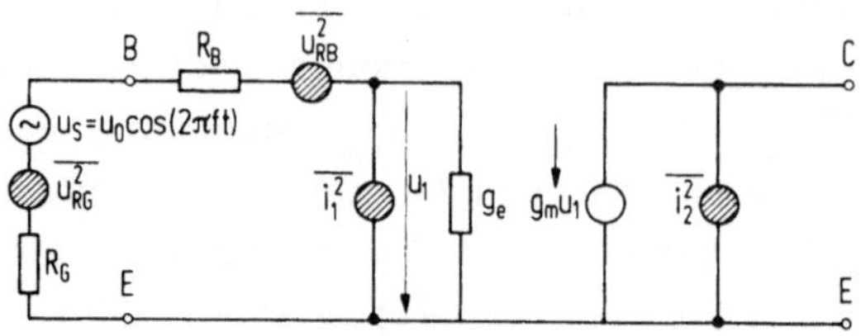

Abb.2.32. Vereinfachtes π-Ersatzschaltbild in Emitterschaltung mit Anordnung der Rauschgeneratoren.

Thermisches Rauschen: $\overline{u_{RG}^2} = 4kTR_G\,\Delta f$ (Generatorwiderstand R_G) und $\overline{u_{RB}^2} = 4kTR_B\,\Delta f$ (Basiswiderstand R_B); Schrotrauschen: $\overline{i_1^2} = 2eI_B\,\Delta f$ (Basisstrom) und $\overline{i_2^2} = 2eI_C\,\Delta f$ (Kollektorstrom); 1/f-Rauschen: $\overline{i_1^2} = \text{const}\,I^2\int df/f$ und $\overline{i_2^2} \simeq 0$; Prasseln: $\overline{i_1^2} = f(I_B)\int df/(1 + 2\pi f\tau)$ und $\overline{i_2^2} \simeq 0$

Mit dem thermischen Rauschen $\overline{u_{RB}^2}$ und den Schrotrauschgeneratoren $\overline{i_1^2}$ und $\overline{i_2^2}$ sind die Rauscheigenschaften oberhalb von 10^3 bis 10^4 Hz vollständig beschrieben. Das gesamte Rauschen von Transistor und Generatorwiderstand beträgt am Ausgang unter Berücksichtigung der Spannungs- und Stromaufteilung durch die Widerstände des Eingangskreises

$$\overline{i_a^2} = \overline{i_2^2} + g_m^2\,\overline{i_1^2}\,\frac{(R_B + R_G)^2\,r_e^2}{(r_e + R_B + R_G)^2} + g_m^2\,\frac{r_e^2}{(r_e + R_B + R_G)^2}\,(\overline{u_{RB}^2} + \overline{u_{RG}^2})$$

$$(2/57)$$

mit der Steilheit $g_m = eI_C/kT$ (1/79) und dem Eingangswiderstand $r_e = \beta kT/eI_C$ (1/82).

Das thermische Rauschen von R_G allein erscheint am Ausgang als verstärkter Rauschstrom

$$\overline{i_{ath}^2} = g_m^2\,\frac{r_e^2}{(r_e + R_B + R_G)^2}\,\overline{u_{RG}^2}\;.\qquad (2/58)$$

Aus den beiden Schwankungsquadraten errechnet sich das Rauschverhältnis in Übereinstimmung mit (2/54) nach Einsetzen der verschiedenen Größen und mit der Näherung $\beta \gg 1$ zu

$$F = \frac{\overline{i_a^2}}{\overline{i_{ath}^2}} = \frac{r_e}{2\beta R_G} + \frac{1}{r_e}\left(\frac{R_G}{2} + \frac{R_B^2}{2R_G} + R_B\right) + \frac{R_B}{R_G} + 1 =$$

$$= \frac{1}{2}\,\frac{kT}{e\,I_C\,R_G} + \frac{e I_C}{kT\beta}\left(\frac{R_G}{2} + \frac{R_B^2}{2R_G} + R_B\right) + \frac{R_B}{R_G} + 1 \ . \qquad (2/59)$$

Die Terme stellen der Reihe nach die Beiträge von $\overline{i_2^2}$, $\overline{i_1^2}$, $\overline{u_{RB}^2}$
und $\overline{u_{RG}^2}$ dar. Mit steigendem Betriebsstrom I_C und zunehmendem
Generatorwiderstand R_G nimmt der Einfluß des Schrotrauschens
von I_C ab, der Anteil von I_B aber zu. Dazwischen liegt im Milliamperebereich von I_C ein Minimum von F, dessen Größe und
Lage von R_G und R_B abhängt, s. Abb.2.33. Auch das Rauschen

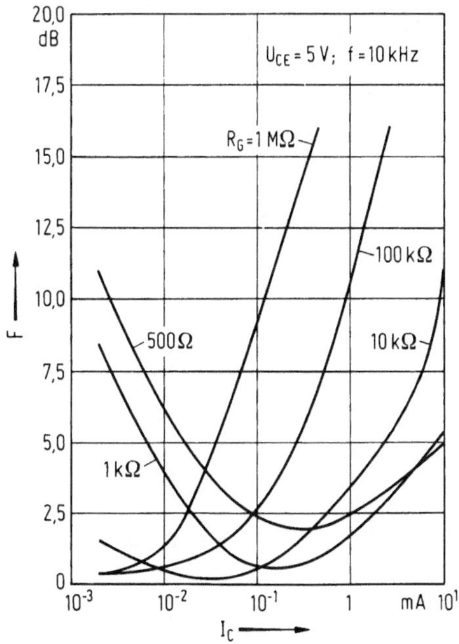

Abb.2.33. Rauschmaß F im Bereich des Schrotrauschens in Abhängigkeit vom Kollektorstrom I_C bei verschiedenen Werten des Gene-
ratorwiderstands (Silizium-Planartransistor [9])

bei festem I_C hat in Abhängigkeit von R_G ein Minimum. Die optimale Anpassung bezüglich des Rauschens stimmt nicht mit optimaler Leistungsübertragung überein.

Ein Transistor mit großer Kleinsignal-Stromverstärkung β rauscht vergleichsweise weniger stark. β nimmt aber oberhalb der β-Grenzfrequenz f_β ab. Dadurch steigt das Rauschverhältnis zu hohen Frequenzen hin an, s. Abb.2.34. Der Anstieg zu niedrigen Frequenzen ist durch das 1/f-Rauschen bedingt [33].

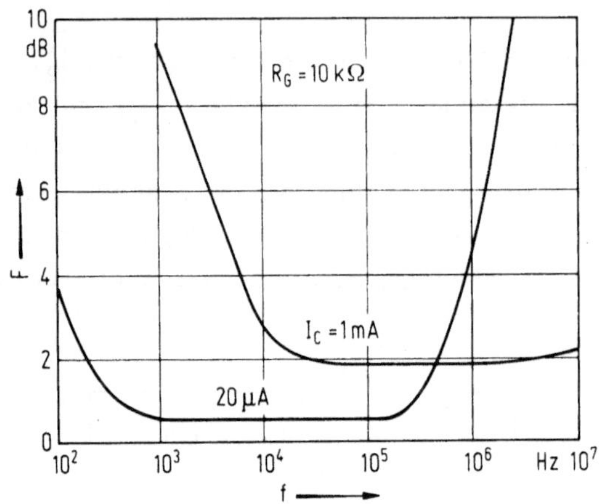

Abb.2.34. Rauschmaß F in Abhängigkeit von der Frequenz (Silizium-Planartransistor [33])

2.4.4 1/f-Rauschen

Das 1/f-Rauschen (Funkelrauschen, flicker noise, excess noise) verdeckt im Tonfrequenzbereich unterhalb von 1 kHz das weiße Rauschen der übrigen Rauschquellen eines bipolaren Transistors. Das Spektrum ist von der Form

$$S_i(f) = \text{const}\,\frac{I^\beta}{f^\alpha} \quad \text{mit} \quad \alpha \simeq 1 \quad \text{und} \quad \beta \simeq 2 \ . \qquad (2/60)$$

Die Rauschamplitude ist umso größer, je niedriger die Frequenz ist, s. Abb.2.34. Das 1/f-Rauschen ist auf statistische Schwankungen der Anzahl an freien Ladungsträgern im Halbleiter, also auf eine

134

Leitfähigkeitsmodulation zurückzuführen. Das erklärt auch die quadratische Zunahme der Rauschleistung mit dem fließenden Gleichstrom.

Alle bisher diskutierten Rauschspektren liefern mit den angegebenen physikalischen Modellen gute quantitative Übereinstimmung zwischen Experiment und Theorie. Sehr viel weniger genau kennt man die Ursache des 1/f-Rauschens. Seit langem ist die starke Abhängigkeit von der Behandlung der Siliziumoberfläche während der Transistorfertigung bekannt. Im Zusammenhang mit Untersuchungen an MOS-Feldeffekttransistoren gelang es schließlich, die Amplitude des 1/f-Rausches direkt mit der Haftstellendichte im Oxid der Halbleiteroberfläche zu korrelieren [34]. Von den bekannten Theorien wird deshalb an dieser Stelle nur über das Oberflächen-Haftstellenmodell berichtet [35].

Ausgangspunkt sind langsame Besetzungsschwankungen von Haftstellen großer Zeitkonstante, wie sie im Oxid der Siliziumoberfläche in großer Anzahl vorhanden sind. Durch einen einfachen Haftstellenprozeß der mittleren Trapdauer τ_t sei zu einem Zeitpunkt $t = 0$ eine Anzahl von N_t Ladungsträgern eingefangen. Wenn die Übergänge statistisch erfolgen, ist zu einer späteren Zeit τ im Mittel der Trägeranteil $N_t(0)\,\exp(-\tau/\tau_t)$ noch nicht wieder frei, vgl. auch den Ansatz (3/23). Dieser Anteil verursacht die exponentiell mit der Zeit abnehmende Autokorrelationsfunktion $\rho(\tau) = \overline{\Delta N_t^2}\,\exp(-\tau/\tau_t)$, die in Abb.2.29 dargestellt ist. Das mittlere Schwankungsquadrat $\overline{\Delta N_t^2}$ stimmt bei unabhängigen Ereignissen mit der mittleren Anzahl $\overline{N_t}$ der festsitzenden Ladungen überein ([31], S. 5). Zusammen mit (2/52) errechnet sich das Frequenzspektrum der Trägerzahlschwankungen:

$$S_{Nt}(f) = 4\,\overline{N_t}\,\frac{\tau_t}{1 + (\omega\tau_t)^2}\ . \tag{2/61}$$

Dieses Generations-Rekombinations-Spektrum ist für $f \ll 1/\tau_t$ weiß und fällt für $f \gg 1/\tau_t$ mit $1/f^2$ ab (Abb.2.35a).

Ein 1/f-Verlauf besteht nur in einem schmalen Übergangsbereich. Der Frequenzbereich läßt sich aber durch Überlagerung einer großen Zahl von Spektren der Form (2/61) erweitern (Abb.2.35b). Dazu müssen die Zeitkonstanten τ_t aufgrund unterschiedlicher Übergangswahrscheinlichkeiten selbst eine Verteilung $g(\tau_t) = g_0/\tau_t$ zwischen den Grenzen $\tau_{t1} < \tau_t < \tau_{t2}$ besitzen. Solche Verteilungen lassen sich z.B. für Tunnelübergänge der Ladungsträger zwischen dem Halbleitervolumen und den Haftstellen begründen, wenn diese entweder homogen im Oxid verteilt sind oder außen auf einem Oxid ungleichmäßiger Dicke liegen.

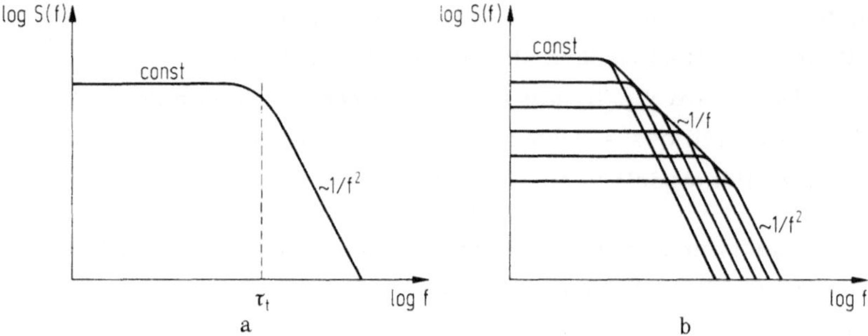

Abb.2.35. Zur Deutung des 1/f-Spektrums $S(f) \sim 1/f$.
a) Generations-Rekombinations-Spektrum; b) 1/f-Spektrum als Einhüllende von Spektren der Form a mit einer Verteilung $g(\tau_t) \sim 1/\tau_t$

Mit $g(\tau_t)$ errechnet sich aus (2/61) das Schwankungsspektrum des 1/f-Rauschens. Mit dem Normierungsfaktor $g_0 = 1/\ln(\tau_{t2}/\tau_{t1})$ wird

$$S_{Nt}(f) = 4\overline{N_t}\; g_0 \int_{\tau_{t1}}^{\tau_{t2}} \frac{\tau_t}{1 + (\omega\tau_t)^2} \frac{d\tau_t}{\tau_t} = \frac{N_t}{\ln(\tau_{t2}/\tau_{t1})} \frac{1}{f} \cdot \tag{2/62}$$

für $2\pi f \tau_{t1} \ll 1 \ll 2\pi f \tau_{t2}$. Bei sehr tiefen Frequenzen $f \ll 1/\tau_{t2}$ muß das Spektrum weiß sein, damit die Rauschleistung endlich bleibt. Für $f \gg 1/\tau_{t1}$ fällt das Rauschen mit $1/f^2$ ab.

Der Ladungsträgereinfang an der Oberfläche hat zwei unterschiedliche Einflüsse auf die Trägerdichten im Transistor. Einmal wird durch den Einfangprozeß die Anzahl direkt beeinflußt. Wichtiger ist aber die indirekte Wirkung. Eine Umladung der Haftstellen führt nämlich zu Schwankungen des Potentials in den benachbarten Halbleitergebieten. Die oberflächennahen Potentialschwankungen modulieren die Oberflächenrekombination. Liegen die Haftstellen im Bereich des pn-Übergangs der Emitterdiode, so macht deren Diffusionsspannung örtlich die Potentialbewegungen mit und moduliert auch die Trägerinjektion.

Für das 1/f-Rauschen ist im Ersatzschaltbild Abb.2.32 ebenfalls ein Stromgenerator $\overline{i_1^2}$ parallel zur Eingangsdiode einzusetzen. Der Beitrag zum Rauschfaktor errechnet sich mit (2/60) und (2/54),

$$F(1/f) = \text{const}\ \frac{I^\beta}{f_\alpha}\ \frac{(R_B + R_G)^2}{4kTR_G} \ . \qquad (2/63)$$

Das 1/f-Rauschen ist umso stärker, je größer der Generatorwiderstand R_G ist. Es nimmt außerdem mit dem Gleichstrom stärker zu als das Schrotrauschen. Rauscharme Eingangsstufen für niedrige Frequenzen werden deshalb mit sehr kleinen Kollektorströmen weit unterhalb von einem Milliampere betrieben. Eine große Stromverstärkung bei kleinsten Strömen ist von Vorteil, weil sie auf eine besonders geringe Haftstellendichte hinweist. Das 1/f-Rauschen bipolarer Transistoren kann heute durch sorgfältige Oberflächenbehandlung und schonende Fertigungsprozesse reduziert werden [36, 37].

2.4.5 Bistabiles Rauschen [38, 39]

Ein kleinerer Anteil der bipolaren Transistoren zeigt bei tiefen Frequenzen zusätzlich zum 1/f-Spektrum noch ein bistabiles Rauschen (Prasseln, Impulsrauschen, burst noise). Die Amplitude des rauschenden Stromes hat keine statistische Verteilung wie in Abb.2.28, sondern schwankt zwischen zwei oder einigen Strompegeln hin und her (Abb.2.36). Die Stromimpulse Δi erreichen Werte bis zu einem Mikroampere, Impulsdauer und Häufigkeit sind statistisch.

Das Frequenzspektrum hat die Form des Generations-Rekombinations-Rauschens:

$$S_i(f) = f(I)\ \frac{\tau^2}{\tau_+ \tau_-} \cdot \frac{\tau}{1 + (\omega\tau)^2} \ . \qquad (2/64)$$

Die Zeitkonstante τ errechnet sich aus den mittleren Dauern τ_+ des
oberen und τ_- des unteren Stromzustandes $(1/\tau = 1/\tau_+ + 1/\tau_-)$. τ ist
typisch in der Größenordnung von Millisekunden. Eine einheitliche
Stromabhängigkeit über einen größeren Strom- oder Spannungsbe-
reich besteht nicht. Die Funktion $f(I)$ hat häufig bei mittleren Strömen ein Maximum. Das Prasseln verdeckt, wenn es auftritt, bei
Frequenzen oberhalb von 10 Hz das 1/f-Rauschen eines bipolaren
Transistors. Zu höheren Frequenzen klingt es aber wegen der Abhängigkeit proportional zu $1/f^2$ schneller ab. In bipolaren Transistoren ist der Rauschgenerator für (2/64) im Ersatzschaltbild ebenfalls parallel zur injizierenden Emitterdiode einzusetzen.

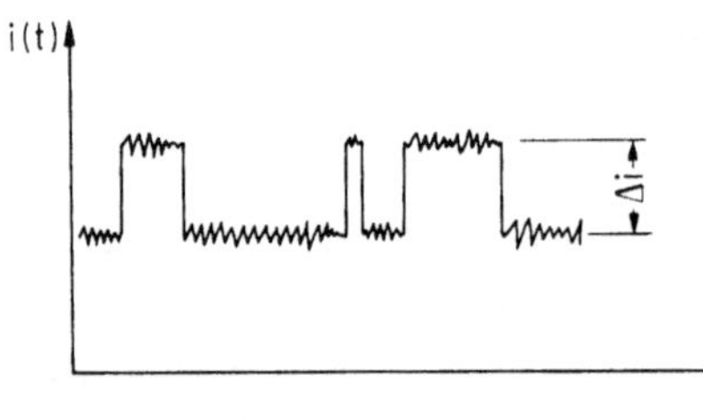

Abb. 2.36. Zeitlicher Verlauf des
Impulsrauschens (burst noise)

Mit dem statistischen Zünden und Löschen von Mikroplasmen läßt
sich das Prasseln nicht erklären. Ein Mikroplasmenrauschen tritt
nur in der Nähe der Durchbruchspannung einer Diode auf. Zur Er-
zeugung eines bistabilen Rauschens genügen aber schon sehr kleine
Spannungen.

Man vermutet, daß für das Burst-Rauschen bistabile Schwankungen
der Potentialbarriere im Bereich eines Kristalldefekts verantwortlich sind. Der Defekt ist innerhalb der Raumladungszone der Emitterdiode im Volumen oder mit größerer Wahrscheinlichkeit nahe
der Oberfläche lokalisiert. In der Umgebung der Kristallstörung
ist die Potentialschwelle zwischen Emitter und Basis niedriger als im
ungestörten Gebiet. Ein relativ großer Anteil des gesamten Dioden-
stroms konzentriert sich dort auf einen kleinen Querschnitt.

Die Größe der reduzierten Potentialdifferenz wird durch die Umbe-
setzung einer zusätzlichen Haftstelle in der Nachbarschaft des Kristalldefekts beeinflußt. Statistische Besetzungsschwankungen die-

138

ses Kontrollzentrums rufen Schwankungen der Potentialverteilung hervor und modulieren die Injektionsstromdichte. Die Amplitude der Impulse ist von den Serien- und Parallelwiderständen im Bereich der Kristallstörung abhängig.

Das Prasseln hängt nach diesem Mechanismus ebenso wie das 1/f-Rauschen von der Prozeßführung bei der Transistorfertigung ab. Eine starke Raumladungsrekombination (Abschn.2.1.3) und erhöhte Leckströme eines pn-Übergangs bedeuten in vielen Fällen auch eine stärkere Neigung zum Impulsrauschen. Transistoren hoher Stromverstärkung sind wie im Falle des 1/f-Rauschens weniger betroffen.

3 Grenzdaten

3.1 Zuverlässigkeit und thermisches Verhalten

3.1.1 Bedeutung von Grenzdaten

Kenndaten sagen nur aus, wie gut ein Transistor die vorgesehene
Funktion in einer Schaltung ausführt. Ob er für den Anwendungsfall
tatsächlich geeignet ist hängt aber auch davon ab, wie zuverlässig
er arbeitet. Über die Zuverlässigkeit geben die Grenzdaten Aus-
kunft, die anhand der Ergebnisse langdauernder Untersuchungen
spezifiziert werden.

Ein Betrieb bei abweichenden Kenndaten gefährdet den Transistor
nur, wenn dadurch auch Grenzdaten überschritten werden. Eine
Mißachtung von Grenzdaten kann die Zuverlässigkeit auf mehrfache
Weise beeinträchtigen: Durch sofortigen Ausfall, durch Ausfall nach
einer Aufheizzeit und durch Langzeitausfälle.

Kurzzeitausfälle

Ein Transistor ist bei direkter Überlastung zerstörungsanfällig. Die
Vorgänge laufen entsprechend einer inneren Aufheiz- oder Aufladezeit rasch ab und dauern in Halbleitern typisch weniger als eine Se-
kunde lang. Das Ergebnis ist in den meisten Fällen ein Kurzschluß
zwischen Kollektor und Emitter (zweiter Durchbruch), eine offene
Strombahn oder eine so weitgehende Veränderung der elektrischen
Eigenschaften, daß die weitere Verwendung ausgeschlossen ist. Kurzzeitausfälle können durch richtige Anwendung der Grenzdaten vermieden werden. Der sichere Arbeitsbereich ist in Abschnitt 3.1.2
beschrieben, die Analyse der physikalischen Vorgänge und Ausfallmechanismen folgt in den Abschnitten 3.2 und 3.3.

Thermische Instabilität

Bei ungünstig dimensionierten Schaltungen oder nicht ausreichenden Kühlbedingungen kann es vorkommen, daß die Grenzdaten erst nach einer Anlauf- oder Aufheizzeit von einigen Minuten oder Stunden überschritten werden, und dann der Transistor ausfällt. Man spricht unter diesen Umständen von einer thermischen Instabilität oder einem thermischen "Davonlaufen".

Die meisten Kenndaten eines bipolaren Transistors ändern sich mit der Temperatur in dem Sinne, daß die Verlustleistung ansteigt. Diese thermische Rückkopplung führt zu einem Driften des Arbeitspunktes. Ein bipolarer Transistor neigt daher potentiell zu thermischer Instabilität. Ursache ist die exponentielle Zunahme der Eigenleitungsdichte mit der Temperatur nach (2/5). Sie verstärkt alle Effekte, die von den Minoritätsträgerdichten abhängen. Von besonderer praktischer Bedeutung sind die Einflüsse auf Injektionsstromdichten, Stromverstärkungen, Schaltzeiten und Sperrströme. Als weiterer Störeffekt kommt hinzu, daß die Wärmeleitfähigkeit mit der Temperatur abnimmt und die Wärmeabfuhr sich verschlechtert.

Die Gefahr einer Zerstörung durch thermische Instabilität ist bei modernen Siliziumtransistoren im Vergleich zu Germaniumtypen relativ gering. Sie kann durch schaltungstechnische Maßnahmen vermieden werden. Bei der Beurteilung von Kenn- und Grenzdaten eines Transistors ist aber in jedem Fall die Temperaturabhängigkeit besonders sorgfältig zu prüfen.

Langzeitausfälle

Die Überschreitung von Grenzdaten bzw. der Abstand der Betriebsdaten zu den Grenzen des sicheren Arbeitsbereichs hat auch Bedeutung für die Lebensdauer und das Langzeitverhalten eines Transistors. Fragen der maximalen Betriebsdauer eines Transistors hängen immer mit der Betriebstemperatur zusammen. Gedacht ist hier nicht an Ausfälle nach einer Aufheizzeit durch thermische Instabilität. Gemeint sind vielmehr Abnutzungserscheinungen, die sich normalerweise frühestens nach Monaten oder Jahren bemerkbar machen. Sie verursachen ebenfalls Totalausfälle oder so starke Änderungen der Kenn- und Grenzdaten, daß der Transistor nicht mehr einwandfrei ar-

beitet. Lebensdauerfragen von Halbleiterbauelementen sind allge-
mein in Abschnitt 3.4.1, die physikalischen Ursachen einer begrenzten Lebensdauer in Abschnitt 3.4.2 untersucht.

3.1.2 Sicherer Arbeitsbereich [40, 41]

Die wichtigsten Angaben über die Grenzdaten eines Transistors sind
in seinem SOAR-Diagramm (safe operation area) zusammengefaßt,
das den sicheren Arbeitsbereich umschließt. Es begrenzt je nach
Temperatur und Belastungsdauer die maximal zulässigen Ströme
und Spannungen im Ausgangskennlinienfeld bei Emitterschaltung. Die
einzelnen Grenzen sind im vereinfachten Diagramm der Abb.3.1 eingetragen. Als Beispiel wurde ein dreifachdiffundierter Schalttransi-
stor ausgewählt. Zunächst sollen nur die statischen Grenzkurven
betrachtet werden.

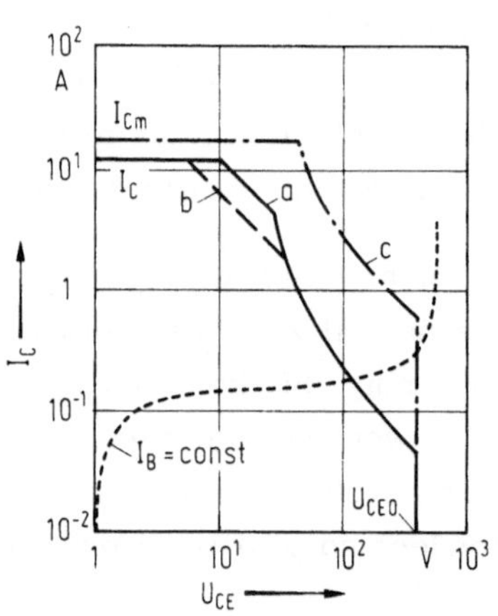

Abb.3.1. Sicherer Arbeitsbereich
(Dreifachdiffundierter Leistungstransistor [29]).
Kurve a: statische Belastung bei
Zimmertemperatur; Kurve b:
statische Belastung bei erhöhter Temperatur; Kurve c: Impulsbelastung. Der Verlauf einer
Kennlinie I_B = const ist punk-
tiert eingezeichnet

Das Diagramm ist nach oben durch den maximalen Kollektordauer-
strom I_C begrenzt. I_C ergibt sich einmal aus Montage und Aufbau
des Transistors. Beim Überschreiten kann z.B. ein Draht oder eine
Leitbahn auf der Siliziumoberfläche abschmelzen. Ein Maximal-
strom wird darüber hinaus auch angegeben, wenn die übrigen Grenz-
und die Kenndaten den Betrieb bei höheren Strömen nicht sinnvoll
machen.

Zu höheren Spannungen schließt sich auf der rechten Seite des Diagramms der Bereich konstanter maximaler Sperrschichttemperatur

T_{Jmax} an, die in diesem Beispiel 175°C beträgt. Die Kurve stellt
einen Teil der Hyperbel konstanter Verlustleistung $P_{zul} = U_{CE} I_C$
dar. In der gezeichneten doppelt-logarithmischen Darstellung wird
sie zu einer Geraden, die unter -45° geneigt ist.

Die maximale Dauerverlustleistung P_{tot} ist für jeden Transistortyp unabhängig von der Temperatur als absolute obere Grenze festgelegt. Die zulässige Verlustleistung P_{zul} muß dagegen bei steigender Umgebungstemperatur mit einem Diagramm vom Typ der
Abb.3.2a reduziert werden, das in Abschnitt 3.1.3 genauer begründet wird. Eine Temperaturänderung bedeutet eine Parallelver-
schiebung der Geraden T_J = const im SOAR-Diagramm. Die gestrichelte Kurve b läßt nach Abb.3.1 für 100°C eine geringere
Leistung zu als die Kurve a, die für 25°C Umgebungstemperatur
gültig ist.

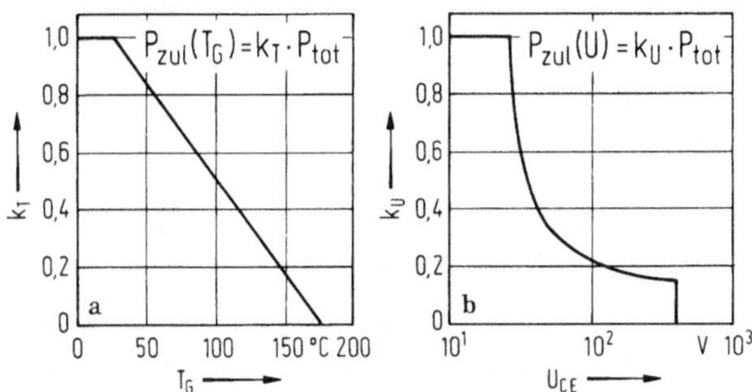

Abb.3.2. Reduktion der zulässigen Verlustleistung $P_{zul} = k\,P_{tot}$ [29].
a) Erhöhte Gehäusetemperatur T_G mit T_J = const; b) erhöhte Kollektorspannung im Bereich des zweiten Durchbruchs

Sperrschichttemperaturen von Silizium-Leistungstransistoren sind
abhängig von Typ, Gehäuse und Anwendungszweck nach oben auf
Werte zwischen 125°C und 200°C beschränkt. Bei Überschreitung
dieser Temperatur sind zunächst einmal alle anderen Grenzdaten
ungültig. Auch die Kenndaten sind bei noch höheren Temperaturen
nicht mehr definiert. Ihre Temperaturabhängigkeit gefährdet sowohl
die Funktion als auch die Sicherheit in der Schaltung. Es ist aber
außerdem die direkte Zerstörung des Transistors durch Aufschmel-
zen eines Lotes oder durch mechanischen Bruch möglich. Schließlich sind befriedigende Lebensdauer und Zuverlässigkeit des Transistors bei Temperaturüberschreitung nicht mehr gewährleistet.

143

Zu höheren Betriebsspannungen hin schließt sich an die Kurve konstanter Sperrschichttemperatur ein weiteres Kurvenstück an, auf dem die Verlustleistung P_{zul} mit zunehmender Spannung U_{CE} reduziert werden muß (Abb.3.2b). Verantwortlich ist der zweite Durchbruch im aktiven Arbeitsbereich, in dem die Verlustleistung nicht mehr homogen über die ganze Transistorfläche erzeugt wird, und der Strom sich auf Teilbereiche des Transistors konzentriert. Die Temperaturspitzen liegen während des zweiten Durchbruchs oberhalb des Mittelwertes. Strom und Sperrschichttemperatur sind umso ungleichmäßiger verteilt, je höher die anliegende Spannung bei der betreffenden Verlustleistung ist.

Eine höhere Umgebungstemperatur ändert die maximalen Werte an den heißen Punkten vergleichsweise wenig. Die Temperaturabhängigkeit der zulässigen Gesamtleistung ist deshalb im Bereich des zweiten Durchbruchs geringer als in Abb.3.2a. Sie wird häufig der Einfachheit halber ganz außer acht gelassen und dafür der Sicherheitsabstand der Grenzkurven des SOAR-Diagramms bei Normaltemperatur erhöht.

Der ausnutzbare Bereich des Kennlinienfeldes endet bei der Maximalspannung U_{CEO}. Wegen der Definition $I_B = 0$ ist durch U_{CEO} einmal die Grenze festgelegt, bis zu der ein Kollektorstrom noch über den positiven Basisstrom gesteuert werden kann. Der Lawinendurchbruch bei Spannungen größer als U_{CEO} ist außerdem ein Mechanismus, der den Transistor sehr rasch durch einen zweiten Durchbruch im Sperrbetrieb zerstört.

Nur bei nicht injizierender Emitterdiode darf innerhalb der zugelassenen Sperrströme eine Spitzenspannung U_{CEV} oder U_{CER} oberhalb von U_{CEO} angelegt werden. Diese Maximalspannungen stellen nicht nur wegen des Lawinendurchbruchs sondern auch wegen der Gefahr elektrischer Überschläge innerhalb des Transistors eine absolute obere Grenze dar. Der oberste zugelassene Sperrbereich ist in Abb.3.1 nicht eingezeichnet, da er im aktiven Betrieb über die Basis nicht angesteuert werden kann. Für den angegebenen Transistortyp sind die Spitzenspannungen auf 800 V begrenzt.

Je nach Aufheizzeit von Siliziumchip und Gehäuse darf ein Transistor im gesamten aktiven Arbeitsbereich impulsweise stärker belastet

werden als statisch, vgl. Kurve c gegenüber Kurve a in Abb.3.1.
In Abb.3.3 ist ein Diagramm zur Erweiterung der zulässigen Verlustleistung je nach Impulsdauer t_p und Wiederholfrequenz f_p angegeben. Auch der Kollektorspitzenstrom I_{Cm} darf kurzzeitig
über dem zugelassenen Dauerstrom I_C liegen.

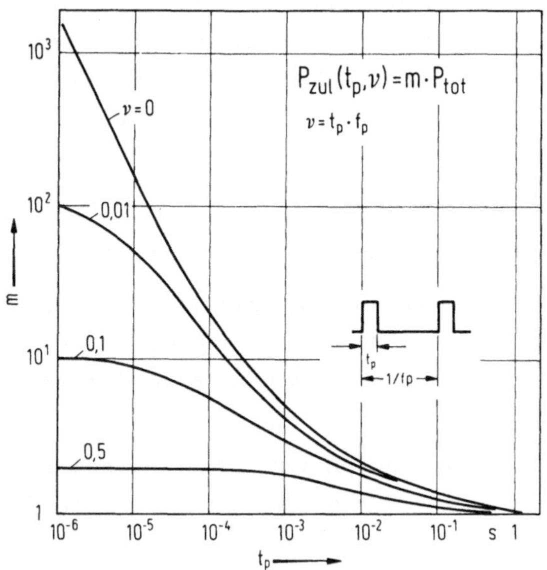

Abb.3.3. Erhöhung der zulässigen Verlustleistung $P_{zul} = m\,P_{tot}$ bei
Kurzzeitbelastung (t_p Frequenz und ν Impulsverhältnis [29])

Für Hochspannungs-Schalttransistoren wird in Abb.3.1 rechts von
U_{CEO} oft noch ein erlaubter Betriebsbereich bei höheren Spannungen und positivem Basisstrom zugelassen. Dieser Lastzustand darf
bei fließendem Emitterstrom nur während des Einschaltens für eine
kurze Zeitdauer durchlaufen werden.

Durch Anwendung der in Abschnitt 3.1.3 und 3.3 auch physikalisch
begründeten Zusammenhänge der Abb.3.2 und 3.3 läßt sich der sichere Arbeitsbereich im Ausgangskennlinienfeld für alle praktisch
vorkommenden Betriebsfälle je nach Gehäusetemperatur, Spannung,
Strom, Impulsdauer und Impulsfrequenz konstruieren. Die zulässige Verlustleistung beträgt

$$P_{zul} = k\,m\,P_{tot} \qquad\qquad (3/1)$$

mit dem kleineren der beiden k-Werte aus Abb.3.2. Ein vollstän-
diges SOAR-Diagramm, wie es in den Datenbüchern der Halbleiterhersteller üblicherweise angegeben wird, enthält gegenüber
Abb.3.1 eine größere Anzahl von Parameterkurven für den er-
laubten statischen und dynamischen Betrieb eines Transistors.

Neben dem SOAR-Diagramm sind von den Grenzwerten auch die
zulässigen Lagertemperaturen wichtig. Sie werden sowohl in Hinblick auf mechanischen Bruch des Kristalls oder Beschädigung
des Gehäuses als auch auf eine Veränderung der Langzeiteigenschaf-
ten bei großen Temperaturwechseln festgelegt.

3.1.3 Thermische Eigenschaften

Fast alle Grenzdaten und Zuverlässigkeitsfragen hängen direkt oder
indirekt mit der Temperaturverteilung innerhalb eines Transistors
zusammen. Die thermischen Eigenschaften sind deshalb von zentra-
ler Bedeutung.

Ein Transistor stellt ein kompliziertes thermisches System dar, dessen Aufbau schematisch in Abb.3.4a gezeichnet ist. Die Wärme-
quelle Q_0 liegt in der Kollektorraumladungszone, in der das Produkt aus Spannungsabfall U_{CE} und Strom I_C am größten ist. Der
Bereich ist in Abb.3.4a schraffiert gezeichnet und liegt dicht unter
der Oberfläche des Siliziumscheibchens.

Nur ein kleiner Anteil der entstehenden Verlustleistung kann über
die freie Siliziumoberfläche und die Kontakte an das Gehäuse abgegeben werden. Der größere Teil des Wärmestroms Q fließt quer
durch den Chip an die Siliziumrückseite, muß die Lot- oder Legier-
schicht durchqueren und verteilt sich schließlich auf die Bodenplatte
und das ganze Gehäuse. Bei kleinen Transistoren wird die Wärme
vom Gehäuse durch Konvektion oder Strahlung an die umgebende
Luft abgegeben. Leistungstransistoren sind elektrisch isoliert auf
ein Kühlblech aufgeschraubt.

Die einzelnen Materialschichten stellen für den Wärmestrom unterschiedliche thermische Widerstände R_{th} dar, die gemäß $R_{th} = d/(\varkappa A)$
von ihrem Wärmeleitvermögen $\varkappa$ und ihren Abmessungen d (thermischer Weg) und A (Stromquerschnitt) abhängen. Die verschiedenen

146

Transistorbestandteile besitzen aber auch eine Wärmekapazität C_{th}, die durch die spezifischen Wärmen und die beteiligten Massen festgelegt ist. Dem mechanischen Aufbau der Abb.3.4a entspricht ein thermisches Ersatzschaltbild nach Abb.3.4b. Es setzt sich, analog zu einer elektrischen Schaltung, aus Widerständen und Kapazitäten zusammen, die sich mit den einzelnen Materialschichten identifizieren lassen. Die verteilten Größen sind der Einfachheit halber zu Ersatzelementen zusammengefaßt. Ein Spannungsunterschied ist sinngemäß durch ein Temperaturgefälle, ein Strom durch den Wärmestrom Q zu ersetzen.

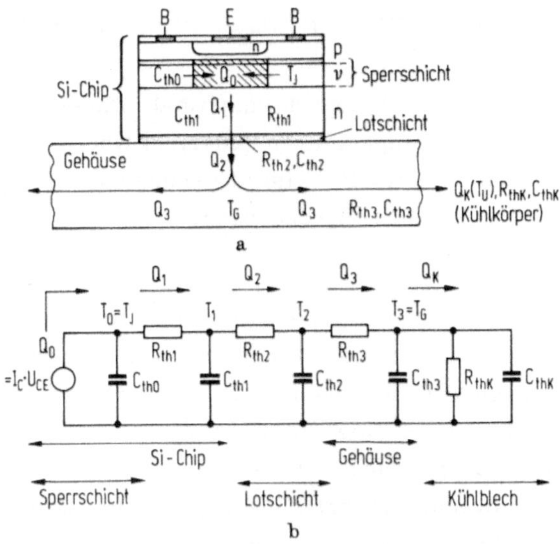

Abb.3.4. Thermisches Verhalten von Transistoren.
a) Wärmeströmung; b) einfache thermische Ersatzschaltung. R_{th} thermische Widerstände der Transistorbereiche, C_{th} Wärmekapazitäten, Q Wärmeströme und T Temperaturen

Bei statischer Wärmeleitung gilt analog zum Ohmschen Gesetz, daß der Wärmestrom dem Temperaturunterschied ΔT proportional ist:

$$Q = \frac{1}{R_{th}} \Delta T \; . \qquad (3/2)$$

Die Temperatur fällt im Transistor von ihrem Maximalwert T_J in der Kollektorsperrschicht bis zur Gehäusetemperatur T_G entsprechend den thermischen Widerständen R_{thi} der dazwischenliegenden Schichten ab. Der thermische Widerstand R_{thJG} des gesamten Transistors zwischen Sperrschicht und Gehäuse ist die Summe dieser Einzelanteile, $R_{thJG} = i \sum R_{thi}$.

Wenn nun die Sperrschichttemperatur T_J auf einen Maximalwert T_{Jmax} zwischen 125°C und 200°C begrenzt ist, läßt sich aus R_{thJG} die maximale Dauerverlustleistung P_{zul} ermitteln, die im Transistor bei einer vorgegebenen Gehäusetemperatur T_G erzeugt werden darf:

$$P_{zul} = \frac{T_{Jmax} - T_G}{R_{thJG}} = k_T \, P_{tot} \quad \text{mit} \quad k_T \leqslant 1 \, . \qquad (3/3)$$

Dieser Zusammenhang, nach dem die maximale Dauerverlustleistung P_{tot} bei höheren Temperaturen reduziert werden muß, stellt den Inhalt der Abb.3.2a dar. P_{tot} ist unabhängig von T_G durch den Transistoraufbau und den Anwendungszweck als Grenzwert festgelegt.

Bei Wechsellast ist der thermische Widerstand durch die Wärmekapazitäten C_{th} herabgesetzt. Der Wärmestrom wird nicht nur nach außen abgeführt, sondern heizt auch die Transistorbestandteile der Reihe nach auf, vgl. das Ersatzschaltbild Abb.3.4b. Über die zeitabhängige Temperaturänderung $T_y(t) - T_G = \Delta T(t)$ kann man mit (3/2) einen Impulswärmewiderstand $Z_{thJG} = \Delta T(t)/Q$ definieren, der auch ein Maß für die jeweilige Sperrschichttemperatur ist. Den typischen zeitlichen Verlauf nach Anlegen einer thermischen Last zeigt die Aufheizkurve der Abb.3.5.

Z_{thJG} kann im Höchstfall linear mit der Zeit ansteigen, wenn man nur die Aufheizung der Raumladungszone selbst und ihre Wärmekapazität C_{th0} in Betracht zieht. In der Praxis ist die Zunahme aber auch für sehr kurze Zeiten geringer, weil das aufgeheizte Volumen sich durch die Wärmeausbreitung vergrößert.

Die ausgezogene Kurve in Abb.3.5 läßt zwei Zeitkonstanten $\tau = R_{th} C_{th}$ erkennen. Eine kürzere Zeitkonstante τ_1 in der Größenordnung von einer Millisekunde läßt sich auf die Einstellung des ther-

mischen Gleichgewichts innerhalb des Siliziumchips zurückführen.
Eine Zeitkonstante τ_2 im Sekundenbereich beschreibt das Temperaturgleichgewicht mit dem Gehäuse. Erst für $t \gg \tau_2$ ist der Aufheizvorgang beendet und es darf mit dem statischen Wert R_{thJG} gerechnet werden.

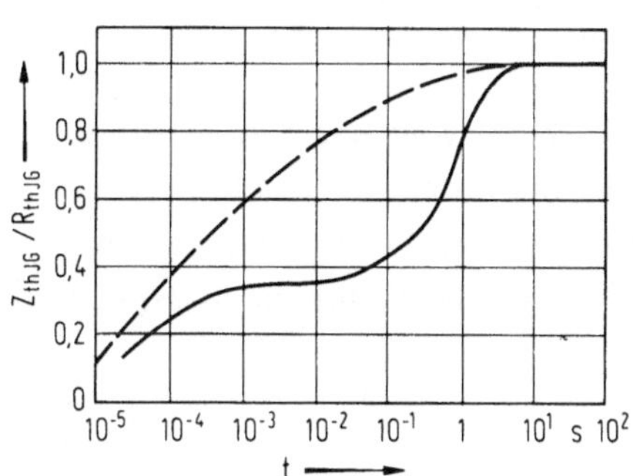

Abb.3.5. Einschwingvorgang des Impuls-Wärmewiderstandes Z_{thJG} nach Anlegen einer Dauerlast $P = I_C U_{CE}$ (Leistungstransistor). Gestrichelt der Ersatz durch eine einzige Zeitkonstante.

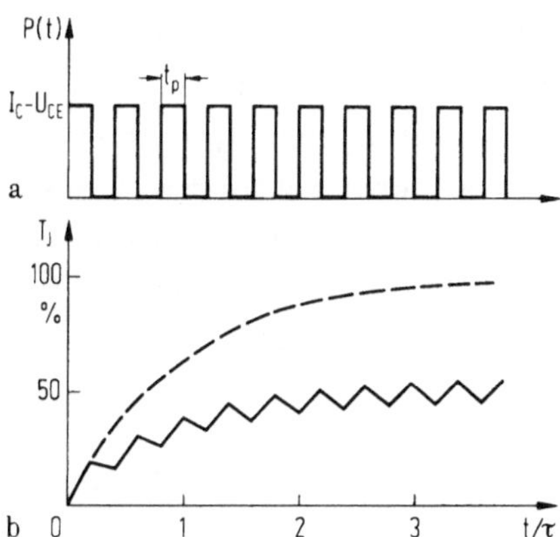

Abb.3.6. Einschwingen der Sperrschichttemperatur T_J nach Anlegen einer periodischen Impulslast $P(t)$.
a) Zeitfunktion der Wärmeerzeugung; b) zeitlicher Verlauf der Sperrschichttemperatur (gestrichelt für Dauerlast)

Technische Einschwingdiagramme, die als Grenzwerte zur Ermittlung der zulässigen Kurzzeitbelastung eines Transistors angegeben werden, zeigen meistens nur eine Zeitkonstante, vgl. die Kurve $\nu = 0$ in Abb.3.3. Dem entspricht die gestrichelte Kurve von Abb. 3.5, die einen Sicherheitsabstand zu den tatsächlichen Werten beinhaltet.

Im Falle von periodischer Impulsbelastung erhält die Sperrschichttemperatur T_J einen zeitlichen Verlauf ähnlich Abb.3.6. Nach dem

Ende des ersten Impulses kühlt die Sperrschicht bis zum Beginn des nächsten Impulses wieder ab. T_J bleibt gegenüber der gestrichelt gezeichneten Kurve des Einschaltens einer Dauerlast zurück und pendelt schließlich sägezahnförmig um einen Mittelwert. Bei sehr kurzen Impulsdauern und ebensolangen Pausen bleibt die Sperrschichttemperatur angenähert auf dem halben Maximalwert, s. auch die Kurve $\nu = 0{,}5$ in Abb.3.3 für kurze Impulse.

Der Grenzwert der dynamischen Verlustleistung eines Transistors wird entweder direkt als zeit- und frequenzabhängiger Impulswärmewiderstand oder aber dimensionslos wie in Abb.3.3 über einen Erweiterungsfaktor m angegeben mit

$$P_{zul}(t_p, \nu = t_p \cdot f_p) = m \cdot P_{tot} \quad \text{mit} \quad m \geq 1 \ . \qquad (3/4)$$

Die Messung des thermischen Widerstandes oder der zulässigen Verlustleistung eines Transistors läuft auf die Messung einer Änderung der Sperrschichttemperatur unter bestimmten Versuchsbedingungen hinaus. Zur Ermittlung von T_J nach einer Belastung kann grundsätzlich jede temperaturabhängige Transistoreigenschaft benutzt werden. Einfach zu messen ist die Abnahme der Diodenspannung nach (1/10) um 1,8 bis 2,5 mV/K. Sowohl die Emitter- als auch die Kollektordiode sind geeignet.

3.2 Sperrverhalten

3.2.1 Grundlagen

Das aussteuerfähige I_C - U_{CE}-Kennlinienfeld in Emitterschaltung endet bei einer Spannung U_{CEO}, die als Grenzwert bei offener Basis und $I_B = 0$ definiert ist. Überschreitet man die Grenze, so kann der Strom im Durchbruch unkontrolliert ansteigen. Die erreichte Durchbruch- oder Sperrspannung wird manchmal auch durch einen Index (BR) vom dazugehörenden Grenzwert unterschieden, z.B. $U_{(BR)CEO}$ anstatt U_{CEO}.

Das Durchbruchverhalten bei verschiedenen Basisbeschaltungen ist in Abb.3.7 dargestellt. Rechts an die Kurve U_{CEO} schließen sich weitere Sperrkennlinien mit $I_B < 0$ (npn-Transistor) an. Die Be-

deutung der verschiedenen Sperrspannungen und der speziellen Meßbedingungen sind bereits in der Tabelle der dazugehörenden Sperrströme in Abb.1.19 zusammengestellt.

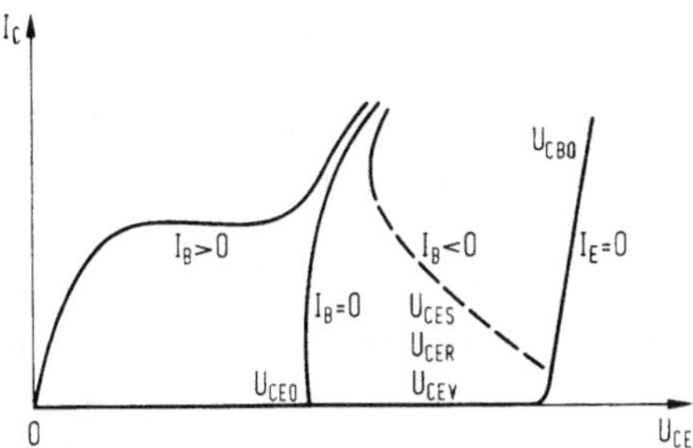

Abb.3.7. Strom- und Spannungsverläufe im Lawinendurchbruch der
Kollektordiode bei verschiedenen Basis-Emitter-Beschaltungen

Im Bereich des Durchbruchs steigen die Sperrströme an. Die Zusammenhänge zwischen I_C und U_{CE} sind beim Dioden- und beim
Injektionsdurchbruch verschieden. Die höchsten Kollektorspannungen dürfen im Falle eines Diodendurchbruchs angelegt werden. Beispiele sind U_{CBO} sowie U_{CEV}, U_{CES} und U_{CER} bei kleinen Strömen. Solange der gesamte Kollektorstrom als Diodenstrom über
den Basiskontakt herausfließen kann, injiziert der Emitter nicht,
und die Sperrspannungen stimmen überein.

U_{CBO} bei offenem Emitter ändert sich mit zunehmendem Durchbruchstrom wenig. Die anderen Durchbruchkennlinien werden als
Injektions- oder Stromdurchbrüche oberhalb einer Stromschwelle
rückläufig. Die Rückläufigkeit setzt ein, sobald der fließende negative Basisstrom ausreicht, um die Emitterdiode über Basiswiderstände oder die äußere Basisbeschaltung in Flußrichtung zu polen,
sodaß sie zu injizieren beginnt. Bei großen Strömen stimmen die
Durchbruchspannungen U_{CEO}, U_{CER}, U_{CES} und U_{CEV} schließlich
unabhängig von der Basisbeschaltung nahezu überein. Die Spannung,
die bei einem bestimmten Kollektorstrom während des Durchbruchs
am Transistor aufrecht erhalten werden kann, nennt man Halte-
oder Sustainingspannung und kennzeichnet sie mit einem Index sus,
z.B. $U_{CEOsus}(I_C)$. Diese Angabe weist normalerweise auf das
anschließend beschriebene Meßverfahren hin.

Stromdurchbrüche werden, um den Transistor nicht zu gefährden,
dynamisch mit einer Meßschaltung ähnlich Abb.3.15 untersucht.
Die Energie einer stromführenden Drossel in Serie zum durchgeschalteten Transistor läßt beim Abschalten des Transistors die
Spannung zwischen Kollektor und Emitter bis zum Durchbruch ansteigen. Während der Strom abnimmt wird die Sperrkennlinie
durchlaufen. Die Durchbruchspannung kann oszillografisch beim
gewünschten Strom abgelesen werden.

Es gibt zwei physikalisch unterschiedliche Durchbruchmechanismen,
die oberhalb einer kritischen Feldstärke E_{krit} die Anzahl der verfügbaren freien Ladungsträger erhöhen, Multiplikations- und Zenerdurchbruch. Die Feldstärkeverläufe in der Kollektordiode eines
npn- und npνn-Transistors wurden bereits in Abb.1.7 und Abb.1.8
dargestellt. Die Durchbruchprozesse konzentrieren sich jeweils
dort, wo die elektrische Feldstärke am höchsten ist. Das ist normalerweise die geometrische Grenze zwischen Basis und Kollektor.

Im Multiplikations- oder Lawinendurchbruch nehmen freie Ladungsträger in einem elektrischen Feld so viel Energie auf, daß sie durch
Stoßionisation zusätzliche bewegliche Ladungsträger erzeugen. Dieser Prozeß findet bei elektrischen Feldstärken oberhalb von
10^5 V/cm statt. Er wird in den nächsten Abschnitten detailliert beschrieben.

Beim Zenerdurchbruch werden durch das elektrische Feld gebundene
Elektronen aus dem Kristallverband herausgerissen. Die Elektronen gelangen durch Tunneleffekt aus dem Valenz- in das Leitungsband. Die erforderlichen Feldstärken sind mit 10^6 V/cm höher als
bei der Stoßionisation. Ein Zenerdurchbruch ist deshalb nur dort
wirksam, wo die Feldzone für eine Stoßionisation zu kurz ist. Für
die Praxis bedeutet es, daß ein Zenerdurchbruch nur bei sehr stark
dotierten Dioden vorkommt, z.B. bei Basis-Emitter-Durchbrüchen
von Hochfrequenztransistoren mit $U_{EBO} < 7\,V$.

Unabhängig von beiden Durchbruchmechanismen kann die maximale
Spannung auch durch den in Abschnitt 1.1.7 beschriebenen Mechanismus begrenzt sein, bei dem die Kollektorfeldzone durch die Basis bis zum Emitter durchgreift und die Kollektorspannung klammert.

3.2.2 Diodendurchbruch und Lawinenmultiplikation

Durch eine in Sperrichtung gepolte pn-Diode fließt bei kleinen und
mittleren Spannungen nur der kleine Sperrstrom. Mit zunehmender
Spannung werden die freien Elektronen und Löcher, die als Minoritätsträger in die Feldzone einströmen, so stark beschleunigt, daß
sie gebundene Valenzelektronen aus dem Kristallverband heraus-
schlagen können. Zurück bleiben positiv geladene Löcher, die als
Defektelektronen ebenfalls beweglich sind. Mit jedem Stoßvorgang
entsteht ein zusätzliches Ladungsträgerpaar, das sich seinerseits
an der Stoßionisation beteiligt. Der ursprüngliche Strom I_{CO} erhöht sich durch diesen Lawinenprozeß auf den Wert

$$I_C = M\,I_{CO} \ . \tag{3/5}$$

M ist der Multiplikationsfaktor.

Die Anzahl der Stoßprozesse eines Ladungsträgers je cm Wegstrek-
ke nennt man die Ionisationsrate α . $\alpha(E)$ nimmt stark mit der Feldstärke zu. Der experimentell ermittelte Zusammenhang kann durch
eine Exponentialfunktion oder durch eine Funktion

$$\alpha = \alpha_0 \left(\frac{E}{E_0} \right)^n \quad \text{mit} \quad n \simeq 7 \tag{3/6}$$

angenähert werden [42, 43]. Die Ionisationsrate stoßender Elektronen ist in Silizium typisch um einen Faktor 20 größer als bei Defektelektronen. Zur Deutung der grundlegenden Zusammenhänge
darf dieser Unterschied vernachlässigt werden.

Jedes Teilchen, das die Sperrschicht der Weite l durchquert, erzeugt im Mittel $\int_l \alpha(E)\,dx$ Sekundärteilchen. Das Ionisationsintegral
erstreckt sich über die ganze Feldzone. Die Beiträge im Bereich
der maximalen Feldstärke haben den dominierenden Einfluß.

Von n am Gesamtstrom beteiligten Ladungen muß nur ein Anteil
$n(1 - \int_l \alpha\,dx)$ der Sperrschicht primär zugeführt werden. Der Multiplikationsfaktor beträgt nach (3/5)

$$M = \frac{I_C}{I_{CO}} = \frac{1}{1 - \int_l \alpha\,dx} \ . \tag{3/7}$$

Wenn jedes Primärteilchen im Mittel wenigstens ein Sekundärteilchen auslöst, wird I_C von I_{CO} unabhängig. Für

$$\int_1 \alpha\, dx = 1 \qquad \text{und} \qquad M = \infty \tag{3/8}$$

bildet sich eine Trägerlawine aus. Der Strom wächst über alle Grenzen und die Durchbruchspannung ist erreicht. Ein Multiplikationsdurchbruch setzt aber neben einer hohen Feldstärke $> 10^5$ V/cm auch eine ausreichende Feldbreite als Beschleunigungsstrecke der stoßenden Ladungsträger voraus. Bei sehr starken Dotierungen beiderseits der pn-Grenze ist die Feldzone schmal und die Wegstrecke zu kurz. Das Ionisationsintegral ist deshalb zu klein. Anstelle einer Lawinenmultiplikation findet ein Zenerprozeß statt. Der Temperaturkoeffizient der Durchbruchspannung ist im Lawinendurchbruch positiv, weil bei hohen Temperaturen viele stoßende Teilchen die aufgenommene Energie ohne Ionisationsakt ans Siliziumgitter abgeben.

Bereits unterhalb der Diodendurchbruchspannung U_{CBO} ist der Sperrstrom durch den Einfluß der Lawinenmultiplikation angehoben. Empirisch wurde zwischen der Spannung U und dem Multiplikationsfaktor folgender Zusammenhang für Germaniumdioden ermittelt (Miller-Gleichung, [44]):

$$M(U) = \frac{1}{1 - \left(\dfrac{U}{U_{CBO}}\right)^{\nu}} \qquad \text{für} \qquad U < U_{CBO}. \tag{3/9}$$

ν hängt von Material und Transistortechnologie ab. Für Siliziumtransistoren ergibt sich eine Übereinstimmung mit der Praxis nur angenähert. Im Falle eines npn-Transistors, in dem Elektronen den Lawinenprozeß auslösen, muß $\nu \simeq 4$ betragen.

Eine einfache Abschätzung der Durchbruchspannung ist für einen unsymmetrischen abrupten pn-Übergang mit dreieckförmiger Feldverteilung ähnlich Abb.1.7 möglich. Aus $U = 1/2\,E_{max}\,l$, (3/6) und (1/15) errechnet sich für eine Störstellenkonzentration N der schwächer dotierten Seite als Lösung des Ionisationsintegrals (3/8) die Maximalspannung

$$U_{CBO} \sim \left(\frac{1}{N}\right)^{\frac{n-1}{n+1}} \simeq \frac{1}{N^{0,7}} \ . \qquad\qquad (3/10)$$

Die Durchbruchspannung nimmt mit abnehmender Dotierungsdichte
N zu. Der Zusammenhang ist durch die Gerade in Abb.3.8 dargestellt und stimmt mit den Meßergebnissen gut überein.

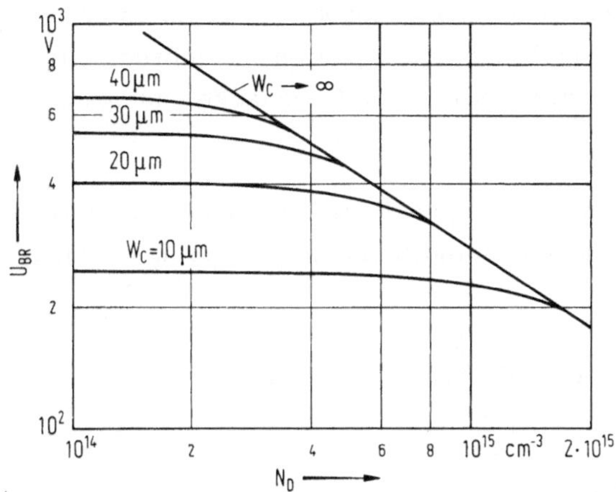

Abb.3.8. Durchbruchspannung U_{BR} einer Diode in Abhängigkeit von
der Dotierung N_D bei verschiedenen Ausdehnungen $W_C = W_{epi}$ der
schwächer dotierten Zone (unsymmetrischer, abrupter pn-Übergang, $N_D \ll N_A$ [23], S. 200)

Bei npνn-Transistoren ist die Ausdehnung der Feldzone durch die
Dicke der ν-Schicht begrenzt. Die Feldzone hat den in Abb.1.8 dar-
gestellten Verlauf. Die Durchbruchspannung unter Berücksichtigung
der geänderten Feldverteilung ist für verschiedene Werte von W_C
ebenfalls in Abb.3.8 gezeichnet. U_{CBO} ist bei gleicher Dotierungsdichte gegenüber der unendlich ausgedehnten Diode nach (3/10) herabgesetzt. Bei kleinen Konzentrationen von N strebt U_{CBO} einem
Endwert zu, der einer konstanten Feldverteilung $E = E_{krit}$ in der
ν-Zone entspricht. In diesem Grenzfall nimmt aber U_{CBO} nicht
proportional mit W_C sondern schwächer zu, da in einer dickeren
Feldzone wegen der längeren Wege mehr ionisierende Stöße stattfin-
den.

3.2.3 Strom- oder Injektionsdurchbruch

Bei fließendem Emitterstrom ist die Kollektor-Emitter-Durchbruch-
spannung gegenüber einem Diodendurchbruch durch die Wechselwirkung der Lawinenmultiplikation mit der Minoritätsträgerinjektion
herabgesetzt. Die primär in der Feldzone durch Lawinenstöße ge-
bildeten Defektelektronen driften in die Basis und wirken ebenso
wie ein äußerer Basisstrom. Sie lösen einen entsprechend der Stromverstärkung B größeren Elektroneninjektionsstrom am Emitter aus.
Die zusätzlichen Elektronen erhöhen wiederum das Angebot der
Stoßpartner. Deshalb wird im Injektionsdurchbruch ein vorgegebener Kollektorstrom bei kleinerer Feldstärke und Spannung aufrecht
erhalten.

Ein Strom $I_C = AI_E + I_{CBO}$ nach (1/45) erhöht sich unter Berücksichtigung einer Lawinenmultiplikation auf $I_C = M A I_E + M I_{CBO}$ oder

$$I_C = \frac{MA}{1 - MA} I_B + \frac{M}{1 - MA} I_{CBO} \; . \qquad (3/11)$$

Der Durchbruchzustand ist erreicht, wenn I_C über alle Grenzen
wächst, d.h. für

$$MA = 1 \quad \text{oder} \quad M = \frac{B + 1}{B} \; . \qquad (3/12)$$

Durch Elimination von M läßt sich mit (3/7) das für den Stromdurchbruch erforderliche Ionisationsintegral

$$\int_1 \alpha \, dx = \frac{1}{B + 1} \qquad (3/13)$$

errechnen, das gegenüber dem Fall eines Diodendurchbruchs entsprechend der Stromverstärkung kleiner ist.

Die geringste Sperrfähigkeit wird bei offener Basis oder positivem
Basisstrom erreicht. Aus (3/9) und (3/12), oder aber analog zu
(3/10) mit dem Ionisationsintegral aus (3/13), errechnet sich folgender Zusammenhang zwischen den Spannungen im Dioden- und im
Stromdurchbruch,

$$U_{CEO} = \frac{U_{CBO}}{\sqrt[4]{B+1}} \, , \qquad\qquad (3/14)$$

für npn-Transistoren. Das Verhältnis von U_{CBO} und U_{CEO} ist in der Praxis gegenüber dem theoretischen Wert häufig durch Oberflächeneinflüsse herabgesetzt (Abschn.3.2.5). Bei Si-pnp-Typen liegen die Werte dichter zusammen als bei npn-Transistoren. Da die Stromverstärkung B selbst stromabhängig ist, hat U_{CEO} ein flaches Minimum, das im Bereich des Stromverstärkungsmaximums liegt. Über die Zunahme von B mit der Temperatur wird der positive Temperaturkoeffizient der Lawinenmultiplikation beim Stromdurchbruch zum Teil kompensiert.

Alle anderen Durchbruchspannungen liegen je nach Kollektorstrom, Basisbeschaltung und Betrag des negativen Basisstroms zwischen den Grenzen U_{CBO} und U_{CEO}. Die Spannungen sind größer als U_{CEO}, da der injektionsunwirksame negative Basisstrom I_B die effektive Stromverstärkung in (3/14) verkleinert. Für den Injektionsstrom I_{Cd} steht nur ein Anteil I_{Cd}/B des Lawinenlöcherstroms zur Verfügung, während die restlichen Löcher über den Basiskontakt als I_B abfließen. Diese Abschätzung ergibt

$$B_{eff} = \frac{I_{Cd}}{I_B + I_{Cd}/B} = \frac{I_C - I_B}{I_C + I_B(B-1)} \, B$$

und mit (3/14) eine Durchbruchspannung

$$U_{BR} = U_{CBO} \sqrt[4]{\frac{I_B B + (I_C - I_B)}{I_C B + (I_C - I_B)}} \, . \qquad\qquad (3/15)$$

Bei offener Basis ist $I_B = 0$ und $U_{BR} = U_{CEO}$, bei offenem Emitter ist andererseits $I_B = I_C$ und $U_{BR} = U_{CBO}$.

Zahlenbeispiel:
In einem npn-Transistor mit $U_{CBO} = 100\,V$ und $B = 100$ ist $U_{CEO} = 32\,V$. Mit einem Basisinnenwiderstand R_B von $50\,\Omega$ und einem Basis-Emitter-Widerstand R_{BE} von $100\,\Omega$ stelle sich eine positive Spannung $U_{BE} = 0,5\,V$ ein, die einen negativen Basisstrom $I_B = U_{BE}/(R_B + R_{BE}) = 3,3\,mA$ bedeutet. Bei $I_C = 100\,mA$ ergibt sich

eine Durchbruchspannung U_{CER} (100 mA, 100 Ω) = 45 V. Wird an die Basis dagegen eine negative Vorspannung von U_{BB} = 5 V mit dem Innenwiderstand 0 Ω geschaltet, so kann der negative Basisstrom Werte bis $I_B = (U_{BB} + U_{BE})/R_B$ = 110 mA erreichen. Wegen $I_B \geqslant I_C$ ist in diesem Fall U_{CEV} (100 mA, -5 V) = U_{CBO} = 100 V.

3.2.4 Sperrströme

In einem gesperrten Transistor fließt durch die Kollektordiode nur ein kleiner Reststrom, der von der Basisbeschaltung abhängt (Abbn. 1.18 und 1.19). Dieser Strom ist bei Siliziumtransistoren theoretisch in der Größenordnung von Nanoamperes. Er beeinträchtigt damit weder die Zuverlässigkeit noch die Funktion in einer Schaltung.

Die physikalische Ursache dieser Restströme sind Störungen der Minoritätsträgerdichten in neutralen Gebieten oder in Raumladungszonen des Halbleitervolumens. Während eine erhöhte Konzentration nach Abschnitt 2.1.1 durch Rekombinationsprozesse abklingt, gleicht sich eine zu niedrige Minoritätsträgerdichte durch Generationsvorgänge wieder an den Gleichgewichtszustand an. In Umkehrung der Rekombination entstehen dabei zusätzliche Elektron-Loch-Paare, die im stationären Fall zum Sperrstrom beitragen. Die Minoritätsträgerdichten sind durch das elektrische Feld der Raumladungszone gestört.

Ein einem guten Planartransistor hängen die Sperrströme tatsächlich nur von diesen Mechanismen ab und nehmen erst bei Spannungen in der Nähe des Lawinendurchbruchs zu. Bei anderen Transistoren findet man aber häufig auch weit unterhalb der Durchbruchspannung Sperrströme, die um Größenordnungen höher liegen und durch die Fertigungstechnologie bedingt sind. Sie gehen auf die Eigenschaften der Halbleiteroberfläche zurück und müssen, da sie die Zuverlässigkeit der Transistoren beeinträchtigen, zusätzlich zu den Maximalspannungen eingegrenzt werden. Die verschiedenen Stromkomponenten sind anschließend analysiert.

Trägergeneration im neutralen Volumen

Die Trägererzeugung im Halbleitervolumen und ihr Einfluß auf die Sättigungsstromdichte I_{CS} wurde bereits in Abschnitt 1.2 betrach-

tet. In einer gesperrten Kollektordiode fließt I_{CS}, weil Minoritätsträger am Rande der Raumladungszone durch das elektrische Feld
fortgeschwemmt und über einen Diffusionsstrom aus dem neutralen
Volumenbereich ersetzt werden. Analog zu (1/37) gilt

$$I_{CS} = I_{CSn} + I_{CSp} = e \, A \, n_i^2 \left(\frac{D_B}{W_B N_B} + \frac{D_C}{L_C N_C} \right) . \qquad (3/16)$$

Der Volumen-Generationsstrom ist ein Sättigungsstrom, da er theoretisch nicht von der Sperrspannung abhängt. Seine Temperaturabhängigkeit ist eine Folge der exponentiellen Zunahme von n_i^2 mit T,
s. (2/5). I_{CS} verdoppelt sich typisch bei einer Temperaturzunahme
um 10 bis 15 K. In einem guten Planartransistor stellt I_{CS} oberhalb
von 175° C den größten Anteil des Sperrstroms (Abb.3.9).

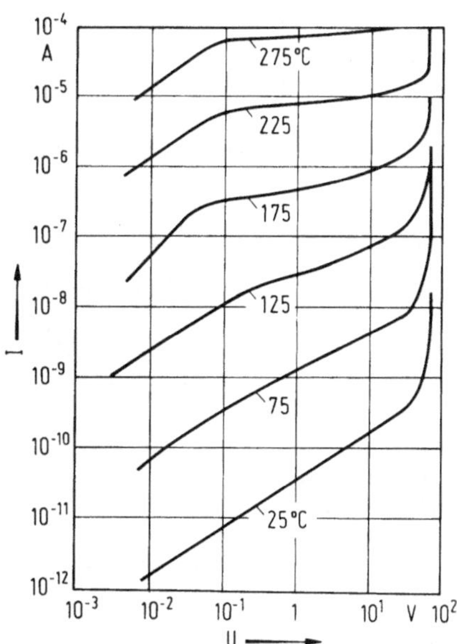

Abb.3.9. Sperrstrom einer guten
Silizium-Planardiode bei verschiedenen Temperaturen in Abhängigkeit von der anliegenden
Sperrspannung ([23], S. 178)

Trägergeneration in der Sperrschicht

Innerhalb der Feldzone besteht eine extrem starke Verarmung an
freien Ladungsträgern, sodaß Generationsprozesse begünstigt sind.
Analog zum Fall der Rekombination nach (2/7) ist bei gesperrter
Diode

$$I_R = e \, A \, l \, \frac{n_i}{2\tau_0} .$$

Die Sperrschichtweite l nimmt nach (1/15) mit der anliegenden
Sperrspannung zu. Mit dem Sperrschichtvolumen erhöht sich auch
der Generationsstrom, vgl. die Kurven in Abb.3.9 bei Zimmertemperatur. Die Temperaturabhängigkeit $I_R \sim n_i$ ist schwächer als
die von $I_{CS} \sim n_i^2$. I_R stellt bei Zimmertemperatur den dominierenden Anteil des gesamten Sperrstroms eines Silizium-Planartransi-
stors und wird erst bei Temperaturen oberhalb von 100°C von I_{CS}
überdeckt.

Leckströme

Unter dem Begriff Leckstrom sind hier die erhöhten Sperrströme
realer Transistoren zusammengefaßt, die auf Oberflächen- oder Vo-
lumeneffekte zurückgehen. Typische Sperrkennlinienverläufe sind
in Abb.3.10 zusammengestellt.

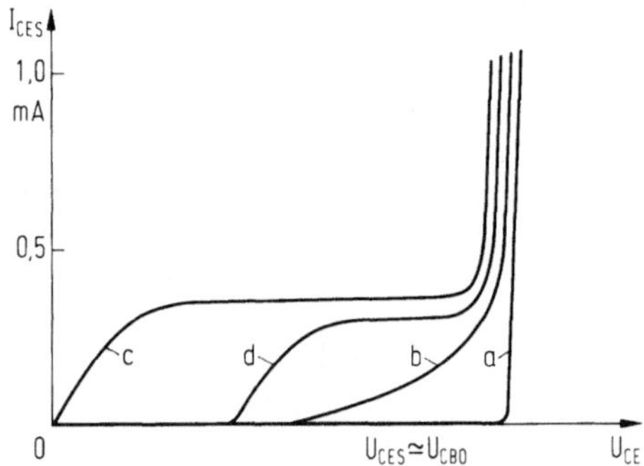

Abb.3.10. Spannungsabhängigkeit der Sperrströme in einem realen
Transistor.
a) Regulärer Durchbruch; b) runde Durchbruchskennlinie; c) Chan-
nel-Kennlinie; d) Pipe-Kennlinie

In Kurve a, einer einwandfreien Sperrstromkennlinie, ist der Durchbruch scharf und ein Sperrstrom im gezeichneten Maßstab nicht sichtbar. Die Sperrstromkurve b ist rund und läßt sich mit Frühdurch-
brüchen an Schwermetallabscheidungen im Kristallgitter erklären,
z.B. an Verunreinigungen durch Kupfer, an denen die elektrische
Feldstärke im Volumen örtlich erhöht ist. Ein großer Kohlenstoffge-
halt ist die Ursache ähnlich wirkender Komplexe, die an der Halbleiteroberfläche sichtbar gemacht werden können (swirls, [45]).

160

Ein Sperrstromverlauf nach Kurve c kommt zustande, wenn sich
an der Halbleiteroberfläche durch Oberflächenladungen eine Inversionsschicht ausgebildet hat, s. Abb.3.11. Solche Ladungen entstehen durch Metallionen im Oxid, z.B. durch N_a^+-Ionen [46]. Ihre
Ladung ist durch die gleiche Anzahl zusätzlicher Ladungsträger im
Halbleiterinneren kompensiert. Ebenfalls positive ortsfeste Ladungen entstehen während der Oxidation an der Grenzfläche zwischen
Silizium und Oxid. Auch Fremdstoffe, die außen an das Oxid ange-
lagert sind, beeinflussen über ihre Kompensationsladungen die Trägerdichten an der Oberfläche und können zur Entstehung einer Inversionsschicht beitragen.

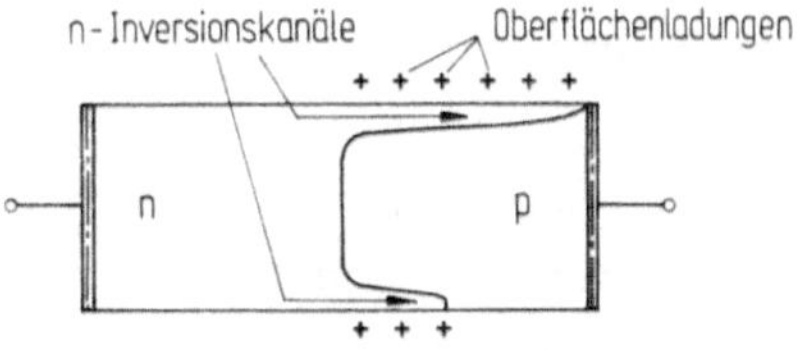

Abb.3.11. Oberflächenleitfähigkeit
und Oberflächenladungen in einer
Siliziumdiode

Diese Oberflächenschicht vergrößert einmal, abhängig von der anliegenden Sperrspannung, die Ausdehnung des pn-Übergangs. Damit sind auch die Generationsvorgänge im neutralen Volumen und
in der Raumladungszone erhöht. Reicht der Inversionskanal von
der geometrischen pn-Grenze bis zum gegenüberliegenden Kontakt,
so entsteht entlang der Oberfläche eine direkte leitende Verbindung
(channel). Der fließende Leckstrom addiert sich zu den Sperrströmen. Hinzu kommt aber durch den Spannungsabfall im leitenden
Kanal ein Abschnüreffekt, der den effektiven Stromquerschnitt begrenzt und zu einer Sättigungscharakteristik führt.

Bei Sperrkennlinien vom Typ der Kurve d setzt der erhöhte Strom
erst oberhalb einer Spannungsschwelle ein. Diese Spannung ist auf
lokale Frühdurchbrüche zurückzuführen. Die elektrische Feldstärke
ist z.B. an der Grenze örtlicher Oberflächenladungen durch Rand-
krümmung der Potentialverteilung erhöht, wie es an der Unterseite
der Diode in Abb.3.11 angedeutet ist. Der Randkrümmungseffekt
wird im nächsten Abschnitt beschrieben. Sperrstromverläufe nach
Kurve d kommen auch durch lineare Kristallstörungen zwischen
Emitter und Kollektor zustande (pipes). Dabei ragt entweder die

Emitterfront örtlich in die Basis hinein oder ein Teil der Kollektorfeldzone ist durch einen leitenden Kanal überbrückt. Auch diese
Sperrstromanteile haben in der Regel Sättigungscharakter.

3.2.5 Technische Besonderheiten hochsperrender Transistoren

Die durch spezifischen Widerstand und Dicke einer schwach dotierten Kristallzone festgelegte Durchbruchspannung wird in der Praxis
häufig durch Oberflächeneffekte verringert [23]. Die zulässige Kollektorspannung eines Epitaxial-Planartransistors mit diffundierter
Basiszone ist z.B. durch die Krümmung der Diffusionsfront an der
seitlichen Diffusionsgrenze herabgesetzt [47]. Begründung: Auch im
Krümmungsbereich besteht Ladungsgleichgewicht zwischen den ionisierten Dotierungsatomen beiderseits der pn-Grenze. Im Vergleich
zu einer ebenen Diode verlagert sich dort der Schwerpunkt der Feldzone wegen der abnehmenden lateralen Abmessungen von der ν-
Schicht in Richtung auf das stärker dotierte p-Gebiet der Basis.
Die Feldzone ist deshalb schmaler und die maximale Feldstärke
bei gegebener Spannung größer. Die elektrische Feldstärke ist umso größer, je enger der Krümmungsradius, je flacher also die Diffusion ist. Als Zahlenbeispiel wird eine Durchbruchspannung, die nach
Abb.3.8 für $N_D = 10^{15}\,\mathrm{cm}^{-3}$ nahezu 250 V betragen sollte, bei
3 μm Diffusionstiefe durch den Krümmungseffekt auf unter 100 V her-
untergesetzt.

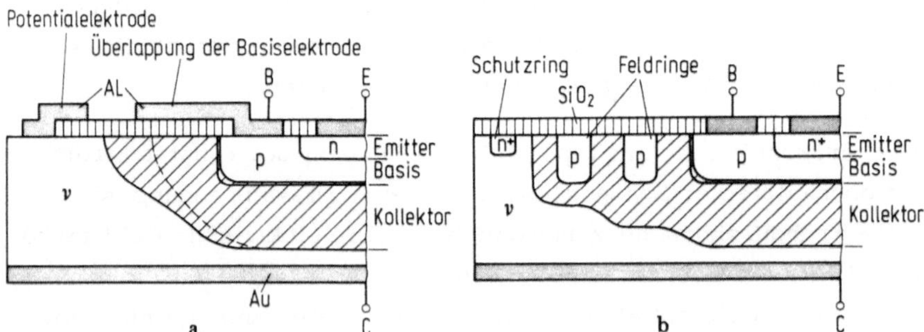

Abb.3.12. Technische Ausführung hochsperrender Transistoren (Kollektorraumladungszone schraffiert, n$^+$-Kollektor nicht gezeichnet)

Die Durchbruchspannung wird auch durch die Oberflächenladungen
herabgesetzt, deren Einfluß auf die Sperrströme bereits im vorher-

gehenden Abschnitt beschrieben wurde. Die positiven Oxidladungen
addieren sich nahe der Oberfläche zur Ladung der Donatoren. Ihre
frei beweglichen Kompensationsladungen beteiligen sich an den La-
winenstößen und verringern die Durchbruchspannung.

Bei der Transistorherstellung gibt es eine Reihe technologischer
Maßnahmen, um Oberflächeneinflüsse auf das Sperrverhalten zu reduzieren. Einige von ihnen sind in Abb.3.12 zusammengestellt. Sie
werden je nach Anforderung einzeln oder kombiniert eingesetzt.

In Abb.3.12a überlappt die Basismetallisierung als Feldelektrode
den hochohmigen Kollektor auf dem Oxid*. Die Metallschicht liegt
gegenüber dem Kollektor auf negativem Potential. In der darunterliegenden Kollektorzone werden die freien Elektronen ins Innere der
ν-Schicht abgedrängt, ihre Dichte unmittelbar an der Oberfläche ist
geringer. Dadurch wird ein eventueller Einfluß positiver Oxidladungen auf die Durchbruchspannung überkompensiert. Auch der Randkrümmungseffekt, dem ohne Feldelektrode die gestrichelte Raumla-
dungsgrenze entsprechen würde, hat weniger Einfluß.

Am Außenrand des Siliziumchips ist ebenfalls eine Metallelektrode
gezeichnet, die das Oxid auf dem ν-Gebiet überlappt und auf Kollek-
torpotential liegt. Wenn die Spannung im Halbleiter entlang der
Oberfläche vom Kollektor zur Basis abfällt, liegen unter dem Metall negative Influenzladungen und eine Anreicherungsrandschicht.
Ein möglicher Leckstromkanal durch parasitäre Inversionsschichten
ist unterbrochen.

Der Transistor in Abb.3.12b hat neben der p-dotierten Basiswanne
zwei weitere schmale p-Zonen [48]. Diese Feldringe umschließen
den gesamten Basisbereich und werden mit der Basis gemeinsam
diffundiert. Der Spannungsabfall zwischen Kollektor und Basis wird
an der Oberfläche heruntergeteilt. Innerhalb eines Feldrings ist die
Spannung konstant. Dazwischen kann die Feldstärke Maximalwerte
erreichen, die sich über den Abstand der Ringe und über die Dotierung einstellen lassen.

Erhöhte Sperrströme durch Inversion der Oberfläche sind in Abb.
3.12b durch eine zusätzliche Schutzringdiffusion vermieden (guard-
ring). Diese wird gemeinsam mit dem Emitter hergestellt und um-

---

* „extended base"

schließt das gesamte Transistorsystem. Die Dotierung ist stark genug, um eine oberflächennahe Inversion des Dotierungscharakters zu verhindern.

Bei Spitzenspannungen oberhalb von 500 V hat ein Mesatransistor nach Abb.4.8a gegenüber einem Planartyp nach Abb.3.12a und b Vorteile. Der Randkrümmungseffekt entfällt, da die pn-Grenze zwischen Basis und Kollektor geradlinig an der Mesakante endet. Die gezeichnete negative Anschrägung hat den Vorteil, daß der Spannungsabfall entlang der Oberfläche über eine größere Strecke erfolgt, und die maximale Feldstärke an der Oberfläche kleiner ist.

In der üblichen Mesaanordnung (Abb.4.7a) ist der Mesagraben von der Emitterseite her bis zum n^+-Subkollektor hineingeätzt. Dabei fehlt der Vorteil einer negativen Kantenschräge. Man kann den Graben jedoch mit einer speziellen Glasschicht auskleiden, die ortsfest negative Ladungen enthält, deren Kompensationsladungen die Dichte der freien Ladungen und die maximale Feldstärke im Oberflächenbereich ebenfalls verringern (s. Glaspassivierung).

Oberflächenladungen und ihren Einfluß auf die maximale Feldstärke versucht man auch, mit besonderen Passivierungsschichten ganz zu beseitigen. Beim SIPOS-Verfahren ist die Halbleiteroberfläche nicht von einer Oxidschicht, sondern mit einer geeignet dotierten Polysiliziumschicht abgedeckt [49]. Fremdionen bzw. ihre Kompensationsladungen können durch diese halbisolierende Schicht hindurch driften und sich gegenseitig neutralisieren.

Die Feldstärke in der Luft außerhalb des Siliziums ist entsprechend der geringeren Dielektrizitätskonstante etwa zehn mal höher. Um elektrische Überschläge an der Oberfläche zu vermeiden, müssen die Mesakanten hochsperrender Transistoren durch Lack (Silikonkautschuk) abgedeckt sein.

3.3 Zweiter Durchbruch

3.3.1 Inhomogene Temperaturverteilung [50]

In Abschnitt 3.1.3 wurde zur Berechnung der zulässigen Verlustleistung eine homogene Temperaturverteilung im Transistor voraus-

gesetzt. Der Strom ist aber nicht gleichmäßig über die Transistorfläche verteilt. Die Verlustleistung entsteht nur dort, wo ein Strom
durch die Kollektorraumladungszone fließt.

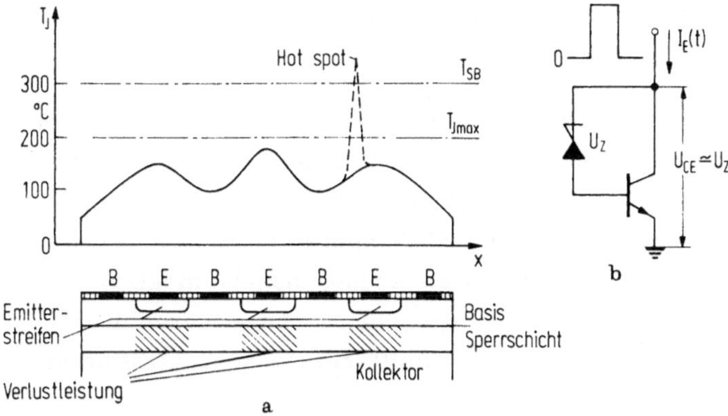

Abb.3.13. Temperaturverteilung und zweiter Durchbruch im aktiven
Bereich.
a) Temperaturverteilung entlang einer Fingerstruktur bei Belastung; ausgezogen: zulässiger Betrieb; gestrichelt: mit Hot-Spot;
b) Meßprinzip mit definierter Strom-Spannungs-Einprägung

Die ortsabhängige Temperatur läßt sich z.B. ermitteln, indem man
mit Hilfe der emittierten Ultrarotstrahlung ein Bild der Halbleiteroberfläche entwirft. Die Temperaturverteilung entlang des Schnittes
durch einen Transistorchip unter thermischer Belastung zeigt schematisch die Abb.3.13a. Die Temperaturhöcker sind durch die Lage
der Emitterfinger bedingt, wo auch der Injektionsstrom lokalisiert
ist. Diese ausgeprägten Temperaturunterschiede findet man bei re-
gulärem Betrieb nur in Transistoren großer Leistungsdichte, etwa
in Hochfrequenz-Leistungstransistoren [51].

Auch innerhalb der Emitterbereiche gibt es verschiedene Ursachen
einer ungleichmäßigen Strom- und Temperaturverteilung. Zusätzlich zur bekannten Emitterrandverdrängung sind Unregelmäßigkeiten in der Stromdichte auch durch die Form der Emitterstruktur,
etwa durch Spannungsabfälle entlang der Emitterfinger, bedingt. Ausgangspunkt können aber auch geringfügige Herstellungsfehler sein,
die beispielsweise durch Kristall-, Masken-, Justier- oder Foto-
technikfehler zustande kommen.

In Abb.3.13a ist mit dem größeren Höcker in der Mitte angedeutet,
daß die Temperatur wegen der ungünstigeren lateralen Wärmeableitung im Zentrum eines Transistorsystemes erhöht ist. Auch Bereiche, in denen das Siliziumplättchen schlecht auf die Bodenplatte auflegiert oder gelötet ist (Lunker), geben Anlaß zu einem Wärme-
stau [52].

Wie im nächsten Abschnitt gezeigt wird, erhöht sich mit der Temperatur wiederum die Kollektorstromdichte. Alle Temperaturunterschiede verstärken sich durch eine thermisch-elektrische Verkopplung zwischen Stromdichte und Temperatur. Bei größeren Leistungsdichten, wie sie bei hohen Betriebsspannungen möglich sind, kann
sich die Emitterrandverdrängung des Stromes durch die ungünstige
Wärmeableitung auch in eine Emittermittenkonzentration umwand-
deln [53].

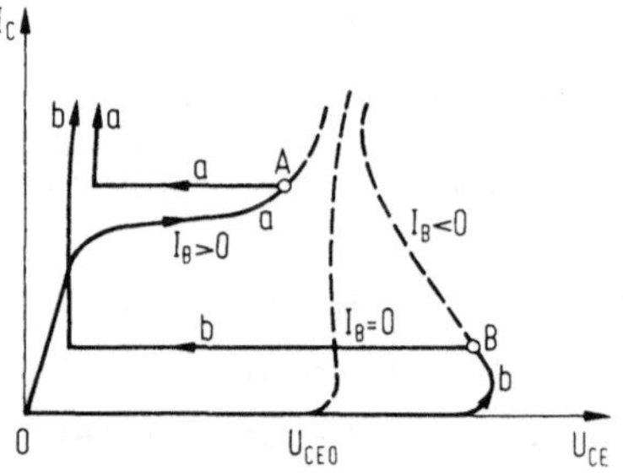

Abb.3.14. Strom-Spannungs-Ver-
lauf im zweiten Durchbruch.
a) Aktiver Bereich, $U_{CE} < U_{CEO}$,
$I_B > 0$; b) Sperrbereich,
$U_{CE} > U_{CEO}$, $I_B < 0$

Die Wechselwirkung führt bei weiterer Leistungserhöhung schließlich
dazu, daß Strom und Verlustleistung sich auf immer kleinere Kristallbereiche konzentrieren, in denen die Sperrschichttemperatur
weit über dem Mittelwert liegt (hot spot). Oberhalb einer Trigger-
temperatur wird die Stromverteilung instabil. Der Strom schnürt
sich im zweiten Durchbruch auf eine Minimalfläche ein. Als Folge
der hohen Leistungsdichte bricht die Kollektor-Emitter-Spannung
örtlich zusammen. Diese Grenzbedingung ist im Ausgangskennlinienfeld der Abb.3.14 in Punkt A der Kennlinie erreicht. Wenn der
Strom nicht durch die äußere Schaltung begrenzt ist, steigt er wie
in einem ersten Durchbruch, dem Lawinendurchbruch, stark an. Man
nennt diese Art des thermischen Durchbruchs auch zweiter Durchbruch bei flußgepolter Eingangsdiode mit $I_B > 0$ und $U_{CE} < U_{CEO}$

166

(forward second breakdown). Er begrenzt die zulässige Leistung
des Transistors im aktiven Arbeitsbereich bei Spannungen unterhalb des Lawinendurchbruchs.

Die Widerstandsfähigkeit gegen den thermischen zweiten Durchbruch wird gemessen, indem man den Transistor mit Impulsen vorgegebener Spannung, festem Strom und festgelegtem Zeitprogramm
entsprechend einer thermischen Belastungsprüfung beschaltet, s.
das Meßschema in Abb.3.13b. Die Spannung wird in der Praxis am
bequemsten über eine Zenerdiode zwischen Kollektor und Basis des
Prüflings auf den gewünschten Wert $U_{CE} \simeq U_Z < U_{CEO}$ festgehalten. Der Strom läßt sich unabhängig von der Spannung über den
Emitter einprägen. Kriterium für das Eintreten des zweiten Durchbruchs ist entweder die Abnahme von U_{CE} oder der Verlust der
Steuerfähigkeit des Transistors, die über die Kontrolle von Basisstrom oder Basis-Emitter-Spannung gemessen werden kann. Da nach
dem Einsetzen des zweiten Durchbruchs der Prüfling nur schwer
vor Zerstörung geschützt werden kann, ist die Anzeige heißer Punk-
te an der Siliziumoberfläche mit dem Ultrarotmikroskop vorteilhafter. Dazu muß eine Prüfgrenze $T_{SB} \geq T_J$ für Hotspotbildung definiert werden, wie es in Abb.3.13a angedeutet ist.

Durchläuft man nach Abb.3.14 eine Sperrkennlinie mit $I_B = \text{const} < 0$
bei zunehmender Spannung bis zum ersten Durchbruch, so wird bei
fließendem Durchbruchstrom an einem Punkt B ebenfalls ein insta-
biler Zustand erreicht. Die Spannung geht auf kleine Werte zurück,
und der Strom hängt nur noch von der äußeren Schaltung ab. Dieser
zweite Durchbruch setzt eine gesperrte Emitterdiode und ein Überschreiten der Durchbruchspannung voraus (reverse second breakdown). Die Instabilität der Kollektorspannung wird durch einen rein
elektrischen Mechanismus, durch die Lawinenmultiplikation, ausge-
löst. Im Ergebnis sind beide Typen des zweiten Durchbruchs kaum
zu unterscheiden.

Bei der praxisnahen Messung der Festigkeit gegen den zweiten
Durchbruch im Sperrbetrieb liegt eine definierte Induktivität L in
Reihe zum Kollektor des Prüflings (Abb.3.15a). Wird der Transistor bei einem bestimmten Spulenstrom I_C abgeschaltet, so steigt
die Kollektorspannung wegen der Trägheit des magnetischen Feldes

nach dem Induktionsgesetz bis zur Durchbruchspannung U_{BR} = = U_{CERsus} an. Bei abnehmendem Strom wird mit ΔI_C = = $-(1/L)U_{CERsus}\Delta t$ die betreffende, von der Basisbeschaltung abhängende Sperrkennlinie des Transistors durchlaufen, und die gesamte Spulenenergie im Durchbruch an den Transistor übertragen. Tritt der zweite Durchbruch ein, so bricht die Spannung zusammen, bevor der Strom zu Null abgenommen hat (Abb.3.15b und c).

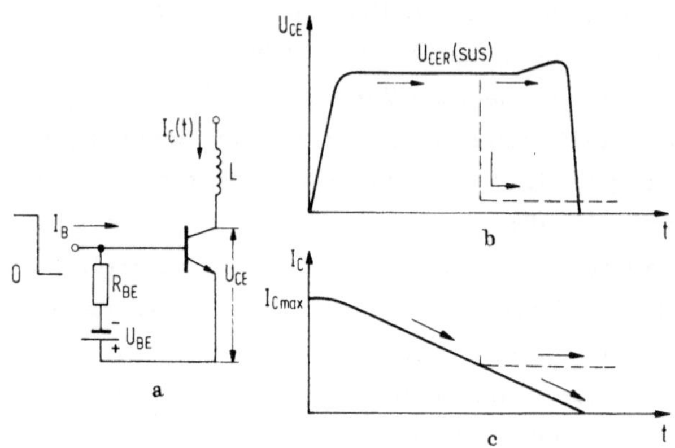

Abb.3.15. Zweiter Durchbruch bei gesperrter Emitterdiode.
a) Meßprinzip mit geschalteter Drossel L; b) Durchbruchspannung U_{CERsus} als Funktion der Zeit; c) Kollektorstrom als Funktion der Zeit (gestrichelt nach Eintritt des zweiten Durchbruchs)

3.3.2 Zweiter Durchbruch im aktiven Arbeitsbereich

Ursache des zweiten Durchbruchs ist bei Spannungen unterhalb von U_{CEO} eine thermische Instabilität, die sich von dem in Abschnitt 3.1.1 erwähnten thermischen Driften der Kenndaten unterscheidet. Ausgangspunkt ist eine Stromeinschnürung, die durch einen thermisch-elektrischen Wechselwirkungsmechanismus zustande kommt und die Leistungsdichte lokal erhöht.

Eine minimal erhöhte Stromdichte bedeutet auch eine erhöhte Verlustleistung und eine höhere Temperatur. Die Temperaturänderung wirkt auf die Dichte des Injektionsstroms am Emitter zurück. Die Emittersperrschicht wird vom Kollektor her örtlich über den mittleren Wert aufgeheizt. Dadurch ist die Emitterstromdichte wegen

168

(1/21) einmal über die Temperaturabhängigkeit von n_i nach (2/5)
erhöht. Gleichzeitig ist die Diodenflußspannung örtlich im Vergleich zu den benachbarten Gebieten herabgesetzt. Die Stromdichte
nimmt lokal auf Kosten der kälteren Kristallbereiche zu. Verlustleistung und Temperatur steigen weiter an, der thermisch-elektrische Rückkopplungskreis ist geschlossen.

Eine Instabilität der Stromverteilung und ein zweiter Durchbruch
setzen aber erst ein, wenn innerhalb des Hotspots eine Triggertem-
peratur überschritten wird. Zur Abschätzung denke man sich einen
stromführenden Kanal, in dem stationär jede Verlustleistungszunahme eine entsprechend vergrößerte Wärmeableitung zur Folge
hat.

Die Verlustleistungszunahme $(\Delta P)_{pos}$ in einer Strombahn vom
Querschnitt A beträgt mit dem Temperaturkoeffizienten dJ/dT
der Stromdichte J bei einer Temperaturerhöhung ΔT nach (1/21)

$$(\Delta P)_{pos} = \frac{dJ}{dT} A\, U_{CE}\, \Delta T \; . \qquad (3/17)$$

Diese Zusatzleistung muß durch Wärmeleitung zu einer Wärmesen-
ke ausgeglichen werden, die normalerweise an der Systemrückseite, also in einem Abstand vergleichbar mit der Dicke d des Silizi-
umplättchens, liegt. Nach (3/2) ist

$$(\Delta P)_{neg} = \frac{\Delta T}{R_{th}} = \frac{\Delta T\, \varkappa\, A}{d} \; , \qquad (3/18)$$

da der thermische Widerstand bei einem Wärmeleitvermögen $\varkappa$
$R_{th} = d/(\varkappa A)$ beträgt.

Die Stabilitätsgrenze ist bei einer Temperatur erreicht, bei der die
Verlustleistungszunahme nach (3/17) nicht mehr über die Wärmeableitung nach (3/18) ausgeglichen werden kann. T steigt über die
positive Rückkopplung an für

$$(\Delta P)_{pos} > (\Delta P)_{neg} \quad \text{oder} \quad \frac{d}{\varkappa} \cdot \frac{dJ}{dT}\, U_{CE} > 1 \; . \qquad (3/19)$$

Von verschiedenen Autoren wurden ähnliche Stabilitätskriterien aus
der Wärmeleitungsgleichung für verschiedene Geometrien berechnet
[54, 55, 56].

Eine instabile Situation entsteht außerdem, sobald örtlich die sogenannte Intrinsictemperatur im Kollektorbereich erreicht ist. Die Eigenleitungsdichte n_i (1/5) übertrifft dann die Dotierungsdichte. Die elektrische Leitfähigkeit und die Stromdichte zwischen Kollektor und Emitter nehmen über den Sperrstrom rasch zu und die Stromeinschnürung beschleunigt sich.

Die Konzentration des Stromes und der Verlustleistung auf kleine Kristallbereiche macht sich auch als Erhöhung des thermischen Widerstands mit der Spannung bemerkbar.

Der Durchmesser eines Stromkanals an der Stabilitätsgrenze liegt in der Größenordnung von wenigen Mikrometern. Aus dem aufzuheizenden Kristallvolumen lassen sich Zeiten zwischen Mikro- und Millisekunden abschätzen, bis sich ein Schmelzkanal entwickelt hat. Da die Schmelzzone den Kollektor mit dem Emitter kurzschließt, bricht die Spannung auf einen kleinen Wert zusammen.

In diesem Zustand können je nach Transistortyp und Schaltungsaufbau thermische Schwingungen entstehen. Nach dem Zusammenbruch der Spannung kann die Verlustleistung so weit abnehmen, daß die Temperatur absinkt, und der Transistor wieder sperrfähig wird. Der Zusammenbruch wiederholt sich dann periodisch. In den meisten Fällen wird der Sperrzustand aber nicht mehr erreicht und der Transistor durch Eindiffusion von Fremdstoffen in den Schmelzkanal zerstört.

Die thermisch-elektrische Verkopplung zwischen Kollektor und Emitter ist umso enger, je kürzer der thermische Weg ist und je weniger die injizierten Minoritätsträger in der Basis auseinanderlaufen. Aus diesen Gründen ist die Gefährdung eines Transistors durch den zweiten Durchbruch umso größer, je dünner die Basisweite, d.h. je höher die Grenzfrequenz ist.

Stromdichten und Verlustleistungsunterschiede in den einzelnen Kristallbereichen können grundsätzlich über Serienwiderstände durch Stromgegenkopplung verringert werden. Zusätzliche Bahnwiderstände werden bei der Transistorfertigung mit verschiedenen Methoden auf der Emitter- und auf der Kollektorseite angeordnet. Üblich sind besondere Dotierungsprofile, örtliche Widerstände zwischen Leit-

bahn und Emitterrand durch verkleinerte Kontaktfenster oder aber
äußere Reihenwiderstände zu den einzelnen Emitterteilbereichen,
wie sie in Abschnitt 4.3.3 gezeigt werden.

Die zulässige Verlustleistung muß bei hohen Kollektorspannungen
wegen des zweiten Durchbruchs reduziert werden (Abb.3.2b). Einmal wird die Leistung bei kleinerem Strom erzeugt, sodaß die Stromgegenkopplung weniger wirksam ist. Hinzu kommt der Einfluß der
abnehmenden Basisweite mit zunehmender Spannung.

3.3.3 Zweiter Durchbruch im Sperrbereich

Der Spannungsrückgang beim Übergang vom Dioden- zum Stromdurchbruch wurde in Abschnitt 3.2.3 mit der Wechselwirkung einer Trägermultiplikation in der Kollektorfeldzone und einer Minoritätsträgerinjektion an der Emitterdiode begründet. Dieser Rückkopplungsmechanismus begünstigt zugleich eine ungleichmäßige
Stromverteilung. Wo der Löcherstrom aus dem Lawinenprozeß örtlich erhöht ist, steigt auch die Injektionsstromdichte. Als Folge
erhöht sich dort wiederum die Anzahl der ionisierenden Stöße.
Damit verringert sich aber die Durchbruchspannung im Vergleich
zu den benachbarten Sperrschichtbereichen, sodaß dieses Kristallgebiet einen relativ größeren Stromanteil übernimmt.

Der Durchbruchstrom konzentriert sich deshalb häufig auf dasjenige Transistorgebiet, in dem die kritische elektrische Feldstärke
für einen Diodendurchbruch zuerst erreicht wurde. Bevorzugt sind
Kristallbereiche mit örtlich erhöhter Feldstärke durch ungleichmäßige Dotierung oder durch Punktdefekte, z.B. Mikroplasmen.

Eine Instabilität der Strom-Feldstärke-Verteilung im zweiten Durchbruch läßt sich aber erst mit der Rückwirkung der freien Ladungsträger einer Strombahn auf die Verteilung der Feldstärke im Kollektor und auf die Sperrspannung verstehen. In Abschnitt 2.1.5 wurde
im Zusammenhang mit der Basisaufweitung bereits ein Einfluß der
Stromdichte auf die Spannung an der Kollektordiode betrachtet. In
Abb.3.16a und b ist die Umverteilung der elektrischen Feldstärke
dargestellt, die zum Spannungsrückgang im zweiten Durchbruch führt.

In einem npn-Transistor ohne ν-Schicht liegt die Feldzone überwiegend auf der Basisseite des Kollektors. In der Basis addiert sich die Ladung der injizierten Elektronen zur Raumladung der negativ ionisierten, ortsfesten Akzeptoren. Mit zunehmender Stromdichte verschmälert sich deshalb die Feldzone. Bei nahezu unveränderter Maximalfeldstärke E_{krit} sinkt die Durchbruchspannung als Integral der Feldstärkeverteilung. Wenn diese Spannungsabnahme die ausgleichende Wirkung von Bahnwiderständen überwiegt, wird die Stromverteilung instabil. Die Spannung bricht auf einen Restwert zusammen, der von einer verbleibenden minimalen Raumladungszone mit E_{krit} an der Kollektordiode abhängt (Abb.3.16a, Verteilung 2).

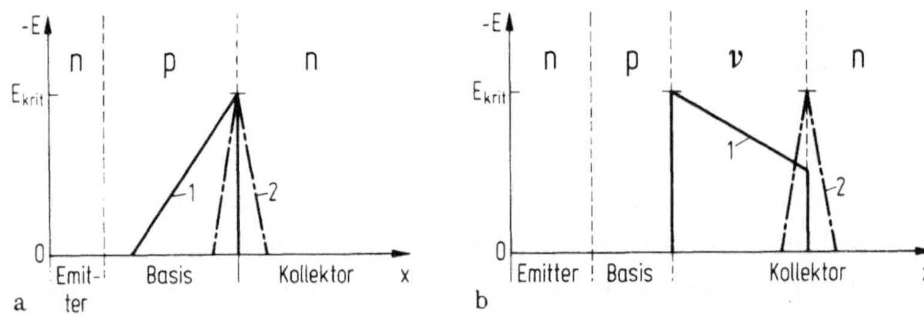

Abb.3.16. Rückläufigkeit der Durchbruchspannung $U_{BR} \sim \int E\,dx$ durch den Einfluß der injizierten Ladungsträger auf die Feldverteilung $E(x)$.
a) npn-Typ; b) npνn-Typ. Kurve 1: kleine Stromdichte unterhalb der Stabilitätsgrenze, U_{BR} groß; Kurve 2: große Stromdichte im zweiten Durchbruch, U_{BR} klein

In einem npνn-Transistor befindet sich die Feldzone im Bereich der ν-Schicht auf der Kollektorseite der Diode. Im Falle eines fließenden Elektronenstroms wird die positive Ladung von Donatoren teilweise kompensiert, und die resultierende Ladungsdichte sinkt. Die Feldstärke fällt von ihrem Maximum an der pn-Grenze bis zum n^+-Subkollektor weniger steil ab. Die Durchbruchspannung erhöht sich durch einen fließenden Strom also zunächst. Dieser Effekt wirkt einer Stromkonzentration entgegen.

Wenn jedoch die Stromdichte durch Vergrößerung des äußeren Stromes oder durch einen anderen Mechanismus örtlich weiter ansteigt, wird ebenfalls eine instabile Situation erreicht. Sobald die

172

resultierende Raumladung in der ν-Zone zu Null geworden ist, sind
die Voraussetzungen für eine Lawinenmultiplikation auch an der νn-
Grenze erfüllt. Die Feldstärke am pν-Übergang und das Feldstärke-
integral können abnehmen, ohne daß der Durchbruchstrom endet.
Wie im Fall des npn-Transistors bricht die Spannung auf einen kleinen Restwert zusammen. Die Feldzone verlagert sich im zweiten
Durchbruch an das Kollektorsubstrat (Abb. 3.16b, Verteilung 2).
Der zweite Durchbruch tritt durch diesen Mechanismus umso schneller ein, je dünner und je schwächer dotiert die ν-Zone ist. Nach
dem Überschreiten der kritischen Stromdichte ist die Gefährdung
größer als im Fall eines npn-Typs ohne ν-Kollektor.

Auch der durch Lawinenmultiplikation bedingte zweite Durchbruch
ist häufig mit hochfrequenten Schwingungen gekoppelt. Während die
Kollektorspannung zusammenbricht, entlädt sich die Sperrschichtkapazität der Kollektordiode. Der Entladestrom erhöht die Stromdichte und beschleunigt den Zusammenbruch. Nachdem die Spannung
ihr Minimum erreicht hat, ist die stationäre Stromdichte zu klein,
um die notwendige Feldverteilung für einen Durchbruch aufrecht zu
erhalten. Die Spannung U_{CE} am Transistor steigt deshalb wieder
an. Die Anstiegsgeschwindigkeit ist durch die Aufladezeit der Kapazitäten über den äußeren Strom festgelegt. Nachdem die Bedingungen
für den Lawinendurchbruch wieder erreicht sind, wiederholt sich der
Vorgang.

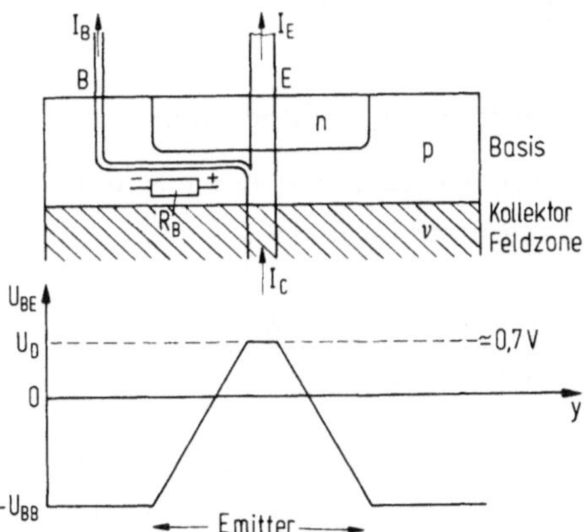

Abb. 3.17. Zur Einschnürung des Stromes bei gesperrter Emitterdiode. Stromverteilung (oben) und Spannungsverteilung (unten) entlang der Basis-Emitter-Grenze

Große lokale Kollektorstromdichten, die einen zweiten Durchbruch bei gesperrter Emitterdiode auslösen können, werden durch den Löcherstrom begünstigt, der in einem npn-Transistor bei negativer äußerer Basisspannung U_{BB} aus der Strombahn heraus zum Basiskontakt abfließt, vgl. Abb.3.17. In Umkehrung zur Situation bei Emitterrandverdrängung verschiebt sich ein Lawinenstrom wegen des seitlichen Spannungsabfalls am Basiswiderstand R_B vom Basiskontakt weg zur Emittermitte (pinch in). Der Querschnitt einer Lawinenstrombahn wird dort zusammengeschnürt.

Auch durch diesen Effekt wird die Stromverteilung innerhalb des Transistors instabil, sobald der negative Basisstrom einen kritischen Wert I_{Bkrit} überschreitet. Zum Verständnis soll der einfache Fall betrachtet werden, daß ein Lawinenstrom ähnlich wie in Abb. 3.17 innerhalb eines Zylinders vom Radius r fließt. Wenn nun der Radius um einen Betrag Δr abnimmt, bedeutet das einen zusätzlichen Spannungsabfall $\Delta U = I_B R_B = I_B R_S \Delta r/(2r\pi)$ zwischen Stromkanal und Basiskontakt. Bei fester äußerer Basisspannung wird der Emitter durch den negativen Basisstrom stärker in Flußrichtung gepolt. Wegen des exponentiellen Zusammenhangs zwischen Stromdichte und Diodenspannung nimmt mit (1/21) die Emitterstromdichte zu. Der Gesamtstrom erhöht sich wegen $\Delta I_E = dI_E/dU_{BE}\,\Delta U = I_E/U_T\,\Delta U$ um

$$\left(\frac{\Delta I_E}{I_E}\right)_{pos} = \frac{\Delta U}{U_T} = \frac{I_B R_S}{U_T}\,\frac{\Delta r}{2r\pi} \tag{3/20}$$

mit dem Flächenwiderstand R_S in der Basis aus (2/21).
Die Abnahme des Stromquerschnitts $A = r^2\pi$ um $\Delta A = -2r\pi\,\Delta r$ verkleinert aber den Gesamtstrom um

$$\left(\frac{\Delta I_E}{I_E}\right)_{neg} = -\frac{\Delta A}{A} = \frac{2}{r}\,\Delta r\ . \tag{3/21}$$

Bei einem kritischen Basisstrom $I_B = I_{Bkrit}$ ist die Stromzunahme nach (3/20) größer als die Abnahme nach (3/21),

$$\left(\frac{\Delta I_E}{I_E}\right)_{pos} > \left(\frac{\Delta I_E}{I_E}\right)_{neg} \quad \text{für} \quad I_B \geq I_{Bkrit} = 4\pi\,\frac{U_T}{R_S}\ . \tag{3/22}$$

Die Verteilung des Gesamtstroms I_E ist nicht mehr stabil, da jede Stromdichteerhöhung sich über den zusätzlichen lateralen Spannungsabfall in der Basis weiter verstärkt. Der Emitterstrom schnürt sich zusammen. Die Stromdichte reicht örtlich aus, um über den Einfluß auf die Feldverteilung im Kollektor den zweiten Durchbruch auszulösen. Der genaue Wert des Zahlenfaktors in (3/22) hängt von den Geometrieverhältnissen ab, liegt aber stets in der angegebenen Größenordnung [59].

Der effektive Flächenwiderstand R_S ist bei hohen Spannungen gegenüber (2/21) wegen der dünneren Basisweite beträchtlich erhöht. Damit genügen je nach Basisstruktur bereits kleine Basisströme von $100\,\mu A$ aus, um den ersten Durchbruch in einen zweiten Durchbruch umzuwandeln. Ein kleinerer externer Basiswiderstand vergrößert zwar nach (3/15) die Durchbruchspannung. Der gleiche Mechanismus ist aber auch dafür verantwortlich, daß der Transistor nach Erreichen des Lawinendurchbruchs umso leichter zerstört wird.

Ein zweiter Durchbruch bei gesperrter Emitterdiode läuft sehr rasch ab, da nur elektrische, nicht aber thermische Vorgänge beteiligt sind. Der Zustand ist aufgrund interner Umladevorgänge nach Zeiten zwischen dem Nano- und dem Mikrosekundenbereich erreicht. Irreversible Veränderungen der Transistoreigenschaften entstehen dagegen erst, nachdem sich durch große Strom- und Leistungsdichten der Stromkanal aufgeheizt hat, und über einen thermischen Prozeß ein Schmelzkanal entstanden ist. Wegen der größeren Leistungsdichten sind die Aufheizzeiten kürzer und die Transistoren rascher zerstört als in einem rein thermischen Durchbruch.

Im U_{CEO}-Durchbruch entfällt wegen der offenen Basis die Stromeinschnürung durch den Basisstrom. Die Stromdichten sind normalerweise zu niedrig, um über einen elektrischen Mechanismus den Spannungszusammenbruch auszulösen. Die Leistungsdichte ist aber groß genug, um einen thermischen zweiten Durchbruch zu erreichen.

Datenblätter von Leistungstransistoren enthalten gelegentlich Grenzen für die zulässige Energie $E_{SB} = LI_C^2/2$ eines Transistors im Durchbruch. Die Angaben sind als Diagramme für verschiedene induktive Energien, Basisspannungen und Basiswiderstände spezifi-

ziert, s. das Beispiel von Abb.3.18. Wegen der schwer kontrollier-
baren Grenzwerte, der großen Exemplarstreuungen und der hohen
Zerstörungsgeschwindigkeit ist aber von einem regulären Betrieb
bei fließendem Durchbruchstrom für Spannungen größer als U_{CEO}
abgeraten.

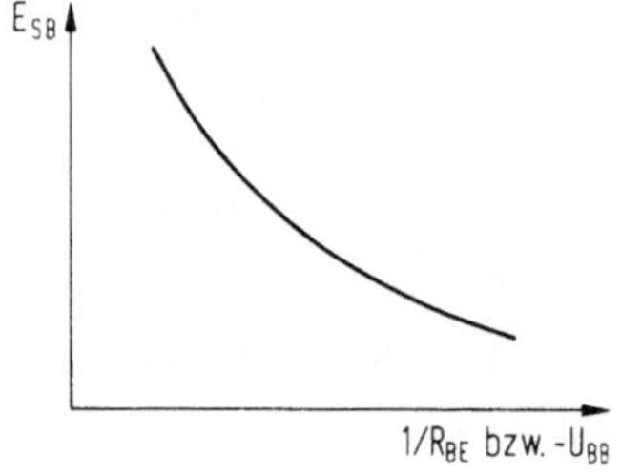

Abb.3.18. Zulässige Energie E_{SB} im Durchbruchbetrieb, Abhängigkeit vom Basiswiderstand R_{BE} und von der negativen Basisspannung ($-U_{BB}$)

3.4 Verschleißvorgänge

3.4.1 Lebensdauer

Die typische Lebensdauerkurve eines Transistors ist in Abb.3.19 als
Abhängigkeit der Ausfallrate λ von der Zeit aufgetragen. Sie zeigt
den bekannten badewannenförmigen Verlauf, der für technische Pro-
dukte endlicher Lebensdauer charakteristisch ist.

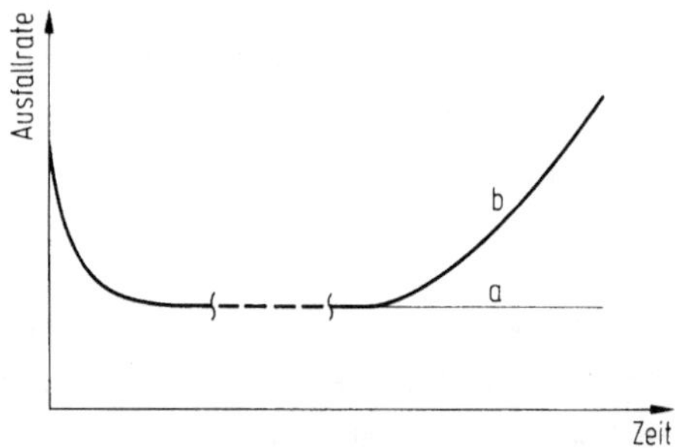

Abb.3.19. Ausfallraten von Transistoren in Abhängigkeit von der Betriebsdauer.
a) Wenig belasteter Typ; b) stark belasteter, alternder Typ ("Bade-
wannenkurve")

Zu Beginn ist die Ausfallrate durch Frühausfälle erhöht. Frühausfälle kommen einmal durch fehlerhafte Fertigung zustande. Dieser
Anteil läßt sich durch Streßtests oder Alterungstests (burn in) in ge-

wissem Umfang reduzieren. Die Statistiken beinhalten aber auch
eine unsachgemäße Behandlung der Transistoren seitens der Anwender.

An die Phase erhöhter Ausfälle schließt sich ein Bereich nahezu
konstanter Ausfallraten an. Eine konstante Ausfallrate bedeutet, daß
die Ausfallursachen statistisch, also zufällig sind. Dabei wirkt eine
Vielzahl von Ausfallursachen zusammen. Ein Ausfallzeitpunkt für
einen bestimmten Transistor ist nicht vorhersehbar.

Bei statistischen Ausfällen beträgt die Anzahl dN der je Zeiteinheit
ausfallenden Bauteile $dN = -\lambda N\,dt$. Durch Integration errechnet sich
der Anteil aus einer Gesamtzahl von N_0 Transistoren, die eine Zeitdauer t überleben, zu

$$N = N_0 \exp\left(-\lambda t\right) = N_0 \exp\left(-\frac{t}{\tau}\right) \qquad (3/23)$$

Die Ausfallrate λ ist durch diesen statistischen Zusammenhang definiert. Sie wird in der Maßeinheit $10^{-6}/h$ oder in $\%/100\,h = 10^{-5}/h$
angegeben. Der Kehrwert ist die mittlere Lebensdauer $\tau = 1/\lambda$. Die
Lebensdauer stimmt für Transistoren mit der bekannten mittleren
fehlerfreien Betriebszeit MTBF (mean time between failure) überein. Wenn z.B. von 1000 Transistoren nach 1000 h Betriebszeit
einer ausfällt, beträgt die Ausfallrate $\lambda = 10^{-6}/h$. bzw. die MTBF $=$
$= 10^{6}\,h$. Da die Ausfallraten meistens an einem kleinen Kollektiv
ermittelt werden, sind die Aussagen noch mit einem wahrscheinli-
chen Stichprobenfehler behaftet. Für λ kann nur ein Intervall als
Vertrauensbereich angegeben werden, in dem die Ausfallrate mit
einer bestimmten Wahrscheinlichkeit, z.B. 90 %, liegt.

Eine zeitlich konstant bleibende Ausfallrate würde bedeuten, daß
das Bauelement nicht altert. Insbesondere bei Leistungs- und bei
Hochfrequenztransistoren steigt aber λ durch Verschleiß wieder an,
vgl. die Kurve b in Abb.3.19. Die Fehlerhäufigkeit nimmt mit der
Zeit zu. Die Angaben über λ und τ bzw. MTBF sind dann keine
statistischen Aussagen, sondern Rechengrößen. Die Lebensdauer
wird in gewissem Umfang vorhersehbar.

Ausfallraten von Transistoren hängen unabhängig von der Zeit stark
von den jeweiligen Betriebsbedingungen ab. Werden Transistoren er-

höhten elektrischen oder thermischen Belastungen ausgesetzt, so erhöht sich immer die Ausfallrate (Abb.3.20). Die Zuverlässigkeit
eines Transistors in einer Schaltung ist also umso höher, je größer
der Sicherheitsabstand zwischen den Betriebs- und den Grenzdaten
ist.

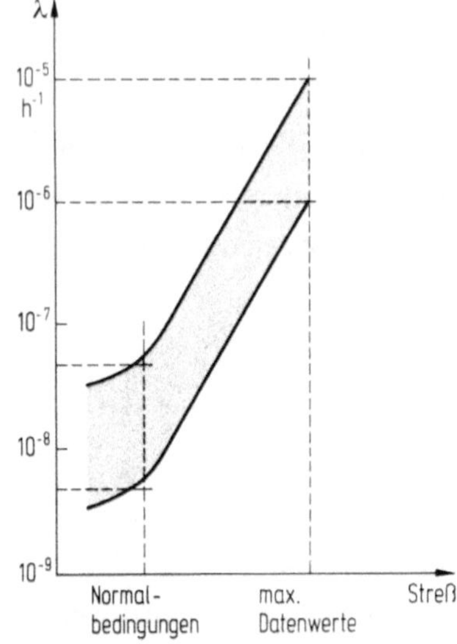

Abb.3.20. Abhängigkeit der Ausfallrate λ von den Betriebsbedingungen bei Annäherung an die Grenzdaten [60]

Fast alle Fehlermechanismen in einem Halbleiterbauteil nehmen
exponentiell mit der Temperatur zu. Sie gehen meistens auf eine
chemische Reaktion bzw. einen Materialtransport durch Diffusionsvorgänge zurück. Die Ablaufgeschwindigkeit v hängt über eine Aktivierungsenergie E_a von der Temperatur ab,

$$v \sim \exp\left(-\frac{E_a}{kT}\right).$$

Die Aktivierungsenergien liegen typisch zwischen 0,5 und einigen
Elektronenvolt. Einige Beispiele für die Temperaturabhängigkeit
der Ausfallraten bzw. der mittleren Lebensdauern bezüglich be-
stimmter Ausfallreaktionen sind in Abb.3.21 dargestellt. Sie werden zusammen mit einer Anzahl weiterer Verschleißvorgänge im
nächsten Abschnitt 3.4.2 genauer besprochen.

Der zeitliche Anstieg der Ausfallrate nach einer bestimmten Betriebszeit bedeutet meistens, daß ein spezieller Verschleißmecha-

178

nismus die Lebensdauer des Transistors begrenzt. Solche Schwach-
stellen, die überwiegend die Metallsysteme eines Transistors be-
treffen, können nur mit hohem Testaufwand ermittelt werden.

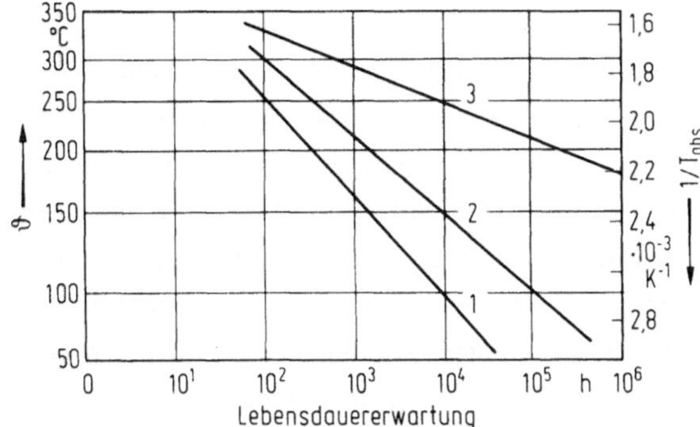

Abb.3.21. Abhängigkeit der Lebensdauer von der Temperatur bezüglich einiger Ausfallreaktionen.
Kurve 1 und 2: Purpurpest bei verschiedenen Montagearten; Kurve
3: Verschleiß einer Mehrschichtenleitbahn ([61], S. 23)

Nicht pauschal zu beantworten ist die Frage nach der wahrscheinli-
chen Lebensdauer eines Transistors. Am geringsten ist sie im Ein-
zeltransistorbereich erfahrungsgemäß bei den Leistungstypen, die
am dichtesten an den Grenzwerten arbeiten müssen. Unter realen
Betriebsbedingungen werden dank des hohen Fertigungsaufwandes
Lebensdauern von wenigstens $5 \cdot 10^5$ h erwartet. Für Niederfrequenztransistoren, die im Vorstufenbereich wenig belastet sind, ist
eine Alterung meistens nicht zu erkennen (Kurve a in Abb.3.19).
Die mittleren Lebensdauern liegen um Größenordnungen höher.

3.4.2 Abnutzungsvorgänge

Der relative Anteil der einzelnen Verschleißursachen hängt naturgemäß von Art und Ausführung des Bauelements und von den individu-
ellen Schaltungsbedingungen ab. Übereinstimmend ergeben aber die
Fehleranalysen einen Schwerpunkt für Ausfälle, die mit den Metallsystemen zusammenhängen [62]. Betroffen sind die Leitbahnen an
der Siliziumoberfläche, die Vorderseitenkontakte und die Chipmon-
tage. Eine andere Verschleißursache ist die Veränderung der elek-

trischen Daten durch Verunreinigungen. Ausgangspunkt sind Schwermetalle oder Wasser, die entweder schon bei der Fertigung vorhanden waren oder aber durch ein undichtes Gehäuse nachträglich eindringen.

Die Fehler an den Metallsystemen kann man auf Materialwanderung,
Materialermüdung oder auf Korrosion zurückführen. Bei Hochfrequenztransistoren sind wegen der feinen Strukturen die Fehler im
Leitbahnsystem besonders kritisch. Leitbahnen werden bevorzugt
durch Aufdampfen einer Aluminiumschicht von 1 bis 5 μm Dicke hergestellt. Aluminium ist elektrisch gut leitend, haftet gut auf dem
Oxid, ergibt sperrschichtfreie elektrische Kontakte und ist einfach
aufzubringen. Von den Defektursachen bei Aluminiumbahnen sind
Elektromigration, Materialermüdung durch Fehlanpassung der thermischen Ausdehnungskoeffizienten und ein Siliziumtransport durch
das Metall am bekanntesten.

Elektromigration ist die wichtigste Ausfallursache von Transistor-
leitbahnen. Oberhalb einer bestimmten Stromdichte, die im Falle
von Aluminium bei $3 \cdot 10^5 \mathrm{A/cm}^2$ liegt, werden thermisch aktivierte
Metallatome durch Stöße von Leitungselektronen im Metallgitter in
Richtung zur positiven Elektrode verlagert. Das führt zu einer
Schwächung des Leitungsquerschnitts an den Orten größter Stromdichte.

Unterschiedliche Stromdichten in den Metallbahnen gehen auf Mas-
ken-, Justier-, Ätz- oder sonstige Fertigungsfehler zurück oder
sind durch ungleichmäßige Stromverteilung im Emitterbereich bedingt. Leitbahnen sind außerdem dort geschwächt, wo eine Oxid-
stufe überwunden werden muß. Eine beginnende Elektromigration
erhöht die Stromdichte weiter, sodaß der Zerstörungsprozeß immer
schneller abläuft.

Der Transistor fällt aus, wenn eine wichtige Leitbahn ganz unterbrochen ist. Das abtransportierte Material wird andererseits an unerwünschten Stellen abgelagert. Bevorzugt sind Korngrenzen oder andere Unregelmäßigkeiten. Dort können Kurzschlüsse zwischen benachbarten Leitbahnen entstehen. Die Brücken werden durch aufge-
wachsene Einkristallnadeln (whisker) gebildet, wie sie auf dem Foto

Abb.3.22 erkennbar sind, das mit einem Rasterelektronenmikroskop aufgenommen wurde.

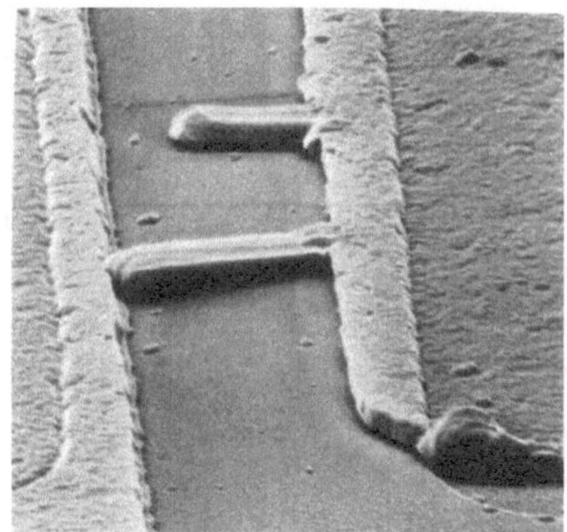

Abb.3.22. Kurzschluß zwischen
benachbarten Leitbahnen durch
Materialwanderung (REM-Aufnahme, Werkfoto Siemens AG)

Die Herabsetzung der Lebensdauer τ durch erhöhte Stromdichten
wird näherungsweise durch einen empirischen Ausdruck

$$\tau \simeq A \; \frac{1}{J^2} \; \exp \frac{E_a}{kT}$$

beschrieben [62]. Sie hängt ungefähr vom Quadrat der Stromdichte
J ab, vgl. Abb.3.23. Die Temperaturabhängigkeit entspricht für
Aluminium einer Aktivierungsenergie E_a von 0,5 eV.

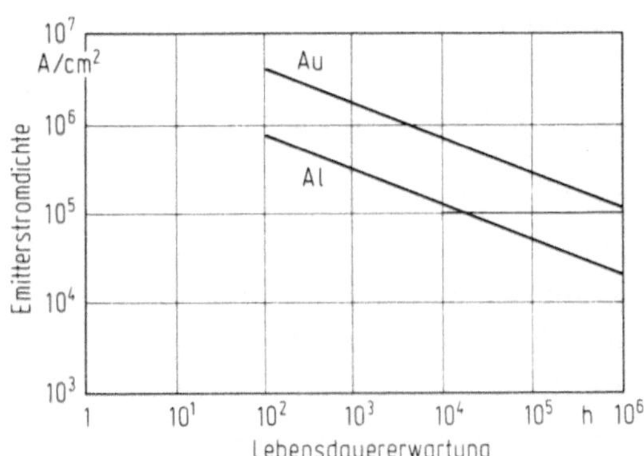

Abb.3.23. Verringerung der Lebensdauer von Leitbahnen durch größere Stromdichten (Elektromigration [61])

Bei häufigen Wechselbeanspruchungen wird ein Metallbahnsystem
durch Schubkräfte als Folge der unterschiedlichen thermischen Aus-

dehnung von SiO_2 und Metall in Verbindung mit hohen Temperaturen geschädigt. Innerhalb der Aluminiumschicht findet ein Austausch von Atomen zwischen benachbarten Kristalliten statt. Dabei entsteht ein grobkörniges, schuppenartiges Gefüge. Die Festigkeit ist insbesondere an den Korngrenzen herabgesetzt. Die Leitbahnen können aufreißen.

Ein weiterer Defektmechanismus ist die Wanderung von Silizium im Metall. Siliziumionen aus den Bereichen unter den Leitbahnen lösen sich in Aluminium und werden weitertransportiert. Unter dem Metall bilden sich Ätzgruben. Das Ergebnis sind entweder Risse im Metall oder Kurzschlüsse in einer darunterliegenden Sperrschicht, etwa der Basis-Emitter-Diode. Die Ionenwanderung kann herabgesetzt werden, wenn man die Aluminiumschicht von vorneherein mit Silizium anreichert.

Von den Defekten des Kontakt- oder Bondingsystems ist außer rein mechanischen Defekten, etwa Beanspruchungen durch Verbiegungen oder Erschütterungen, besonders die Purpurpest von Bedeutung (purple plague). Ursache ist die Interdiffusion zwischen den Atomen der Aluminiumschicht und des Kontakt-Golddrahtes bei erhöhten Temperaturen (Kirkendalleffekt), vgl. auch die Abb.3.21. Da das Aluminium schneller diffundiert als das Gold in der Gegenrichtung, bilden sich im Gefüge kleine Bläschen, die die Haftfestigkeit des Kontaktes vermindern. Die entstehenden brüchigen Gold-Aluminium-Verbindungen sind trotz des mißverständlichen Namens unter dem Mikroskop meistens schwarz.

Die beschriebenen Nachteile von Aluminiumleitbahnen werden in Transistoren höchster Beanspruchung und höchster Zuverlässigkeit durch aufwendige Mehrschichtenmetallisierungen verbessert, s. Abb. 3.21. Eine Goldschicht leidet wegen der höheren Aktivierungsenergie weniger unter Diffusionsvorgängen und in Zusammenhang mit einer Golddrahtkontaktierung nicht unter Purpurpest. Damit das Gold nicht im Silizium gelöst wird, müssen Diffusionssperren aus Titan und Platin dazwischengelegt werden. Es ist eine große Anzahl verschiedener Mehrschichtenmetallisierungen bekannt.

An der Systemrückseite setzt die unterschiedliche thermische Ausdehnung zwischen Silizium und Systemträger die Lebensdauer bei

Temperaturwechseln herab. Nur kleine Chips können direkt auflegiert werden, ohne daß der Kristall reißt. Bei größeren Transistorsystemen ist ein Ausgleich der thermisch bedingten Schubkräfte durch ein dazwischenliegendes Molybdänscheibchen erforderlich. Molybdän besitzt den gleichen Ausdehnungskoeffizient wie Silizium. Auch ein Weichlot kann bei großflächigen Siliziumplättchen die Verspannungen gegen die Bodenplatte aufnehmen, da das Blei sich plastisch verformt.

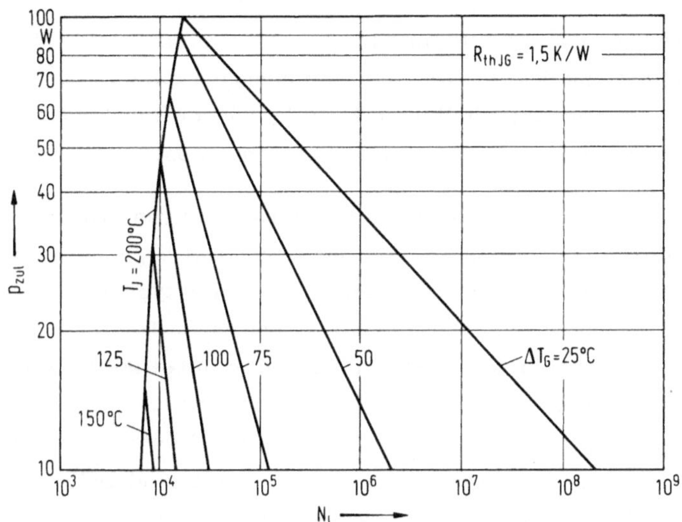

Abb.3.24. Abhängigkeit der zulässigen Verlustleistung P_{zul} von der Anzahl der Lastwechsel N_L bei gegebenem Hub ΔT_G der Gehäusetemperatur ([41], S. 148)

Das Rückseitensystem ist ebenso wie die Siliziumoberseite bei häufigen Temperaturwechseln durch Materialermüdung gefährdet, die z.B. auf eine Rekristallisation des Bleilots zurückgeht. Für großflächige Leistungstransistoren wird die Anzahl der zulässigen Lastwechsel bei verschiedenen Betriebsbedingungen häufig in Form eines Diagramms ähnlich Abb.3.24 als zusätzlicher Grenzwert angegeben. Bei Überschreitung dieser Zahl erhöhen sich der thermische und der elektrische Widerstand zwischen Silizium und Auflage, bis sich der Chip schließlich ganz ablöst.

Auch die elektrischen Eigenschaften des Transistorsystems selbst können sich mit der Zeit verändern. Verantwortlich ist meistens eine

Wanderung von Metallionen (Kupfer, Eisen, Gold, Natrium) im
Silizium, im Oxid und an der freien Oberfläche. Solche Verunrei-
nigungen, die bereits in geringsten Konzentrationen große Wirkun-
gen zeigen, sind bei der Halbleiterfertigung nicht zu vermeiden.
Während der Lebensdauer eines Transistors wandern sie unter dem
Einfluß hoher Temperaturen und großer elektrischer Felder in kri-
tische Kristallbereiche. Bekannt ist besonders der Einfluß auf
Durchbruchspannungen und Leckströme von Kollektordioden.

In kunststoffumhüllten, hermetisch nicht dichten Gehäusen können
Feuchtigkeit oder Fremdatome auch nachträglich durch die Plastik-
masse und entlang der elektrischen Zuführungen bis zum Kristall
eindringen. In hermetisch dichten Metallgehäusen werden Fremdstoffe schon beim Zuschweißen mit eingeschlossen.

Den Einfluß der Fremdstoffe kann der Hersteller von Transistoren
natürlich durch höchste Sauberkeit und durch Getterprozesse während des Fertigungsablaufs reduzieren. In einem typischen Get-
terungsverfahren werden Schwermetalle bei hohen Temperaturen in
einer Oberflächenschicht aus Phosphor- oder Borsilikatglas gelöst.
Neben dem Siliziumdioxid werden auch zusätzliche Schutzschichten
zur Passivierung der Oberflächen hergestellt. Beispiele sind Nitrid-
schichten (Si_3N_4) die gegen Ionen undurchlässig sind [63], Glasum-
hüllungen [64] und dünne Polysiliziumschichten [49].

Die gezeigten Ausfallmechanismen in den Metall- und Siliziumberei-
chen zeigen, wie wichtig der Schutz des Transistors durch ein gutes
Gehäuse ist. Die Montage eines unverkapselten Transistorchips in
einer Schichtschaltung ist in höherem Maße mit Zuverlässigkeits-
problemen behaftet.

4 Technische Ausführungen

4.1 Niederfrequenz-Planartransistoren

4.1.1 Grundlagen des Planarprozesses

Vor der Einführung der Planartechnik wurden feine Emitter- und
Basisstrukturen mit Hilfe einer Ätztechnik festgelegt. Aus der ta-
felbergartigen Form der zurückbleibenden Emitter-Basis-Erhebung
entstand der Name Mesatechnik. Im Unterschied dazu bleibt bei der
Planartechnik die Oberfläche der Halbleiterscheibe während des
Fertigungsablaufs eben. Diese Technik, die bereits um 1960 entwickelt wurde, hat das Mesaprinzip bis auf wenige Ausnahmen abge-
löst. Sie stellt auch heute noch die Grundlage der Fertigung fast aller Einzeltransistoren und integrierten Schaltungen in Bipolar- und
Feldeffekttechnik dar.

Der Begriff Planartechnik schließt eine Anzahl verschiedenartiger
Einzelprozesse ein, die je nach Transistortyp und Anforderungen
variiert und verbessert wurden. Zugrunde liegt ein Verfahren, das
kleine Kristallbereiche selektiv mit Fremdstoffen zu dotieren gestat-
tet. Dazu wird die abschirmende Wirkung einer Oxidschicht SiO_2 an
der Siliziumoberfläche gegen das Eindringen von Dotierstoffen wie
Phosphor und Bor ausgenutzt. Das maskierende Oxidmuster wird
mit Hilfe einer Fotomaskentechnik hergestellt.

An dieser Stelle werden nur der Grundprozeß und einige charakteristische Abläufe behandelt, wie sie heute typisch bei der Fertigung
von Standardtransistoren ausgeführt werden. Für die zahlreichen
Varianten und technologischen Details muß auf die Literatur verwiesen werden [7, 23, 25].

Ein typischer Fotomaskenprozeß, im folgenden kurz Fototechnik
genannt, ist in Abb.4.1a bis c schematisch dargestellt. Man deckt
zunächst die Siliziumoberfläche mit einer Oxidschicht von einigen
1000 Å Dicke ganzflächig ab. Anschließend trägt man, ebenfalls
ganzflächig, eine lichtempfindliche Fotoemulsion auf. Die Siliziumscheibe wird dazu auf eine schnelldrehende Zentrifuge aufgesetzt
und ein Lacktropfen durch Aufschleudern gleichmäßig verteilt.

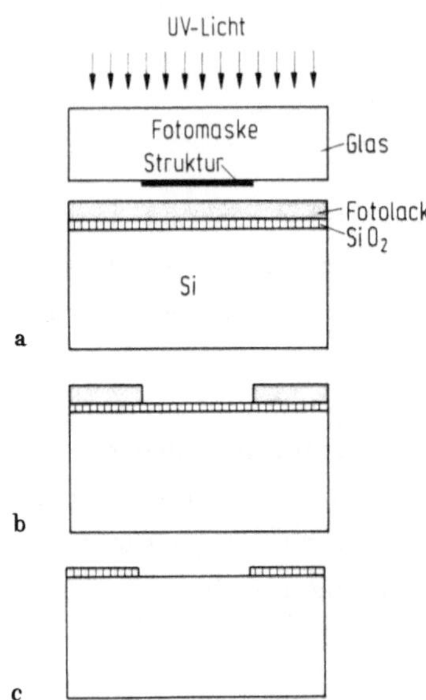

Abb.4.1. Prinzip der Fotolacktech-
nik beim Planarprozeß.
a) Siliziumscheibe mit Maskier-
oxid, Fotolack und Kontaktmaske
während des Belichtens; b) Siliziumscheibe vor dem Oxidätzen
(Negativlack); c) Siliziumscheibe
mit fertiger Oxidmaskierung

Die Fotolackschicht wird nun selektiv durch eine Fotomaske belich-
tet (Abb.4.1a). Die Maske, in der Regel eine Kontaktmaske, enthält das gewünschte Ätz- bzw. Dotiermuster als Hell-Dunkel-Kon-
trast. Im Falle eines Negativlacks sind die belichteten Lackschich-
ten durch Polymerisation resistent gegenüber dem Lösungsmittel.
Nur das Oxid unter der dunklen Struktur wird freigelegt (Abb.4.1b).
Bei Positivlacken kann man den Lack nur an den belichteten Flächen
der Siliziumoberfläche entfernen.

Der verbliebene Lack schützt nach einem Entwicklungs- und Ausheiz-
prozeß die darunterliegenden Oxidflächen. Das freiliegende Oxid
wird durch das Lackfenster mit Flußsäure herausgeätzt. Danach
löst man den Lack mit geeigneten Lösungsmitteln wieder ab (Abb.
4.1c).

Durch das Oxidfenster kann der Dotierstoff, Phosphor oder Bor,
in die Siliziumscheibe eindiffundieren. Die Diffusion ist normalerweise ein Zweischrittvorgang. Während der Belegungszeit wird
die Gesamtmenge des Dotierstoffes festgelegt, der aber zunächst
noch in Oberflächennähe konzentriert bleibt. Erst bei der Nach-
diffusion verteilt sich der Dotierstoff auf die gewünschte Eindringtiefe. Gleichzeitig wächst an der Oberfläche ein Schutzoxid.

Die Planartechnik besteht aus einer Folge von Fototechnikschritten.
Mit den beschriebenen Prozessen legt man zunächst die Abmessungen der Emitter- und Basiszone sowie eventueller Zusatzstrukturen
(Schutzringe, Potentialringe) fest. Ähnlich ist auch die Fototechnik
zum Öffnen der Kontaktfenster im Schutzoxid über Emitter und Basis. Bei der Aluminiumfototechnik bleibt der Fotolack selber als
Schutzschicht auf den späteren Leitbahnen stehen. Das Metall wird
zwischen den Bahnen abgeätzt, wo kein schützender Lack vorhanden
ist.

Die einzelnen Masken müssen mit einem Mikroskop gegen die bereits auf der Scheibe aufgebrachten Strukturen der vorhergehenden
Prozeßschritte justiert werden. Im nächsten Abschnitt folgt die zu-
sammenhängende Beschreibung des Fertigungsablaufs eines Niederfrequenztransistors. Ähnliche Verfahren benutzt man auch zur Herstellung der Mesatypen des Abschnitts 4.2.

Zur Fertigung von Silizium-Planartransistoren müssen eine Anzahl
verschiedenartiger physikalischer und chemischer Prozesse beherrscht werden. Dazu gehören die verschiedenen Diffusions-, Oxi-
dations-, Bedampfungs-, Fotolack- und Ätzschritte ebenso wie die
dazwischenliegenden Reinigungsverfahren. Die Ausbeute bei einer
Transistorfertigung hängt darüber hinaus entscheidend von der Qua-
lität und Genauigkeit der Fotomasken ab. Die hohen Anforderungen
an einen Maskensatz sind nur mit höchster Präzision und großem
Aufwand bei der Maskenfertigung zu erfüllen.

Zunächst einmal fertigt man von dem Transistor eine vergrößerte
Zusammenstellzeichnung an, die die Strukturen aller erforderlichen
Masken, z.B. im Maßstab 100:1, enthält. Die Koordinaten der Geo-
metrien speichert man digital auf einem Magnetband ab. Die Struktu-

ren lassen sich von dort in die Vorlagen der einzelnen Masken-
ebenen auftrennen. Sie werden normalerweise in zwei Schritten auf
das endgültige Maß verkleinert. Gleichzeitig ordnet man die Geometrien, die bisher nur ein einziges Transistorsystem beinhalten,
in einem Step- und Repeatverfahren so oft nebeneinander an, wie
es dem Durchmesser der Siliziumscheibe entspricht. Von den so
gewonnenen Muttermasken werden schließlich die Arbeitsmasken
kopiert. Sie bestehen aus einer Glasplatte, auf der die gewünschte
Struktur aus einer aufgedampften Chromschicht herausgeätzt ist.
Aus Kostengründen verwendet man auch Arbeitsmasken mit einer
Fotoemulsionsschicht.

4.1.2 Systemaufbau und Fertigung

Aufsicht und Querschnitt durch einen typischen npn-Siliziumtransi-
stor in Planar-Epitaxialtechnik für Niederfrequenz- (NF-) Vorstufen oder kleine Leistungen sind in Abb. 4.2a und b gezeichnet. Emitter und Basis haben zur Erhöhung der Emitterrandlänge eine Geometrie aus ineinandergreifenden Fingern, vgl. Abschnitt 2.1.6 über
das Hochstromverhalten. Die Finger- oder Kammstruktur ist bei
NF-Kleinsignaltypen im Vergleich zu Hochfrequenz- (HF-) Transistoren relativ gedrungen. Die Metallbahnen über den Emitter- und
Basisflächen enthalten auch die Bereiche (pads) für eine oberseitige
Kontaktierung. Der Dotierungsverlauf zwischen Emitter und Kollektor ist in Abb. 4.2c skizziert. Er entspricht dem Schema $np\nu n$ der
Abb. 1.8. Der gezeichnete Schutzring zur Vermeidung von Oberflä-
chen-Leckströmen hat das gleiche Diffusionsprofil wie der Emitter.

Die Transistorfertigung geht von einer Siliziumscheibe mit 75 mm
Durchmesser und 0,2 mm Dicke aus. Bei üblichen Abmessungen
eines einzelnen Transistorsystems im Kleinsignalbereich mit Kantenlängen zwischen $0,4 \times 0,4$ und 1×1 mm   liegen auf einer Scheibe nebeneinander einige tausend Systeme. Während der Hochtemperaturprozesse werden in den Rohröfen normalerweise zwischen
fünfzig und einige hundert Scheiben als Fertigungscharge gleichzeitig bearbeitet. Ein einziges Fertigungslos liefert somit mehrere
hunderttausend aufbaufähige Transistorchips. Diese große Zahl cha-
rakterisiert die mit Rationalisierungsgrad und Ausbeute zusammen-

188

hängende Stückzahl-Kosten-Problematik der modernen Halbleiter-
industrie.

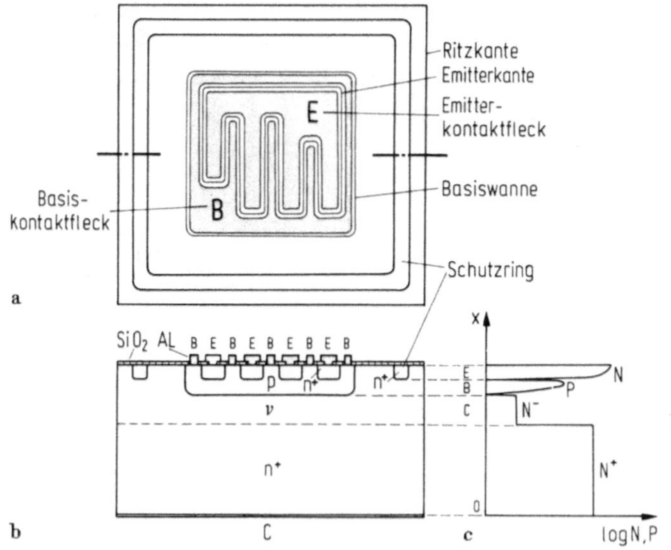

Abb.4.2. Aufbau eines NF-Planar-Epitaxialtransistors mit Fingerstruktur.
a) Aufsicht; b) Schnittzeichnung; c) Dotierungsverlauf zwischen
Emitter E und Kollektor C

Der Fertigungsablauf eines Standard-Planartransistors ist in Abb.
4.3a bis f schematisch dargestellt. Die Siliziumscheibe besteht
aus dem n^+-Substrat als mechanischen Träger und späteren Kollektorkontakt, auf dem die ν-Zone epitaxial, d.h. ohne Störung des
Siliziumgitters aufgewachsen ist (Abb.4.3a). Die Eigenschaften
der ν-Schicht sind nach Abschnitt 3.2.2 durch die gewünschte Kollektorspannung festgelegt.

In die epitaxiale Schicht diffundiert man mit einer ersten Fototech-
nik die p-Inseln für die Basisflächen etwa 3 µm tief mit Bor ein
("Basiswanne", Abb.4.3b). Innerhalb der Basisbereiche werden
über eine zweite Fototechnik die Emitterstrukturen durch eine 1
bis 2 µm tiefe Phosphordiffusion festgelegt (Abb.4.3c). Die gleiche
Diffusionsschicht umschließt bei fast allen Planartransistoren das
Transistorsystem als "Channelstopper", der aber in Abb.4.3c der
Übersichtlichkeit halber nicht mit eingezeichnet ist.

Während der Hochtemperaturprozesse überzieht sich die ganze
Siliziumoberfläche mit Oxidschichten. Als besonderer Vorteil der
Planartechnik sind also alle pn-Übergänge an der Oberfläche durch
einen SiO_2-Film gegen Umwelteinflüsse geschützt. Für die Metall-
kontakte werden in einem weiteren fototechnischen Schritt Fenster
in das Oxid geätzt, um Emitter und Basis elektrisch mit der Außen-
welt zu verbinden (Abb.4.3d).

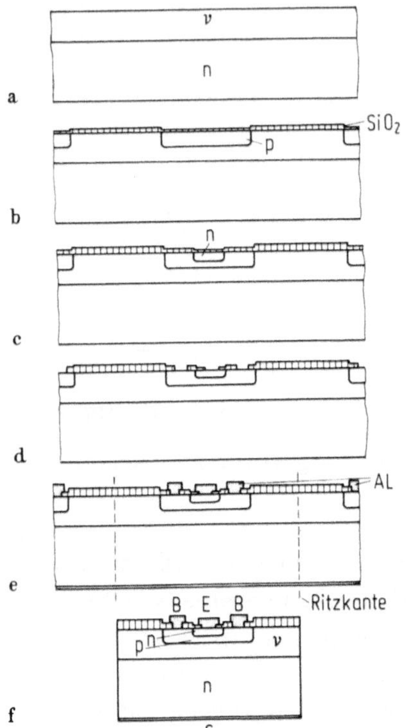

Abb.4.3. Fertigungsablauf eines
NF-Planar-Epitaxialtransistors.
a) Siliziumscheibe mit Epischicht;
b) Scheibe nach der Basisdiffusion (1. Fototechnik); c) Scheibe
nach der Emitterdiffusion (2. Fototechnik); d) Scheibe nach dem
Ätzen der Kontaktfenster (3. Fototechnik); e) Scheibe nach der
Aluminiumätzung (4. Fototechnik)
mit metallisierter Rückseite;
f) fertiges Planarsystem nach
dem Trennen

Anschließend bedampft man die Siliziumscheibe ganzflächig mit einer Aluminiumschicht von einigen Mikrometern Stärke. Das Aluminium muß außerhalb der gewünschten Emitter- und Basisgebiete mit
Hilfe einer vierten Fototechnik wieder entfernt werden (Abb.4.3e).
Die Scheibenrückseiten sind mit einer dünnen Goldschicht überzogen.

Die fertigen Scheiben werden in einem Meßautomaten auf alle wichtigen elektrischen Parameter hin überprüft und schlechte Transistorsysteme mit einem Farbpunkt als Ausfall gekennzeichnet ("ausgeinkt").

Die Trennung der Scheibe in die einzelnen Chips erfolgt durch
Brechen, nachdem das Systemraster mit einem Diamant oder einem Laser vorgeritzt worden ist.

In vielen Fällen deckt man die Systeme noch mit einer zusätzlichen
Passivierungsschicht als Schutz gegen das Eindringen von Fremdstoffen ab. Zur Passivierung, die meistens einen weiteren Foto-
technikschritt bei der Scheibenfertigung notwendig macht, dient ein
Überzug aus Nitrid, Glas oder aus polykristallinem Silizium, das
mit Sauerstoff dotiert ist (Abschn.3.4.2).

4.1.3 Montage und Gehäuse

Montage und Gehäuse stellen nicht nur den größten Kostenfaktor bei
der Herstellung eines Planartransistors dar. Sie haben außerdem
entscheidenden Einfluß auf die Zuverlässigkeit des fertigen Bauelements, sowohl was die Dichtigkeit des Gehäuses als auch was die
mechanische Festigkeit des gesamten Transistors angeht. Der in
diesem Abschnitt behandelte Fragenkreis bildet deshalb einen Schwerpunkt der Aktivitäten eines jeden Halbleiterherstellers.

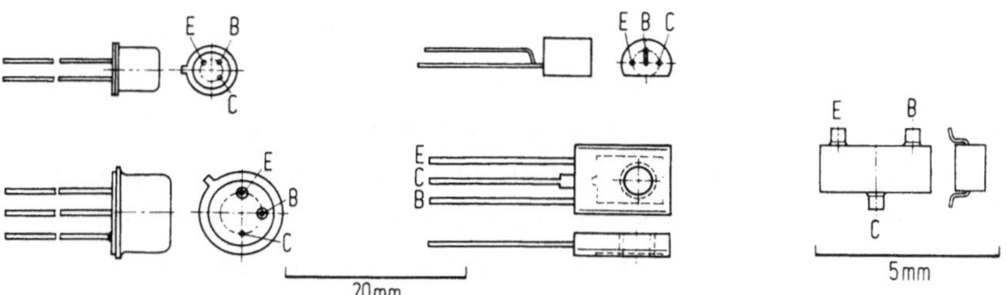

Abb.4.4. Standardgehäuse für NF-Planar-Vorstufentransistoren.
Links: Metallgehäuse TO-18, TO-39; Mitte: Kunststoffgehäuse
TO-92, SOT-32; Rechts: Miniaturgehäuse SOT-23

Für NF-Vorstufen und Kleinleistungstransistoren gibt es eine Reihe
standardisierter Metall- und Kunststoffgehäuse, von denen die wichtigsten in Abb.4.4 zusammengestellt sind. Die Metallgehäuse TO-18
und TO-39 besitzen eine Bodenplatte aus Eisen oder einer Legierung,
z.B. Vacon, als Träger für das Siliziumsystem. Zur Montage wird
das Siliziumplättchen mit einer Saugpinzette auf die vergoldete Bodenplatte aufgesetzt und bei 400°C auflegiert. Bei dieser Temperatur entsteht eine stabile eutektische Gold-Silizium-Verbindung.

191

Zum elektrischen Anschluß der Emitter- und Basiskontaktflecke
auf der Chipoberseite an die Durchführungen des Gehäuses sind
mehrere Kontaktier- oder Bondingverfahren üblich, die alle auf
dem Prinzip der Thermokompression beruhen. Durch erhöhte Temperatur und Druck wird der Kontaktdraht plastisch verformt und
eine gut haftende Verbindung mit der Kontaktfläche erreicht. Mit
Ultraschallenergie läßt sich die Verformung erleichtern.

Sehr zuverlässig ist das Nagelkopf-, Nailhead- oder Ballbonding-
verfahren. Der 20 bis 50 μm dicke Golddraht wird in einer Düse
geführt und das Drahtende zu einer kleinen Kugel abgeschmolzen.
Die Kugel wird mittels der Düse auf dem Aluminiumfleck als Nagel-
kopf flachgedrückt. Mit Thermokompression befestigt man den Draht
auch an den Gehäusedurchführungen. Der Golddraht läuft bei den Bewe-
gungen, die über ein Mikroskop gesteuert werden, aus der Düse heraus. Der zugeführte Draht läßt sich nach dem Abheben der Düse
mit einer Flamme abschmelzen und ist bereit für den nächsten Kon-
taktiervorgang. Ein Vorteil des Nailheadverfahrens ist die gute Haftfestigkeit des Kontakts, der Nachteil ein relativ großer Platzbedarf
von wenigstens $100 \times 100 \ \mu m^2$ auf dem Chip.

Bei der Stitchkontaktierung wird der Kontakt seitlich am Düsenrand
abgeknickt und mit der Kante nur in einem relativ kleinen Bereich
aufgedrückt. Die freien Drahtenden werden mechanisch abgeschnit-
ten. Die Platzersparnis mit dem Stitchkontakt muß man wegen der
kleineren Verbindungsfläche mit einer geringeren Haftfestigkeit er-
kaufen. Man kann dieses Verfahren auch mit Aluminiumdraht durchführen. Ähnlich wird der Wedgekontakt ausgeführt, bei dem der
Draht mit einem keilförmigen Stempel auf den Kontaktfleck gepreßt
wird.

Das fertig kontaktierte Transistorsystem deckt man oft noch mit einem Lacktropfen zu. Nach dem Aufschweißen der Metallkappe ist
der Transistor bereit für die Endmessung. Da die Durchführungen
der Anschlußstifte in der Bodenplatte eingeglast sind, ist ein so mon-
tierter Transistor hermetisch dicht verschlossen.

Billiger und auch einfacher zu automatisieren ist die Montage des
Siliziumchips in einem Kunststoffgehäuse. Große Verbreitung haben

die in Abb.4.4 Mitte abgebildeten Gehäuseausführungen. Das TO-
92-Gehäuse läßt Verlustleistungen bis zu einem Watt zu und dürfte
das am häufigsten gefertigte Transistorgehäuse überhaupt sein. Das
SOT-32 Gehäuse ist bereits für kleinere Leistungstypen geeignet.
Das Miniaturgehäuse SOT-23 wurde speziell für den Einsatz in
Schichtschaltungen entwickelt.

Zur Montage der plastikumhüllten Typen setzt man die Siliziumchips
auf ein gestanztes Trägerband aus Kupfer oder Messing auf, in dem
drei Fahnen für Emitter, Basis und Kollektor nebeneinander liegen
(Abb.4.5). Zur Vereinfachung sind während der Montage wenigstens 10 Transistoren über die Systemträger miteinander verbunden. Im SOT-32 Gehäuse ist die Kollektorfahne noch an eine Kühlflä-
che geheftet.

Abb.4.5. NF-Vorstufentransistor
auf einem TO-92-Leiterband vor
dem Verpressen mit Kunststoff

Auflegieren, Bonden und Lackabdecken entsprechen den Verfahren
bei Metallgehäusen. Alternativ zum Auflegieren klebt man die Systeme in Plastikgehäusen auch auf ihren Träger. Einen fertig kon-
taktierten Vorstufentransistor auf einem TO-92 Leiterband zeigt die
Abb.4.5. Die montierten Transistoren werden abschließend in Formen mit Silikonplastik verpreßt oder mit Epoxidharz vergossen.
Erst nach dem Trocknen der Gehäusemasse trennt man die Transistoren und die einzelnen Kontakte voneinander durch Ausstanzen der
äußeren Verbindungsstege.

Man hat große Anstrengungen unternommen, um die Montage der
plastikverkapselten Massentypen durch Automatisierung der beschrie-

benen Montagevorgänge zu verbilligen. Das Problem ist die Positionierung und Orientierung der Chips beim Legieren, sodaß die zu kontaktierenden Flächen der Oberseite ebenfalls maschinell gebondet werden können.

4.1.4 Typenfamilien und Anwendungen

Die einzelnen Typen unterscheiden sich je nach Verwendungszweck in ihrer Emittergeometrie, in den Daten der ν-Zone und in zusätzlichen Strukturen bei höheren Spannungen, nicht dagegen in der Ausführung des Planarprozesses selbst. Die folgende Zusammenfassung zu Typenfamilien erfolgt hauptsächlich nach Anwendungsgesichtspunkten.

Vorstufen für allgemeine Anwendungen

Diese Transistoren haben normalerweise minimale Chipabmessungen und einen kreisförmigen oder gedrungen geformten Emitterbereich. Interessant ist eine große maximale Stromverstärkung, die im Milliamperebereich des Kollektorstroms zwischen 100 und 1000 liegt. Weniger wichtig ist das Verhalten bei großen Strömen, die typisch auf 100 oder 200 mA begrenzt sind. Die maximalen Sperrspannungen liegen unterhalb von 100 V. Ohne besondere technologische Maßnahmen lassen sich f_T-Frequenzen bis 200 MHz auch bei NF-Typen erreichen.

Bekannte Einheitstypen dieser Transistorgruppe sind BC 107/109 (in TO-18-Gehäuse), BC 237/239 (TO-92) als npn-Typen und die entsprechenden pnp-Transistoren BC 177/179 bzw. BC 307/309, die von vielen Halbleiterherstellern angeboten werden. Diese allgemeine Anwendungsklasse stellt stückzahlmäßig den größten Anteil der gesamten Einzeltransistorfertigung. 1976 wurden weltweit insgesamt über vier Milliarden Stück produziert. Der Bedarf ist wegen der zunehmenden Bedeutung der Elektronik ebenfalls noch steigend. Die relative Bedeutung geht aber wegen der Konkurrenz durch integrierte Schaltungen zurück.

Treiber- und Kleinleistungstransistoren

Von diesen Transistoren werden kleine Restspannungen bei Kollektorströmen bis ein Ampere, ein linearer Stromverstärkungsverlauf und Sperrspannungen bis 100 V bei guter Belastbarkeit gefordert. Die Transistorchips haben Kantenlängen zwischen 0,5 und 1 mm und besitzen normalerweise Emitter-Fingerstrukturen. Sie werden in allen Gehäusetypen der Abb. 4.4 montiert und ebenfalls als Massentypen gefertigt. Die Marktbedeutung ist in den unteren Spannungsklassen rückläufig.

Leistungstransistoren

In der gleichen Technik werden in geringerem Umfang auch Leistungstransistoren für Spannungen bis 100 V gefertigt. Man ersetzt sie heute aber in zunehmendem Maße durch die speziellen Leistungstransistortechnologien oder durch monolithisch integrierte Leistungsschaltungen. Sie können sich nur dort behaupten, wo ihre guten dynamischen Eigenschaften den Ausschlag geben.

Rauscharme Vorstufentransistoren

Rauscharme Transistoren für NF-Anwendungen entsprechen in ihrem Aufbau weitgehend den Vorstufentypen der ersten Gruppe. Zum Teil werden aber abgewandelte technologische Prozesse verwendet, um das 1/f-Rauschen und das Prasseln herabzusetzen. Unterschiede bestehen z.B. in den Dotierungsverläufen des Emittergebietes, in den Oxideigenschaften und im allgemeinen Fertigungsaufwand. Als Alternative läßt sich mit aufwendigen Rauschmessungen eine Selektion aus den Allgemeintypen durchführen. Rauscharme Transistoren sind durch integrierte Schaltungen schwer zu ersetzen, die wegen anderer Designschwerpunkte eine bezüglich des Rauschens ungünstigere Prozeßführung erfordern.

Hochspannungstransistoren

Hochsperrende Planartransistoren werden in A- oder Komplementärendstufen der Videoausgangsverstärker von Fernsehgeräten in großen Stückzahlen benötigt. Um hohe Spannungen von 300 V bei klei-

nen Sperrströmen mit Planartypen zu erhalten, müssen die in Abschnitt 3.2.5 angegebenen Zusatzstrukturen optimiert werden.
Die Betriebsströme liegen bei 10 bis 30 mA. Videotransistoren
sind zwar noch in der Standard-Planartechnik aufgebaut. Da sie
aber wegen der hohen Arbeitsfrequenz von 5 MHz eigentlich schon
den Hochfrequenztransistoren zuzurechnen sind, muß auf kleine
Kapazitäten und kleine Restspannungen bei hohen Frequenzen besonders geachtet werden. Ein Ersatz durch integrierte Schaltungen
vergleichbarer Betriebsdaten ist in absehbarer Zeit nicht zu erwarten.

Schnelle Schalttransistoren

Auch schnelle Schaltertypen ähneln vom allgemeinen Aufbau und
der Fertigungstechnik her betrachtet mehr den NF- als den in Abschnitt 4.3 beschriebenen Hochfrequenztransistoren. Sie haben aber
eine dünnere Basis, höhere Grenzfrequenzen und feinere Emitterkämme. Die Schaltzeiten lassen sich durch eine zusätzliche Golddiffusion und ihren Einfluß auf die Minoritätsträgerlebensdauer verkürzen. In diese Transistorfamilie fallen die bekannten Treibertransistoren mit einem halben Ampere Arbeitsstrom und 50 V Maximalspannung zur Ansteuerung von Kernspeichern. Das Anwendungsgebiet ist inzwischen durch die Halbleiterspeicher überholt. Ebenso
sind schnelle Logik-Einzeltransistoren wegen der verschiedenen integrierten Logikschaltungsfamilien heute bedeutungslos.

Zukünftige Entwicklungen

Die Entwicklungsziele bei NF-Planartransistoren gehen heute hauptsächlich in Richtung auf Prozeßverbilligung, zu enger tolerierten
elektrischen Daten und zu besseren Fertigungsausbeuten. Dazu werden auch die Erfahrungen und Methoden aus der Herstellung von integrierten Schaltungen und HF-Transistoren übernommen. Als Beispiel sei auch der Entwicklungstrend zu schwächer dotierten Emittern angeführt, die sowohl bezüglich des Hochstromverhaltens als
auch für das Rauschen von Vorteil sind (Abschn.2.1.2 und 2.4.4).
Auf der Typenseite beschränken sich die meisten Neuentwicklungen
auf Spezialanwendungen. Ein Trend zu Darlingtontransistoren ist zu
erkennen, vgl. Abschnitt 4.4.

4.2 Leistungstransistoren

4.2.1 Besondere Eigenschaften

Besonders wichtige Eigenschaften eines Niederfrequenz-Leistungstransistors sind seine Zuverlässigkeit und seine Belastbarkeit. Im Mittelpunkt steht der sichere Arbeitsbereich mit hohen Strömen, Maximalspannungen, Verlustleistungen, Sperrschichttemperaturen und mit großer Festigkeit gegen den zweiten Durchbruch [65]. Von den Kenndaten ist ein gutes Hochstromverhalten bezüglich der Stromverstärkung, der Restspannungen und der dynamischen Eigenschaften wichtig.

Die erhöhten elektrischen Anforderungen sind theoretisch auch mit Standard-Planartechnik zu realisieren. Dazu sind aber kompliziertere Prozesse und Sondermaßnahmen erforderlich. Dieser Zusatzaufwand, der die Herstellungskosten erhöht, muß z.B. bei der Entwicklung von Hochfrequenz-Leistungstransistoren getrieben werden, da für Betriebsfrequenzen oberhalb der Megahertzgrenze allein die Planartechnik in Frage kommt.

Bei tiefen und mittleren Frequenzen sind die speziellen Eigenschaften aber mit neuen Technologien einfacher und wirkungsvoller zu erreichen. Gegenüber der Planartechnik ist die Anzahl der kritischen Prozeßschritte bei der Fertigung zum Teil herabgesetzt, der Herstellungsaufwand vereinfacht und die Herstellungsausbeute vergleichbarer Typen höher. Darüber hinaus sind die elektrischen Eigenschaften über die jeweilige Technologie besser an individuelle Anwendungsfälle angepaßt als dies mit einer Standardtechnik möglich wäre.

NF-Leistungstransistoren werden andererseits in so großen Stückzahlen benötigt, daß der Aufwand für eigenständige Prozeßlinien gerechtfertigt ist. Selbstverständlich sind die Technologien zum Teil auch historisch bedingt. Die Entwicklungen stützen sich auf die Erfahrungen mit Germanium-Leistungstransistoren und wurden außerdem durch die einstige Anfälligkeit der Planartypen bei Überlast begünstigt. Als wichtigste Technologien von Silizium-Leistungstransistoren haben sich die Einfachdiffusionstechnik (Abschn.4.2.2), die Epibasistechnik (Abschn.4.2.3), die Dreifachdiffusionstechnik

und vergleichbare Verfahren mit Mehrfach-Epitaxie herausgebildet
(Abschn.4.2.4).

Die charakteristischen Eigenschaften gegenüber der Planartechnik
sind anschließend besprochen. Ein gemeinsamer Vorteil sind die
geringeren mittleren Stromdichten bei typischen Betriebsströmen.
Die größeren Chipabmessungen sind nicht nur wegen der Technologie
erforderlich, sondern von den Kosten her auch zulässig. Damit verringern sich alle Probleme, die mit einer hohen spezifischen Belastung eines Transistorchips zusammenhängen.

Eine bessere Belastbarkeit resultiert auch aus den größeren verti-
kalen Abmessungen der Emitter-, Basis- und aktiven Kollektor-
schichten. Sie bedeuten bessere thermische oder elektrische Ent-
kopplung und gleichmäßigere Stromverteilung durch Bahnwiderstände.

Eine größere Basisweite verringert außerdem die statische Emitterrandverdrängung. Deshalb sind auch größere horizontale Abmessungen der Emitterstrukturen von Leistungstransistoren ohne Nachteil
für die Flächenausnutzung zulässig. Bei Strukturvergrößerungen
werden einerseits die speziellen Möglichkeiten einer Planartechnik
immer weniger ausgenützt. Auseinandergezogene Transistorbereiche bedeuten aber andererseits geringere Anfälligkeit der Eigenschaften gegen Fertigungsfehler und gewährleisten damit bessere
Ausbeuten.

Die hohe Grenzfrequenz eines Planartyps erweist sich für NF-Anwendungen eher als Nachteil. Sie verursacht in einer Schaltung nicht
nur erhöhte Schwingneigung. Sie kann in manchen Fällen für Hochspannungs-Schalttransistoren wegen der in einer dünnen Basiszone
ungünstigeren Umladebedingungen der Kollektorzone sogar ein ver-
schlechtertes Schaltverhalten bedeuten.

Bei Leistungstransistoren für Niederfrequenzanwendungen wird auf
eine charakteristische Eigenschaft der Planartransistoren verzichtet, auf den oxidabgedeckten pn-Übergang an der Oberfläche. Der
höheren Sperrspannung wegen bevorzugt man im Bereich der Kollektordiode verschiedene Mesatechniken. Die freien Mesaseitenflächen
müssen je nach den Erfordernissen mit einer Passivierungsschicht
geschützt werden.

198

4.2.2 Einfachdiffusionstechnik [66]

Der Name Einfachdiffusion besagt, daß die Dotierungsverläufe von
Emitter, Basis und Kollektor im Gegensatz zur Planartechnik über
einen einzigen Diffusionsschritt eingestellt werden. Die Technolo-
gie, die bereits vor 1965 entstanden ist, lehnt sich stark an die
Germaniumtechnik an und hat in der amerikanischen Literatur den
Namen Hometaxial- oder Single-Diffused-Technik.

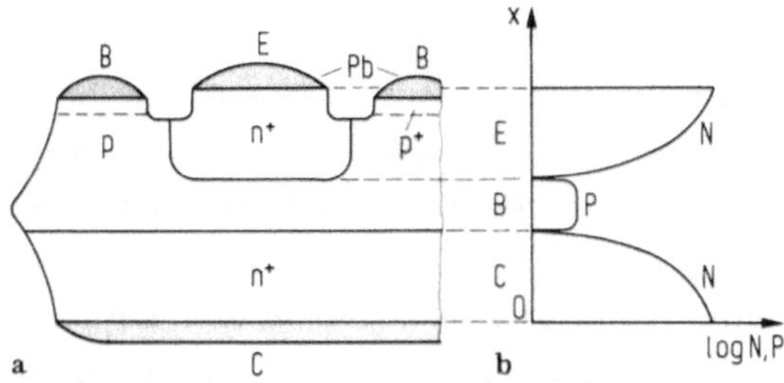

Abb.4.6. Aufbauschema eines einfachdiffundierten Transistors.
a) Schnittzeichnung; b) Dotierungsverlauf zwischen Emitter und
Kollektor

Den Aufbau eines typischen Einfachdiffusionstyps zeigt die Abb.4.6.
Er entspricht grundsätzlich dem npn-Schema der Abb.1.7. Eine
schwach und homogen dotierte Basis liegt ohne ν-Zone symmetrisch zwischen den gut leitenden Emitter- und Kollektorgebieten,
vgl. Abb.4.6b. Die Emitter-Basis-Geometrie ist von der Form einer groben Kammstruktur, von der in Abb.4.6 nur ein begrenzter
Querschnitt erkennbar ist. Typische Chipabmessungen liegen zwischen 4 × 4 und 6 × 6 mm Kantenlänge.

Zur Fertigung wird eine p-leitende Siliziumscheibe mit hohem spezifischen Widerstand (20 bis 40 Ωcm) an der Ober- und Unterseite
ganzflächig mit Phosphor belegt. Die Phosphorschicht, die nur wenige Mikrometer dick ist, wird an der Scheibenvorderseite im Bereich der Basisfinger abgeätzt. Der Emitterkamm bleibt als Erhöhung stehen. Die ganze Scheibe wird anschließend mit einer borhal-
tigen Schicht überzogen. Das Bor verbessert den elektrischen Kontakt im p-Gebiet und stört die viel stärkere Emitterdotierung nicht.
Bor und Phosphor werden an beiden Seiten in einem einzigen Lang-
zeitdiffusionsschritt so weit in die Scheibe hineingetrieben, bis die

beiden Phosphorfronten sich auf 20 bis 40 µm Abstand gegenüber-
stehen. Der Zwischenraum bildet die aktive p-Basiszone.

Die diffundierte Siliziumscheibe wird an beiden Seiten naßchemisch
vernickelt. Mit einer zweiten Fototechnik wird das Metall zwischen
Basis und Emitter wieder entfernt und zur besseren elektrischen
Isolation ein Mesagraben eingeätzt. Gleichzeitig entstehen zwischen
benachbarten Transistorsystemen an beiden Scheibenseiten Trenn-
gräben. Einfachdiffundierte Transistoren sind immer mit Weichlot
montiert und kontaktiert. Das erforderliche Bleilot läßt sich durch
Eintauchen der vernickelten Scheiben in ein Bleibad aufbringen. Die
Bleikissen an der Oberfläche schützen die Vorder- und Rückseite
der Scheibe bei allen weiteren Ätz- und Montageprozessen.

In den unverbleiten Rastergräben können die einzelnen Transistorsysteme nach dem Diamantritzen gebrochen werden. Die Bruchkan-
ten machen eine abschließende Überätzung erforderlich, mit der
saubere Mesaflanken an den freiliegenden Kollektordioden entstehen.
Die Montage ist in Abschnitt 4.2.5 beschrieben.

Der angegebene Fertigungsablauf weicht bei den verschiedenen Her-
stellern einfachdiffundierter Transistoren in den Einzelheiten ab.
Gemeinsam ist aber, daß die Fertigungstechnik nur ein Minimum
an Fototechniken (3) und wenig kritische Verfahrensschritte beinhaltet. Der geringen Anzahl der relativ großen einfachdiffundierten
Chips auf einer fertigen Siliziumscheibe stehen kostenmäßig hohe
Ausbeuten und die einfache Herstellung gegenüber.

4.2.3 Epibasistechnik

Ein Epibasistransistor (homobase transistor) entspricht ebenfalls
dem npn-Schema von Abb.1.7. Während die Einfachdiffusionstechnik eine eigene Prozeßlinie erfordert, lassen sich bei der Fertigung von Epibasistransistoren viele Herstellungsschritte von den
Planartypen übernehmen. Das ist einer der Gründe, weshalb Epibasistransistoren seit Ende der Sechziger-Jahre relativ rasch eine
starke Verbreitung gefunden haben.

200

Aufbauschema und Dotierungsverlauf zeigt die Abb.4.7. Bei der
Systemfertigung von npn-Typen besteht die Basis aus einer schwach
p-leitenden epitaxialen Schicht, die auf dem gut n-leitenden Kollektorsubstrat liegt. Als erstes wird die Leitfähigkeit der Basisbereiche durch eine ganzflächige Basisdiffusion erhöht. In das dabei ent-
stehende Oxid ätzt man das Fenster für den Emitterkamm. Der
Emitter wird mit starker Phosphorkonzentration durch die oberflächennahe Borschicht hindurch in die hochohmige Basis hineindiffun-
diert. Die verbleibende Zone zwischen Emitter und Kollektorsubstrat ist als Basiszone je nach Sperrfähigkeit des Transistors zwischen 5 und 20 μm dick.

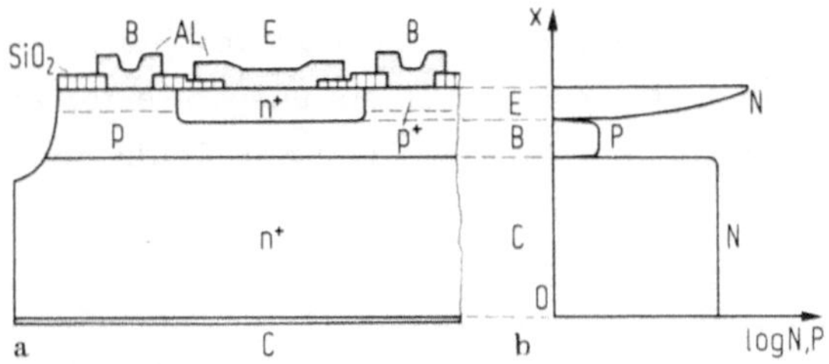

Abb.4.7. Aufbauschema eines Epibasistransistors.
a) Schnittzeichnung; b) Dotierungsverlauf zwischen Emitter und
Kollektor

Das Ätzen der Kontaktfenster für Emitter und Basis, die Aluminiumbedampfung und die Metallfototechnik zur Auftrennung der Leitbahnen werden ebenso wie bei einem Planartransistor ausgeführt. Wegen
der größeren Ströme sind die Aluminiumstreifen einige Mikrometer dick.

Abweichend ist die anschließende vierte Fototechnik für den Mesagraben. Zwischen den Transistorsystemen wird von der Oberseite
her ein Raster bis in das Substrat hineingeätzt. Die pn-Übergänge
zwischen Basis und Kollektor sind durch einen Mesagraben abgeschlossen. Die Scheibenrückseite ist für die Legierungsmontage mit
Gold bedampft. Da die Systeme auf der Scheibe nur noch über den
Kollektor zusammenhängen, können sie einzeln ausgemessen werden. Die Trennung erfolgt durch Ritzen in den Gräben und Brechen
entlang der Ritzspur.

Der beschriebene Scheibenprozeß zur Herstellung von Epibasistransistoren ist bezüglich der Anzahl von Fototechnik- und Hochtemperaturprozeßschritten mit einem Planartyp vergleichbar. Wegen der größeren Basisweite wirken sich aber Kristall- und Diffusionsfehler weniger aus. Die Ausbeuten sind, auf gleiche Chipabmessungen bezogen, bei der Epibasistechnik größer.

Da Epibasistransistoren überwiegend in Plastikgehäusen untergebracht sind, besitzen sie häufig eine zusätzliche Passivierungsschicht im Mesagraben zum Schutz der Kollektordiode. Mit der angegebenen Technik lassen sich nur Transistoren von maximal 80 V
Sperrvermögen herstellen. Die Basisweite, die der Raumladungszone der Kollektordiode entsprechen muß, kann in Hinblick auf die
Stromverstärkung nur begrenzt erhöht werden. Bei höheren Spannungen fügt man deshalb zwischen Basis und Kollektor eine weitere
Epischicht als ν-Zone ein, die einen Teil der Feldzone aufnimmt.

4.2.4 Dreifachdiffusionstechnik [67]

Dreifachdiffundierte (triple diffused) Leistungstransistoren haben
eine Zonenfolge npνn wie in Abb. 1.8 und stimmen damit in ihrem
Dotierungsschema mit Planartypen überein. Den Aufbau zeigt Abb.
4.8. Als Unterschied wird die νn-Zonenfolge nicht über Epitaxie
und Substrat vorgegeben, sondern mit einem dritten Diffusionsschritt hergestellt. Diese aufwendige Fertigungstechnik ergibt einen für Hochspannungstransistoren besonders vorteilhaften Dotierungsverlauf am νn-Übergang, in dem der Dotierungsübergang zwischen Basis und Kollektor allmählich erfolgt. Die Summe der elektrischen Eigenschaften einschließlich Sperrspannungen, Restspannungen, Schaltzeiten und Belastbarkeit ist in Planartechnik mit einer einfachen epitaxialen Kollektorschicht anstelle der diffundierten
Schicht nicht realisierbar. Vergleichbare Daten sind erst mit einer
noch aufwendigeren, planaren Technik zu erreichen, bei der ein auseinandergezogenes Diffusionsprofil im Kollektor durch mehrere hintereinanderliegende Epischichten angenähert wird. Transistoren mit
einem Dotierungsverlauf ähnlich der gestrichelten Kurve in Abb.
4.8b, die ebenfalls in Mesatechnik gefertigt sind, stellen eine Alternative zur Dreifachdiffusionstechnik dar.

Die Siliziumscheiben für dreifachdiffundierte Transistoren sind homogen n-leitend und haben einen hohen spezifischen Widerstand zwischen 10 und 100 Ωcm, der für die ν-Zone eines Hochspannungstransistors notwendig ist. In die Scheiben, die etwa 400 μm dick sein müssen, wird beidseitig eine starke Phosphorkonzentration tief eindiffundiert. In der diffundierten Scheibe haben sich die n^+-Grenzen bis auf den Abstand angenähert, der als Stärke der ν-Zone benötigt wird. Für 1000 V Spitzenspannung muß die ν-Schicht nahezu 100 μm betragen.

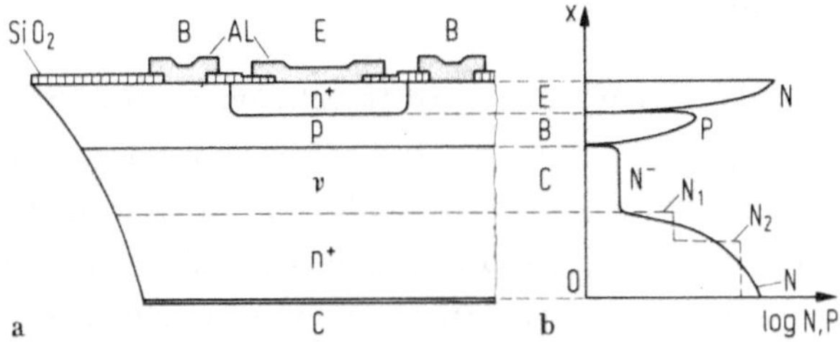

Abb.4.8. Aufbauschema eines dreifachdiffundierten Transistors.
a) Schnittzeichnung (trenngeätzte Ausführung); b) Dotierungsverlauf zwischen Emitter und Kollektor (gestrichelt ein Dotierungsprofil mit mehrfach-epitaxialem Kollektor)

Die n^+-Schicht auf der Scheibenrückseite bildet den Subkollektor. Die Dotierung der Vorderseite ist unerwünscht, kann aber wegen der Diffusionsdauer von hundert Stunden bei höchsten Temperaturen mit einer Oxidmaskierung nicht verhindert werden. Sie wird mit einem chemisch-mechanischen Polierverfahren wieder entfernt. Diese Politur muß mit höchster Genauigkeit und nur wenigen Mikrometern Abweichung erfolgen, da jede Schichtdickenschwankung sich direkt auf die Dicke der ν-Schicht und damit auf die Sperr- und Hochstromeigenschaften auswirkt.

Der weitere Fertigungsablauf ähnelt dem der Planartechnik. Die Basisdiffusion wird aber in einem Mesatransistor ganzflächig ohne Fototechnik ausgeführt. Emitterdiffusion, Kontaktfensteröffnung, Aluminiumbedampfung und Leitbahnätzen entsprechen dagegen den Standardverfahren. Die Basisweiten (10 bis 20 μm), die Emittertiefen (10 μm) und die Metalldicken sind jeweils größer. Die Scheibenrückseiten sind durch eine Nickel-Gold-Schicht lötfähig gemacht.

Die letzten Prozeßschritte einschließlich der Systemtrennung hängen stärker von der individuell verfügbaren Technologie des Halbleiterherstellers ab. Beim Trennätzverfahren ätzt man die Scheiben von der Rückseite her durch. Dazu ist ein eigener Fotolackschritt notwendig. Ein Vorteil dieses Verfahrens sind die negativ angeschrägten Mesakanten, die nach Abschnitt 3.2.5 bei hohen Sperrspannungen günstig sind. In einer Prozeßvariante stellt man die negativen Mesaflanken durch schräge Sägeschnitte zwischen den Systemen auf der Scheibe her. Die elektrischen Daten der Transistoren lassen sich auf der Scheibe wegen der durchgehenden Basis nicht isoliert messen.

In einem anderen Trennverfahren dreifachdiffundierter Transistoren wird wie bei Epibasistypen von der Scheibenvorderseite her ein Mesagraben durch die ν-Schicht hindurch bis zum stark dotierten Kollektor geätzt. Diese Mesaausführung ist aber nur für Sperrspannungen bis 500 V geeignet. Für höhere Spannungen kleidet man den Graben mit einer 20 bis 30 μm dicken Passivierungsglasschicht aus. Das Glas enthält ortsfeste negative Ladungen, mit denen sich die maximale Feldstärke an der Siliziumoberfläche verkleinert. Mit Glasmesatechnik lassen sich Spitzenspannungen von über 1000 V erzielen. Ein Vorteil der Mesatechnik ist die elektrische Trennung der Transistorsysteme auf der Scheibe. Sie können deshalb vor der Vereinzelung ausgemessen und ausgesondert werden. Die Trennung selbst erfolgt wie bei Epibasistransistoren durch Ritzen und Brechen entlang der Mesagräben oder in einem eigenen Trenngraben.

Bei Transistoren mit Spitzenspannungen oberhalb von 1500 V verringert sich der Aufwand für die dritte Diffusion. Die erforderlichen ν-Zonen des Kollektors sind mit 150 bis 200 μm so dick, daß sie auch allein die Stärke einer mechanisch verarbeitbaren Scheibe besitzen. Die Dreifachdiffusion samt Politur vereinfacht sich zu einer Kollektorkontaktdiffusion, die gleichzeitig mit dem Emitter ausgeführt wird.

4.2.5 Montage und Gehäuse

Die Montagemethoden und Gehäuseformen von Leistungstransistoren weichen wegen der größeren Chipabmessungen und der höheren Strö-

me, Spannungen und Verlustleistungen von denen der Planartypen
ab. Einige oft verwendete Gehäuseformen sind in Abb.4.9 zusammengestellt.

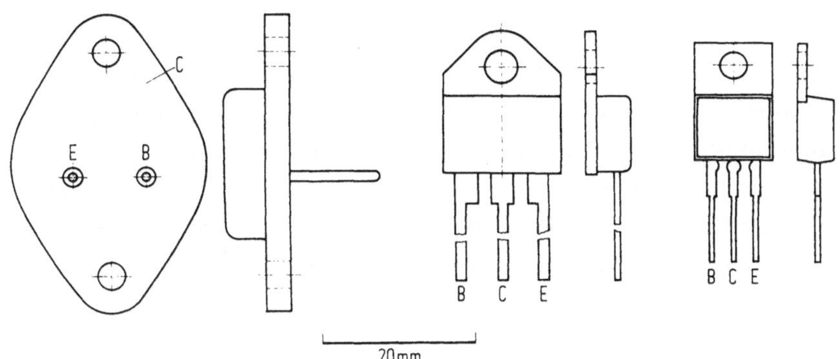

Abb.4.9. Standardgehäuse für NF-Leistungstransistoren.
Links: TO-3 Metallgehäuse; Mitte: TOP-3 Kunststoffgehäuse; rechts:
TO-220 Kunststoffgehäuse

Weltweiter Standard ist das TO-3-Metallgehäuse, das für Siliziumchips von maximal 7×7 mm Kantenlänge, Verlustleistungen von
maximal 200 W und Ströme bis 30 A geeignet ist. Vergleichsweise
seltener wird die kleinere Ausführung TO-66 verwendet. NF-Transistoren noch größerer Leistung setzt man auch in die hier nicht abgebildeten Schraub- und Flachgehäuse ein, wie sie von den Thyristoren her bekannt sind. Die Plastikgehäuse TO-220 (TOP-66 oder
TO-66 P) und TOP-3 stimmen in ihren Anschlußbelegungen und Gehäusebohrungen mit den entsprechend benannten Metallgehäusen
überein. Im untersten Leistungsbereich ist auch das bereits erwähnte SOT-32-Gehäuse üblich.

Epibasistransistoren können dank ihrer kleinen Chipabmessungen
auf die gleiche Weise wie Planartypen direkt auf die Systemträger
der Kunststoffgehäuse auflegiert werden. Die obere Grenze für die
direkte Hartlötung liegt derzeit bei 3×3 mm Kantenlänge des Siliziumsystems, was einem 10 A-Typ entspricht. Die größeren dreifachdiffundierten Chips benötigen zum Ausgleich der Schubkräfte,
die bei Temperaturänderungen zwischen Silizium und Bodenplatte
auftreten, ein Molybdänscheibchen als Zwischenschicht. Häufiger werden große Transistoren aber ohne Molybdän weich aufgelötet. Eine

Weichlotschicht kann wegen ihrer plastischen Verformbarkeit ebenfalls Querkräfte ausgleichen. Die robusten einfachdiffundierten Typen gibt es nur mit Bleilötung.

Emitter- und Basisbereiche aller Epibasis- und vieler Dreifach-
diffusionstransistoren werden mit Aluminiumdrähten zwischen 100
und 400 µm Durchmesser für Maximalströme zwischen 5 und 30 A
kontaktiert. Die Drähte sind mit Hilfe eines Ultraschallstempels
an die Kontaktflecken der Chips und an die Durchführungen der
Bodenplatten oder an die Systemträger angeheftet. Die Vorderseite
der einfachdiffundierten Typen wird ebenso wie die Rückseite weich
gelötet. Den Kontakt zwischen Siliziumchip und den äußeren Anschlüssen stellt ein Halteblech her.

Diese Montage- und Kontaktiermethode hat außerdem den Vorteil,
sich relativ gut automatisieren zu lassen. In zunehmendem Maße
führen sich deshalb Weichlotkontakte auch bei dreifachdiffundierten
Typen ein. Wegen der größeren Stromdichten und der feineren Strukturen liegt unter dem Bleilot noch eine elektrisch besser leitende
Aluminium- oder Kupferschicht.

4.2.6 Elektrische Eigenschaften und Anwendungen

Leistungstransistoren haben, abhängig von ihrer Technologie, spezielle elektrische Eigenschaften und unterschiedliche Anwendungsschwerpunkte. Die besonderen Merkmale sind anschließend beschrieben.

Einfachdiffusionstransistoren

Einfachdiffundierte Siliziumtypen werden für maximale Kollektorspannungen bis 150 V und Betriebsströme von 5 bis 20 A hergestellt.
Wegen ihrer großen Basisweite, der tiefen Emitter- und Kollektor-
diffusion und wegen der relativ großen Chipfläche haben sie die höchste Belastbarkeit aller Leistungstransistoren. Sie sind praktisch
frei von einem zweiten Durchbruch. Nachteile ihrer großen Basisweite sind die geringe Grenzfrequenz und die großen Schaltzeiten.
Außerdem lassen sich in dieser Technik keine pnp-Typen mit befrie-
digender Stromverstärkung fertigen.

Bevorzugte Anwendungsgebiete sind analoge Regler in elektrisch stabilisierten Netzgeräten oder in Motorsteuerungen, elektronische Schalter in der industriellen Elektronik und in abnehmendem Maße auch quasikomplementäre Tonendstufen großer Ausgangsleistung. Der bekannteste Typ, mit der Bezeichnung 2N 3055, hat aufgrund seiner Robustheit und Zuverlässigkeit den charakterisierenden Beinamen eines "Arbeitspferds der Elektronik" erhalten. Die Bedeutung der einfachdiffundierten Transistoren ist wegen der konkurrierenden Epibasistypen zurückgegangen. Ein verbleibender Anteil kann jedoch in Hinblick auf die Belastbarkeit durch eine andere Fertigungstechnik nicht ersetzt werden.

Epibasistransistoren

Diese Siliziumtransistoren sind für Spannungen bis 100 V und Betriebsströme von maximal 10 A als npn- und pnp-Typen auf dem Markt. Sie haben relativ geringe Basisweiten und steile Dotierungsprofile, auf die ihre guten dynamischen Eigenschaften und der günstige Stromverstärkungsverlauf zurückgehen. Dank der besseren Ausnutzung der Siliziumfläche konnten sie trotz ihrer im Prinzip aufwendigeren Fertigungstechnik die einfachdiffundierten Transistoren aus vielen angestammten Brennplätzen verdrängen, in denen die Belastbarkeit nicht den Ausschlag gibt.

Typische Anwendungen sind transformatorlose, mit komplementären Typen aufgebaute Tonendstufen zwischen 10 und 100 W Ausgangsleistung. Darüber hinaus werden sie universell als elektronische Schalter im gesamten Konsum- und Industriegütersektor eingesetzt. Im Bereich kleinerer Ströme und Spannungen stehen Epibasistransistoren in Massenanwendungen allerdings in einem immer härteren Wettbewerb mit integrierten Leistungsschaltungen. In hochwertigen Tonendstufen großer Leistung erwächst außerdem durch "vertikale" Feldeffekttransistoren eine starke Konkurrenz. Deshalb ist auch die Bedeutung der Epibasistechnik im Vergleich zu anderen Technologien abnehmend.

Dreifachdiffundierte Transistoren

Siliziumtransistoren in Dreifachdiffusionstechnik sind heute für Kollektorspitzenspannungen zwischen 100 und 3000 V verfügbar. Die

Arbeitsströme liegen typisch zwischen 1A und 30 A. Diese Strom-
und Spannungsklasse liegt zur Zeit außerhalb der Möglichkeiten einer integrierten oder sonstigen konkurrierenden Technik. Die
zahlreichen Anwendungsmöglichkeiten beginnen sich andererseits
erst jetzt in vollem Umfang abzuzeichnen. Dreifachdiffundierte Transistoren haben gemeinsam mit den elektrisch vergleichbaren epitaxialen Mesatypen eine noch wachsende Bedeutung.

Sie werden universell als schnelle Schalter bei hohen Spannungen
eingesetzt, in der Regel zum Schalten induktiver Lasten. Die ersten
Massenanwendungen waren Horizontalendstufen von Fernsehgeräten. Bald darauf begann die Entwicklung getakteter Netzgeräte und
Spannungswandler, mit denen die Nachteile des schweren Netztrans-
formators und der hohen Verlustleistung einer analogen Spannungs-
regelung entfallen. Ein wichtiges Anwendungsgebiet für dreifachdiffundierte Siliziumtypen ist auch die elektronisch geregelte Kraft-
fahrzeugzündung. In dieser Anwendung haben Darlingtonanordnungen
besondere Vorzüge, vgl. Abschnitt 4.4.

Sonstige Leistungstransistoren

Für Transistoren größerer Schaltströme bis maximal 1000 A Kollektorstrom mit einigen 1000 V Sperrspannung und großen Gehäusen
gibt es einen z.Z. noch kleinen, aber zunehmenden Bedarf. Sie werden in einer epitaxialen Technik hergestellt. Ihre Anwendungsplätze
tangieren die der Thyristoren. Neben den beschriebenen Siliziumtransistoren sind auf dem Leistungssektor auch legierte und diffundierte Germaniumtypen noch in begrenztem Umfang im Einsatz. Für
Neuentwicklungen werden jedoch die Siliziumtransistoren wegen
ihrer besseren Eigenschaften bei hohen Temperaturen vorgezogen.

4.3 Hochfrequenztransistoren

4.3.1 Besondere Probleme [68, 69, 70]

Silizium HF-Transistoren werden in Epitaxial-Planartechnik hergestellt. Sie entsprechen damit dem Schema der Abb.4.2. Mit der Betriebsfrequenz steigt aber der erforderliche technologische Auf-

wand. Die erhöhten Anforderungen beginnen bei Arbeitsfrequenzen von einigen Megahertz. Für Höchstfrequenztransistoren im Mikrowellenbereich müssen schließlich alle Fertigungsprozesse bis an die Grenze des Möglichen optimiert werden. Im selben Umfang nehmen die Probleme mit der Zuverlässigkeit und den Fertigungsausbeuten zu.

Eine hohe Laufzeitfrequenz f_T setzt nach Abschnitt 2.2.3 kleine vertikale Abmessungen des Transistors voraus. Die Basisweite, die bei NF-Transistoren mehr als 1 µm beträgt, muß für den Gigahertzbereich auf 0,1 bis 0,2 µm reduziert werden. Die Trägerlaufzeit ist auch durch die Stärke der Kollektorfeldzone begrenzt, die wiederum von der gewünschten Betriebsspannung abhängt. Da die Betriebsspannung in den meisten Anwendungen 10 V nicht unterschreitet, hat die Raumladungszone eine Ausdehnung von wenigstens einigen Mikrometern. Die Sperrschichtlaufzeit t_{Cs} in (2/29) hat bei Höchstfrequenztransistoren einen zunehmenden Einfluß auf f_T.

Weil f_T nach (2/29) auch von den Sperrschichtkapazitäten C_E und C_C abhängt, dürfen Emitter und Basis eines HF-Transistors nur minimale Flächen einnehmen. Kleine laterale Abmessungen sind auch in Hinblick auf einen geringen Basiswiderstand r_{bb}' erforderlich. r_{bb}' ist wiederum wegen der kleinen Basisweite erhöht. Hinzu kommt, daß die wirksame Emitterfläche mit zunehmender Frequenz durch die dynamische Emitterrandverdrängung immer schmäler wird.

Die notwendige Emitterrandlänge l_E ist durch den Betriebsstrom bestimmt. Wegen des Einflusses der Stromdichte auf die Basisweite kann je nach Emitterstruktur ein Strom von maximal 100 µA/µm ausgenutzt werden. l_E legt über r_{bb}' auch den Eingangswiderstand des Transistors fest.

Die elektrisch inaktiven Emitterbereiche erhöhen die Sperrschichtkapazität. Das Verhältnis $V_E = l_E/A_E$ von Emitterrandlänge l_E und Emitterfläche A_E bestimmt die relative Größe des Eingangsblindleitwertes und soll groß sein. V_E ist ein Gütemaß für Hochfrequenztransistoren.

Noch ungünstiger ist der Einfluß großer Basisabmessungen auf den Ausgangsleitwert. Die Ausgangskapazität stellt bei höchsten Fre-

quenzen einen unerwünschten Nebenschluß für das Ausgangssignal
dar. In einem HF-Sender wird nicht nur die Nutzleistung kleiner.
Ebenfalls nachteilig sind die größeren thermischen Probleme durch
die höheren Verluste. Als besonders wichtiger Gütefaktor muß deshalb auch das Verhältnis $V_B = l_E / A_B$ von Emitterrandlänge und
Basisfläche A_B möglichst groß sein. Vom Gütemaß V_B hängt auch
das Produkt $r'_{bb} C_C$ ab, das als innere Rückwirkung nach (2/36)
die Leistungsverstärkung eines HF-Transistors mitbestimmt.

Um die sehr kleinen Abstände zwischen Basis und Emitter eines HF-
Transistors trotz der unvermeidlichen Justier- und Maskenfehler
richtig einzustellen, sind anstelle der Standardprozesse häufig komplizierte selbstjustierende Maskentechniken erforderlich, mit denen
kritische Abmessungen über eine gemeinsame Maske festgelegt werden. Der gedrängte Aufbau und die hohen Stromdichten haben außerdem zur Folge, daß die spezifische Verlustleistung im Halbleitervolumen größer ist als bei NF-Typen. Damit die Spitzentemperatur
örtlich nicht zu hoch ansteigt, muß die Leistung durch zusätzliche
konstruktive Maßnahmen gleichmäßig über den Chip verteilt werden.
In Frage kommen Serienwiderstände und isolierte Basisinseln, die
wiederum die parasitären Kapazitäten nicht zu sehr erhöhen dürfen.

Ein weiteres Zuverlässigkeitsproblem entsteht bei feinen Emitterstrukturen wegen der schmalen Leitbahnen und der großen Stromdichten in den Metallschichten. Eine lange Lebensdauer von HF-
Transistoren ist im Zusammenhang mit den hohen Betriebstempera-
turen nur über aufwendige Techniken, z.B. Mehrschichtenmetallisierungen, zu erreichen. Die Erhöhung der maximalen Frequenz eines Transistors ist untrennbar mit der Vergrößerung aller thermischen Probleme verknüpft.

Die Betriebsstromdichten sowie die spezifischen Verlustleistungen
sind in HF-Vor- und -Endstufen nicht sehr verschieden. Die meisten
Detailprobleme nehmen zwar naturgemäß mit dem Gesamtstrom zu,
auf eine grundsätzliche Unterteilung in Kleinsignal- und Großsignaltransistoren wird aber bei der anschließenden Diskussion der Fertigungstechnik verzichtet. Abgestuft sind alle HF-Typen eingeschlossen.

210

4.3.2 Emittergeometrie

Um die unterschiedlichen Hochfrequenz- und Zuverlässigkeitsei-
genschaften zu optimieren, wurde eine Reihe ausgeklügelter Emitter-Basis-Strukturen entwickelt [68, 69, 70]. Die Komplexität
geht aus den in Abb.4.10 gezeigten charakteristischen Formen einiger bekannter Geometrien für HF-Transistoren hervor.

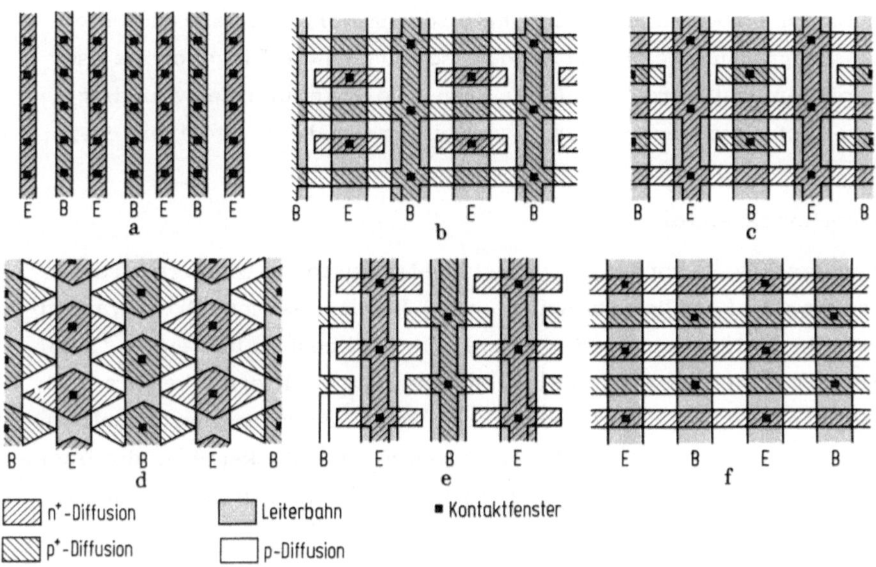

Abb.4.10. Emitter-Basis-Strukturen von HF-Transistoren (schematisch, npn-Typen).
a) Fingerstruktur; b) Overlaystruktur; c) Mesh-Emitter; d) Diamantstruktur; e) Perlenkettenstruktur; f) Mikrogitterstruktur

Fingerstruktur

Die älteste und auch heute für Vorstufen günstigste Geometrie ist
die Kamm- bzw. Fingerstruktur nach dem Prinzip der Abb.4.10a.
Sie unterscheidet sich von der für NF-Transistoren üblichen Ausführung äußerlich durch die feineren Abmessungen. Die einzelnen
Emitterfinger sind zur Verringerung der Kapazität als getrennte
Streifen diffundiert und hängen nur über die Emittermetallisierung
zusammen. Zwischen den Emitterfingern befinden sich zusätzliche
p^+-Diffusionsstreifen der Basis, die den Widerstand zwischen Emitterrand und Basiskontakt verringern. Das übrige Basisgebiet ist

schwächer dotiert. Damit bleibt die Sperrschichtkapazität klein und die Durchbruchspannung der Emitterdiode ausreichend groß.

Eine typische Transistor-Fingerstruktur für höchste Frequenzen besitzt 10 bis 30 Streifen mit Breiten bis herab zu 1 μm bei 10 μm Länge. Der Nachteil einer Fingerstruktur sind die schmalen Leitbahnen und die schlechte Kontaktierbarkeit der Emitterstreifen (Abschn.4.3.3). Deshalb stellt sie nur im Vorstufenbereich bis zu höchsten Frequenzen die optimale Lösung dar. Wird sie auch für Leistungstransistoren verwendet, so müssen die Fingerbreiten so groß gemacht werden, daß der Transistor nur für relativ niedrige Arbeitsfrequenzen, unterhalb von einem Gigahertz, geeignet ist.

Overlaytransistor

Eine zweite, besonders für Leistungstransistoren wichtige Struktur ist die ebenfalls bereits seit über 10 Jahren bekannte Overlayanordnung nach dem Schema der Abb.4.10b. Sie besteht aus einem Gitter von p^+-Basisleitungen, zwischen denen die Emitterflächen als Inseln liegen. Der Name Overlay ist auf die Anordnung der Metallbahnen zurückzuführen, die die einzelnen Emitterflecken über die Basisbereiche hinweg auf dem Oxid verbinden. Einzelheiten erkennt man besser in der Zeichnung Abb.4.11.

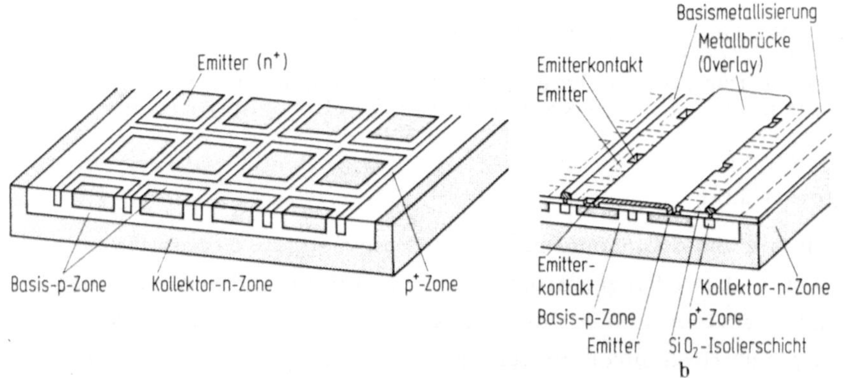

Abb.4.11. Overlaystruktur ([61], S. 12).
a) Anordnung der Zonen; b) Metallisierungsschema

Die Overlaykonstruktion läßt, unabhängig von den Streifenabmessungen, breite Metallbahnen zu und ergibt zuverlässige Hochfrequenz-

Leistungstransistoren bei hohen Stromdichten. Ein Nachteil ist der
große Flächenanteil der Basiszone, der den Ausgangsleitwert bei
hohen Frequenzen erhöht. Die Emitterflecken müssen nämlich wegen der unvermeidlichen Spannungsabfälle an den p^+-Bahnen kurz
sein. Overlaytransistoren enthalten typisch 20 bis einige 100 Emitterinseln und werden für maximal 2 GHz Arbeitsfrequenz gebaut.

Mesh-Emitter

Das dritte bekannte Aufbauschema eines HF-Leistungstransistors
besitzt eine Emitter-Gitterstruktur nach Abb. 4.10c (mesh emitter).
Es stellt die inverse Ausführung des Overlayprinzips dar, in dem
die Basisflächen von einem Netz diffundierter Emitterbahnen umge-
ben sind. Wegen der relativ großen Emitterfläche bzw. Emitterrandlänge ist ein ausgezeichnetes Hochstromverhalten bei Frequenzen
bis 4 GHz erreichbar. Nachteilig ist, daß jeder Emitterbereich nach
mehreren Richtungen hin Anschluß an Metallbahnen hat. Gleichmäßige Stromverteilung und hohe Zuverlässigkeit durch Serienwiderstände sind schwerer realisierbar als mit der Overlaystruktur. Abb.
4.14 zeigt den Ausschnitt eines Transistors mit Mesh-Emitter und
Schutzwiderständen am Ende der Emitter-Doppelfinger.

Diamantstruktur

Ein günstiges Verhältnis der Emitterrandlänge zur Emitter- und
zur Basisfläche läßt sich mit schachbrettartig angeordneten Emit-
ter- und Basisdiffusionsgebieten erreichen, die mit diagonal verlaufenden Metallbahnen kontaktiert sind. Daraus entwickelte sich die
Diamantstruktur (diamond) der Abb. 4.10d. Die Flecken des Gitter-
musters sind rautenförmig. Dadurch sind die Randlängen größer und
die verbindenden Metallbahnen breiter. Wie beim Overlayprinzip lassen sich die Emitterbereiche einzeln durch Schutzwiderstände absi-
chern. Mit Transistoren nach dem Diamantschema sollten sich optimale Hochfrequenzeigenschaften mit hoher Zuverlässigkeit kombinieren lassen.

In der Praxis blieben die nach diesem Prinzip aufgebauten Transistoren bisher allerdings im Rahmen dessen, was auch mit den anderen

Strukturen zu erreichen ist. Die Rautenform wird bei der verfügbaren Fertigungstechnik durch Verätzung verwaschen und die Randlängen sind herabgesetzt.

Sonstige Strukturen

Die Tannenbaumgeometrie der Abb.4.10e stellt eine zweidimensio-
nale Fingerstruktur dar, die mit einer Overlaymetallisierung ver-
sehen ist. Ähnlich aufgebaut sind Transistoren mit den Namen Fisch-
grät- (fishbone) oder Perlenketten- (beady) Struktur. Ihre Herstellung ist teilweise einfacher als die eines Transistors nach dem klassischen Overlayprinzip.

In Abb.4.10f ist schließlich noch eine Mikrogrid- oder Matrixstruk-
tur skizziert. Sie erlaubt es, die schmalen Emitter einer Fingerstruktur mit den breiten Metallbahnen einer Overlayanordnung zu
kombinieren.

4.3.3 Technologische Maßnahmen

Die Fertigung der kompliziert aufgebauten Strukturen ist nur mit einer besonders aufwendigen Prozeßtechnik möglich. Beispiele sind
die Verfeinerung der Masken- und Fototechnik (Elektronenstrahl-
und Projektionsbelichtung), besser kontrollierbare Dotierungsver-
fahren (Ionenimplantation, Diffusion aus dem Oxid) und neue Ätz-
und Maskiermethoden.

Bei der Emitterdiffusion mit Phosphor schiebt die eindringende Emitterfront die Basis-Kollektor-Grenze vor sich her, sodaß eine Basisweite von $0,3\,\mu m$ sich nicht unterschreiten läßt (Schneepflugeffekt,
base push out, emitter dip). Dieser Effekt hängt mit Kristallstörungen zusammen, die während der Emitterdiffusion entstehen. Der
Störeffekt läßt sich verringern, indem die Phosphorkonzentration
im Emitter erniedrigt wird. Eine Lösung in dieser Richtung ist der
Polysilemitter, bei dem die Emitterdiffusion durch eine Oberflächenschicht von polykristallinem Silizium erfolgt [71], vgl. Abschnitt
2.1.2 über schwache Emitterdotierung.

Transistoren für den Betrieb oberhalb von 500 MHz besitzen häufig
einen Arsen- anstelle des Phosphoremitters. Der Vorteil bei kleinen

Basisweiten ist einmal eine bessere Basisleitfähigkeit durch eine
stufenartig zur Basis abfallende Emitterdotierung. Außerdem sind
die Kristallstörungen geringer, sodaß der Schneepflugeffekt nicht
auftritt. Die günstigsten Dotierungsverläufe bezüglich Eindringtiefe
und Konzentration lassen sich mit Ionenimplantation herstellen.

Ein besonderes technologisches Problem stellt die Kontaktierung
der feinen Emitterstreifen eines Höchstfrequenztransistors mit
Kammstruktur dar. Es ist technisch nicht möglich, in Dotierungs-
bahnen von nur 1 µm Breite noch schmälere Fenster für den Anschluß der Metallbahnen einzuätzen. Man ist deshalb gezwungen,
die diffundierten Emitterstreifen ohne Kontaktfototechnik nach einer
kurzen ganzflächigen Überätzung in voller Breite zu metallisieren
(Vollemitter, wash out emitter). Weil dabei die Gefahr von Kurz-
schlüssen zwischen Basis und Emitter besteht, setzt diese Fertigungstechnik eine spezielle Schichtenfolge der Metallbahnen voraus.

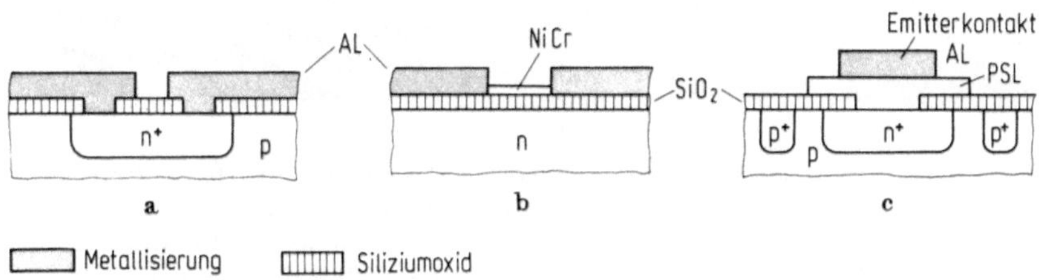

Abb.4.12. Verschiedene Ausführungen von Emitter-Balastwiderständen.
a) Diffundierter Widerstand; b) Metallschichtwiderstand; c) Polysi-
liziumwiderstand

Die erhöhten thermischen Beanspruchungen von Hochfrequenz-Leistungstransistoren versucht man durch zusätzliche Strukturen auszugleichen. Im Prinzip dienen sie dazu, die aktiven Emitterflächen
gleichmäßig auszulasten (emitter balasting). Typische Ausführungen
dieser Serienwiderstände sind in Abb.4.12 zusammengestellt.

Abb.4.12a zeigt den Schnitt durch einen diffundierten Widerstand,
der z.B. zwischen Emitterfinger und Emitterkontaktfleck angeordnet ist. Die Zuverlässigkeit dieses Schutzwiderstandes ist optimal,
die parasitären Kapazitäten verschlechtern aber die Hochfrequenzeigenschaften. Ein Dünnfilmwiderstand nach Abb.4.12b, der aus
Nickel-Chrom oder aus Tantal besteht, ist für hohe Frequenzen bes-

ser geeignet und in Abb.4.14 rechts oben zwischen den Leitbahnflächen zu erkennen. Bei Metallwiderständen besteht unter extremsten thermischen Bedingungen allerdings die Gefahr einer Elektromigration. In Abb.4.12c ist schließlich dargestellt, wie man in einem Overlaytransistor durch eine Polysiliziumschicht (PSL) zwischen Metallbahn und Kontaktfenster eine gleichmäßige Stromverteilung auf alle Emitterinseln erreicht.

 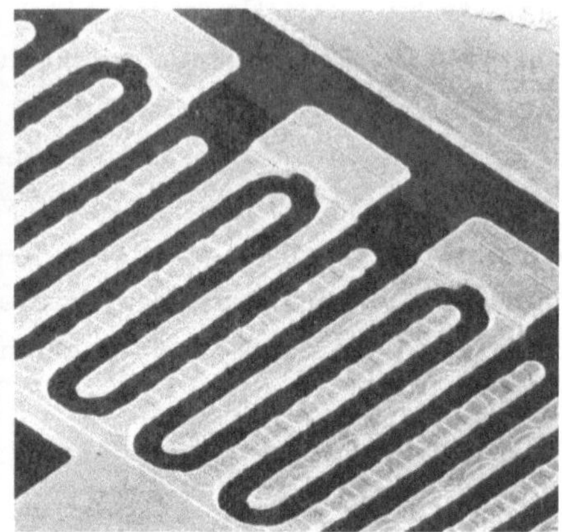

Abb.4.13. HF-Breitbandtransistor mit Zwei-Zellenstruktur und Mesh-Emitter (REM-Aufnahme, Werkfoto Siemens AG)

Abb.4.14. Ausschnittsvergrößerung von Abb.4.13. Rechts oben: Metallwiderstand zwischen Emitterbereichen und Kontaktfleck (REM-Aufnahme, Werkfoto Siemens AG)

Da Emitterwiderstände den Wirkungsgrad einer Sendestufe herabsetzen, versucht man, die gleichmäßige Leistungsaufteilung auch über Basiswiderstände zu erreichen (base ballasting). In einem Hochfrequenzsender, der im C-Betrieb arbeitet, kann bei Fehlanpassung der Antenne andererseits ein Zustand eintreten, in dem die Kollektorspannung auf den mehrfachen Wert im Vergleich zum Normalbetrieb ansteigt. Emitterwiderstände haben aber gegenüber dem Strom aus einer Lawinenmultiplikation nur eine geringe Schutzwirkung. Besser sind in diesem Fall zusätzliche Kollektorbahnwiderstände zwischen der Raumladungszone im ν-Gebiet und dem n^+-Subkollektor (collector ballasting). Diese Widerstände entstehen z.B. durch eine mehrfach-epitaxiale Schichtenfolge im Kollektor, wie sie in Abb. 4.8b skizziert ist.

Um die im Zentrum einer Emitterstruktur unvermeidbare Übertemperatur klein zu halten, geht man bei Transistoren großer Ausgangsleistung dazu über, die aktiven Emitterflächen in mehrere Einzelzellen aufzuteilen. Die Basisbereiche sind voneinander isoliert über eine größere Chipfläche verteilt. Ein HF-Leistungstransistor besteht damit aus einer Anzahl parallel geschalteter kleiner Einzeltransistoren. Der Transistor in Abb.4.13 setzt sich aus zwei derartigen Zellen zusammen.

Obwohl man über geeignete Emitterstrukturen zu breiteren und dickeren Aluminiumleitbahnen kommt, stellt die Materialwanderung im Metall bei HF-Transistoren ein besonders kritisches Problem dar. Man ist häufig gezwungen, komplizierte Mehrschichtenmetallisierungen einzuführen, die in Abschnitt 3.4 schon erwähnt wurden.

4.3.4 Montage und Gehäuse

Je mehr die Systeme von Hochfrequenztransistoren bezüglich der Hochfrequenzeigenschaften optimiert sind, umso mehr treten die Einflüsse von Montage und Gehäuse in den Vordergrund. Von den parasitären Einflüssen stellen bei höchsten Frequenzen die Induktivitäten der Zuleitungen und die Koppelkapazitäten zwischen Ein- und Ausgang die größten Störfaktoren dar. Bei Leistungstransistoren muß auch in Hinblick auf die thermischen Probleme zusätzlicher Montageaufwand getrieben werden.

Wichtig ist, daß die gemeinsame Elektrode induktivitätsarm aus dem Gehäuse herausgeführt ist. Hochfrequenztransistoren haben deshalb unterschiedlich geformte Systemträger, je nachdem ob sie in Emitter- oder in Basisschaltung eingesetzt werden sollen. Die Anschlußfahnen sind innerhalb des Gehäuses so angeordnet, daß Ausgangs- und Eingangselektrode durch die gemeinsame, auf Masse liegende Elektrode kapazitiv voneinander abgeschirmt sind. In HF-Transistoren sind Metallgehäuse oder große Kühlflächen entweder elektrisch von allen drei Elektroden isoliert oder sie haben eine leitende Verbindung zum geerdeten Emitter- oder Basiskontakt des Siliziumchips. Die elektrische Isolation zwischen der Systemrückseite und dem darunterliegenden Metall kommt durch eine dazwi-

schenliegende Berylliumoxidscheibe zustande, die den Wärmeab-
fluß wenig behindert.

In einem induktivitätsarmen Bandleitungsgehäuse werden die Induktivitäten der Bondingdrähte häufig durch Parallelschaltung mehre-
rer Drähte verringert, vgl. Abb.4.15a. In großflächigen Transistoren ergänzt man die Parasitärinduktivitäten durch Parallelkapazi-
täten auch zu einer Anpassungsschaltung.

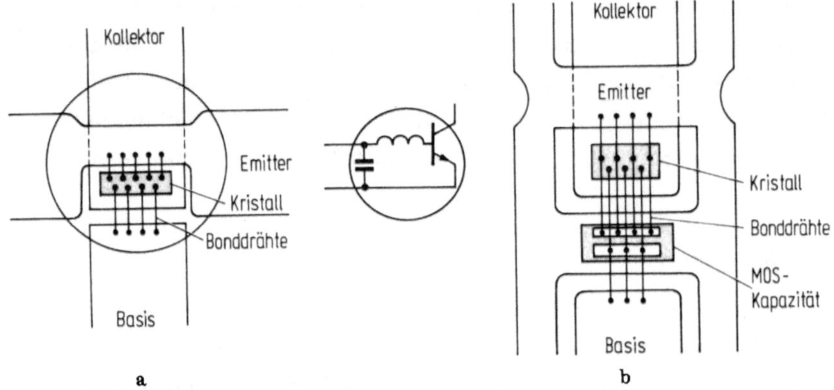

Abb.4.15. Montage von HF-Transistoren ([51], S. 29).
a) Transistorchip in einem Bandleitungsgehäuse; b) erweitertes Gehäuse mit Teilen der Anpassungsschaltung

Im Beispiel der Abb.4.15b ist der Transistoreingang mit Hilfe eines
eigenen Kapazitätschips zu einer vollständigen Transformationsschal-
tung erweitert worden. Entsprechende Ergänzungen kann man auch
für den Ausgang vorsehen, wobei der Kollektor von seiner Unterlage
isoliert sein muß.

Die innere Anpassung im Gehäuse eines HF-Transistors ist aufwen-
dig, bietet aber besonders für Leistungstypen eine Reihe von Vortei-
len:
a) Die Bandbreite und die Leistungsverstärkung sind höher. Die
Störeinflüsse des Gehäuses lassen sich individuell kompensieren.
b) Die Ein- und Ausgangswirkwiderstände eines Leistungstransistor-
chips lassen sich aus dem Ohmbereich auf Werte zwischen 10 und
50 Ohm hochtransformieren. Das bringt nicht nur geringeren Schal-

tungsaufwand für den Anwender, sondern bei angepaßtem Ausgang
auch einen besseren Kollektorwirkungsgrad von Sendestufen.

c) Durch individuelle Anpassung der einzelnen Zellen einer großflächigen Transistorstruktur läßt sich eine gleichmäßige Belastung
aller Zellen unabhängig von ihrer Position auf dem Chip realisieren.

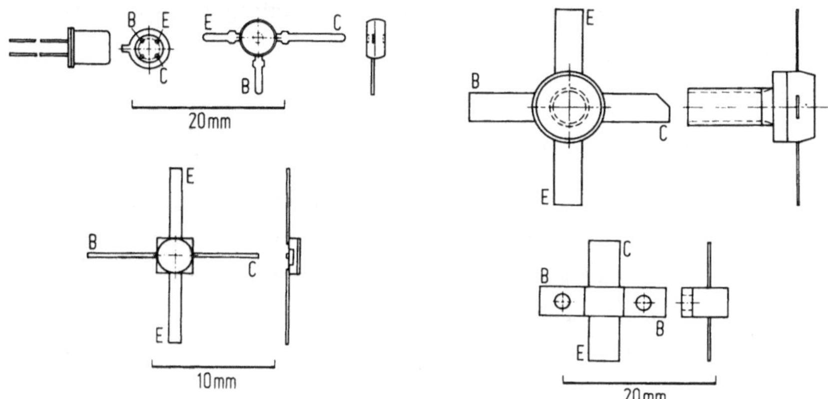

Abb. 4.16. Gehäuse für HF-Transistoren.
Links von oben nach unten (Vorstufentransistoren): T0-72 Metallge-
häuse; T-Plastikgehäuse, Kunststoff-Bandleitungsgehäuse; rechts:
Bandleitungsgehäuse für Leistungstransistoren mit Gewinde- und
Schraubstutzen (Gehäuse verschiedener Hersteller)

In Abb. 4.16 sind links drei typische Gehäuse für HF-Vorstufen ab-
gebildet. Das Gehäuse T0-72 unterscheidet sich vom T0-18 Gehäuse
der NF-Transistoren durch einen eigenen Anschlußdraht für den
Kollektor. Der Chip sitzt, elektrisch vom Gehäuse isoliert, auf einer kleinen Plattform des zusätzlichen Drahtes. Im unteren HF-
Bereich bis zu Frequenzen von 1 GHz findet das T-Plastikgehäuse
Verwendung. Keramik-Bandleitungsgehäuse eignen sich auch für
höchste Frequenzen bis 10 GHz. Die von den Niederfrequenztypen
her bekannten Kunststoffgehäuse T0-92 und SOT-23 werden, mit
abgewandeltem inneren Aufbau, ebenfalls für HF-Bauelemente eingesetzt.

Wenig äußere Übereinstimmung herrscht zwischen den Gehäusen von
Hochfrequenz-Leistungstransistoren der verschiedenen Halbleiterhersteller. Fast alle stellen Varianten der Bandleitungsgehäuse dar, die
in Abb. 4.16 rechts als Beispiele angegeben sind. Je nach Verlust-

leistung besitzen diese Gehäuse eine Kühlfahne, einen Gewinde-
oder einen Schraubstutzen zur Abführung der Wärme. Abhängig
vom Verwendungszweck ist das Bandsystem mit Kunstharz vergossen oder durch Keramik geschützt. Aufwendige Ausführungen sind
durch einen aufgeglasten Keramikring um das Transistorsystem
und einen aufgelöteten Metalldeckel hermetisch verschlossen. Im
Vergleich zu Bandleitungsgehäusen werden Koaxialgehäuse relativ
selten verwendet.

4.3.5 Eigenschaften und Anwendungen

Von der Anwendung her gesehen läuft die Unterscheidung zwischen
Kleinsignal- und Großsignaltransistoren bei hohen und höchsten
Frequenzen vereinfacht betrachtet auf eine Einteilung in Transistoren für den Empfangs- und für den Sendebereich hinaus. Eine Zwi-
schenposition nehmen Breitbandtransistoren ein.

Kleinsignaltransistoren

Der praktische Einsatz der Kleinsignaltypen für Rundfunk- und Fern-
sehtuner begann bereits Ende der Fünfziger-Jahre mit der Entwicklung der Germanium-Mesatransistoren [72]. Germaniumtypen haben sich im Konsumbereich in HF-Vorstufen bis maximal 1 GHz
auch heute noch gegen Siliziumtransistoren behauptet. Sie haben den
Vorteil der größeren Ladungsträgerbeweglichkeit, die bei vergleichbaren Abmessungen eine höhere Grenzfrequenz bedeutet. Die Mesa-
ausführungen sind inzwischen durch Planarverfahren verbessert und
an die modernen Fertigungstechniken angepaßt. Die Planarmaskie-
rung der Germaniumoberfläche erfolgt über eine pyrochemisch abge-
schiedene SiO_2-Schicht.

Der Mikrowellen-Anwendungsbereich oberhalb von 1 GHz konnte
allerdings erstmalig nur mit Siliziumtransistoren bedient werden.
Langfristig gesehen ist zu erwarten, daß Germaniumtypen auch bei
allen anderen HF-Anwendungen vollständig verdrängt werden.

Von der Anwendung, von der Funktion und von der Technologie aus-
gehend ist eine weitere Unterteilung der Vorstufentypen sinnvoll.
Für regelbare Vorstufen und selbstschwingende Mischstufen sind

regelbare Transistoren erwünscht. In Breitbandverstärkern, fremd-
gesteuerten Mischern und in Oszillatoren benötigt man Typen geringer Abregelung. Die Regelcharakteristik muß über ein dickeres und
schwächer dotiertes Bahngebiet im Kollektor erkauft werden. Da
diese technologischen Maßnahmen der Forderung nach hoher Grenzfrequenz zuwider laufen, kommen regelbare Transistoren für Mikrowellenfrequenzen nicht in Frage. In Zusammenhang mit der Regelcharakteristik steht auch die Großsignalfestigkeit von HF-Vor-
stufentransistoren.

Die maximalen Betriebsströme liegen bei Anwendungen im Empfangs-
bereich nicht über 20 mA, die Verlustleistungen unterhalb von 1 W
und die zulässige Betriebsspannung in Hinblick auf eine hohe Grenzfrequenz typisch nur bei 20 V. In der Konsumtechnik, im gesamten
Frequenzbereich unterhalb von 1 GHz, von Langwelle bis zum UHF-
Bereich, sind heute Siliziumtransistoren mit Leistungsverstär-
kungen von mehr als 20 dB und einem Rauschmaß unterhalb von
5 dB Standard. Die aufwendiger gefertigten Typen für die kommer-
zielle Elektronik haben auch bei 2 GHz noch eine Leistungsverstärkung zwischen 15 und 20 dB mit einem Rauschen, das bei 2 oder
3 dB liegt. Silizium-Höchstfrequenztransistoren sind derzeit für Betriebsfrequenzen bis maximal 7 GHz verfügbar.

Breitbandtransistoren

Breitbandtransistoren setzt man z.B. in Antennenverstärkern ein.
Sie haben wegen der höheren Ausgangsleistung und der höheren thermischen Beanspruchungen anstelle von Fingergeometrien bereits
die komplizierteren Strukturen der Sendetransistoren. Ein zusätzlicher Optimierungsschwerpunkt neben den Hochfrequenzeigenschaften
ist eine möglichst geringe Verzerrung der verstärkten Signale. Typisch sind Arbeitsströme bis 200 mA bei Betriebsspannungen um
15 V. Bei einer Frequenz von 1 GHz werden Signale von 1 V an 75 Ω
abgegeben. Die Grenzfrequenz liegt bei 4 GHz.

Endstufentransistoren

Großsignaltransistoren, die auf höchste abgegebene Leistung bei hohen Frequenzen ausgelegt sind, können wegen der vielfältigen Anfor-

derungen nur für spezielle Anwendungsfälle konzipiert werden. Jeder
Vorteil an Ausgangsleistung oder Zuverlässigkeit macht sich über
den zusätzlichen Fertigungsaufwand umso stärker in den Herstellungskosten bemerkbar, je höher die gewünschte Grenzfrequenz
ist. Die Anwendung erfordert andererseits Transistoren für Sender
in einem breiten Frequenzbereich von einigen Mega- bis zu mehreren Gigahertz für sehr unterschiedliche Ausgangsleistungen und
spezielle Einsatzbedingungen. Als Ergebnis gibt es bei HF-Leistungstransistoren eine große Typenvielfalt mit jeweils nur vergleichsweise
geringen Stückzahlen.

Die Anwendungen umfassen den gesamten Bereich der Nachrichten-
technik, von Fernsehumsetzern bis zu allen Arten der Funktechnik,
von ziviler Weitverkehrstechnik bis zu Mobil-, Marine- und Militär-
funk. Sendestufen laufen wegen des besseren Wirkungsgrades der
Umwandlung von Gleichstrom- in Hochfrequenzleistung bevorzugt
im C-Betrieb. Aus Gründen geringerer Verzerrung kann jedoch auch
ein A- oder ein Gegentakt-B-Betrieb notwendig sein. Die Betriebs-
art hat großen Einfluß auf die spezifische thermische Belastung und
auf die jeweils erforderliche Sicherheit gegen Überlastfälle. Wenn
Transistoren in Hochfrequenzsendern nicht im Dauerbetrieb sondern
gepulst arbeiten, ändern sich die Anforderungen an die Belastbarkeit. In allen Arten von Radaranwendungen werden z.B. sehr hohe
Leistungen nur für eine Zeitdauer von Mikrosekunden bei großen Im-
pulspausen abgegeben.

Dem heutigen Fertigungsstand entsprechen HF-Leistungstransistoren,
die bei 1 GHz etwa 40 W, bei 2 GHz 20 W und bei 3 bzw. 4 GHz 5 W
Ausgangsleistung abzugeben vermögen. Im gepulsten Betrieb sind
bei 1 GHz bereits einige 100 W, bei 2 GHz bis zu 40 W Leistungsab-
gabe möglich [73].

Zukünftiger Trend

Hochfrequenztransistoren lassen sich in den Stufen des unteren
bis mittleren Frequenzbereichs der Rundfunk- und Fernsehempfän-
ger durch integrierte Schaltungen ersetzen. Eine Konkurrenz erwächst den Silizium-HF-Transistoren auch aus anderen Richtungen.
Einmal haben Galliumarsenid-Feldeffekttransistoren heute für kleine

und mittlere Ausgangsleistungen Vorteile bei höchsten Frequenzen.
Auf der anderen Seite lassen vertikale Silizium-Feldeffekttypen,
z.B. in V-MOS-Technik, in allen Leistungsklassen eine einfachere
Fertigungstechnik bei guten HF-Eigenschaften erwarten.

4.4 Anhang: Darlingtontransistoren

4.4.1 Allgemeine Eigenschaften [74]

In Abschnitt 2.1 wurde gezeigt, daß in der Praxis die maximale
Stromverstärkung durch Emitterwirkungsgrad und Basistransportfaktor, die Verstärkung bei großen Strömen zusätzlich durch Basisaufweitung, starke Injektion und Emitterrandverdrängung begrenzt
ist. Zur Erhöhung der Stromverstärkung werden NF-Vorstufen- und
NF-Leistungstypen deshalb zunehmend auch als Darlingtontransistoren entwickelt und gefertigt (benannt nach dem Namen des Erfinders).

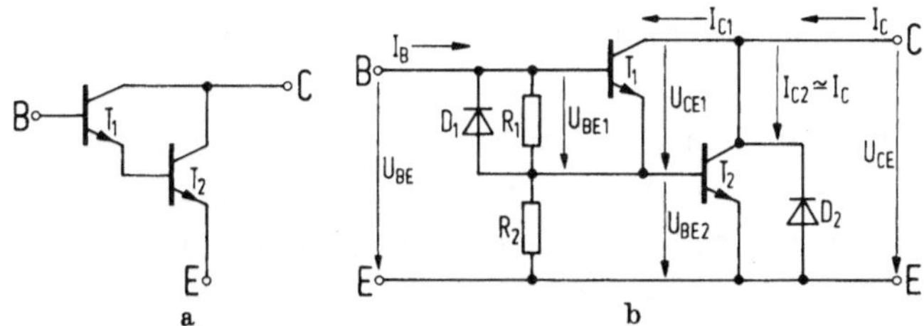

Abb.4.17. Darlingtontransistor.
a) Aufbauprinzip mit zwei npn-Transistoren T_1 und T_2; b) vollständige Ausführung mit zwei Eingangswiderständen R_1 und R_2 und zwei
Dioden D_1 und D_2

Eine Darlingtonanordnung besteht grundsätzlich aus wenigstens zwei
Transistoren, die mit gemeinsamem Kollektor hintereinander geschaltet sind: Aus dem Treibertransistor T_1 und aus der Endstufe
T_2, vgl. Abb.4.17a. Der Emitter des Treibers liefert den Basisstrom der Endstufe. Der gesamte Kollektorstrom I_C teilt sich in
die größere Komponente I_{C2} durch T_2 und den kleineren Anteil I_{C1}
durch T_1 auf. Die maximale Stromverstärkung B dieser Anordnung
folgt aus den entsprechenden Werten B_1 und B_2 der Einzeltransisto-

ren: $B = I_C/I_B = [B_1 I_B + (B_1 + 1) I_B B_2]/I_B$ oder

$$B = B_1 B_2 + B_1 + B_2 \simeq B_1 B_2 \qquad (4/1)$$

Die Einzelstromverstärkungen multiplizieren sich in erster Näherung. Mit einer für NF-Vorstufentypen üblichen Einzelstromverstärkung von 500 erhält man beispielsweise eine Gesamtverstärkung $B \simeq 500^2 = 250 \cdot 10^3$.

Sind die zwei Transistoren auf einem gemeinsamen Chip untergebracht, so stellt diese Anordnung genau genommen eine integrierte Schaltung dar. Trotzdem werden Darlingtontypen als eigene Bauelemente den Einzeltransistoren zugerechnet. Einmal verhalten sie sich elektrisch wie Einzeltransistoren und stimmen auch in den äußeren Anschlüssen und Gehäusen mit ihnen überein. Hinzu kommt, daß bei der Fertigung keine zusätzlichen Prozeßschritte erforderlich sind. Insbesondere kann auf eine eigene Isolationsdiffusion, wie sie für die bipolare monolithische Integrationstechnik charakteristisch ist, wegen des gemeinsamen Kollektors verzichtet werden.

Darlingtontypen haben gegenüber Einzeltransistoren bezüglich der elektrischen Eigenschaften auch eine Reihe von Nachteilen. Diese lassen sich durch zusätzliche Bauelemente verringern, die ohne erhöhten technologischen Aufwand auf dem Chip mit integriert werden können. In Abb.4.17b ist die Grundanordnung der Abb.4.17a um zwei Widerstände R_1 und R_2 zwischen Basis und Emitter der beiden Transistoren und um zwei Dioden D_1 und D_2 erweitert. Der typische Stromverstärkungsverlauf unter Einbeziehung der Widerstände ist in Abb.4.18 dargestellt, ein Ausgangskennlinienfeld in Abb. 4.19. Die Deutung folgt im nächsten Abschnitt.

Der großen Stromverstärkung stehen als Nachteil erhöhte Spannungsabfälle an Kollektor und Basis gegenüber. Nach Abb.4.17b summiert sich die Kollektorspannung des gesamten Bauelements zu

$$U_{CE} = U_{CE1} + U_{BE2} . \qquad (4/2)$$

Im durchgeschalteten Zustand ist nur der Treibertransistor mit $U_{CE1} = U_{CEsat1}$ in Sättigung, während die Spannung an T_2 immer

um den Betrag seiner Basis-Emitter-Spannung U_{BE2} größer bleibt.
Auch die Eingangsspannung U_{BE} ist gegenüber der eines Einzeltransistors auf das Doppelte erhöht, $U_{BE} = U_{BE1} + U_{BE2}$. Die hohe Basisspannung hat Rückwirkungen auf die Stromverstärkung. Unterschreitet die Kollektorspannung U_{CE} einen Wert von typisch 1 V, so fällt die Stromverstärkung bei zunehmendem Kollektorstrom sehr rasch bis auf Null ab. Der Basisstrom wird nicht mehr in den aktiven Basisbereich des Treibers injiziert, sondern fließt als Inversstrom unmittelbar in den Kollektor. Für sehr kleine Spannungen $U_{CE} < U_{BE2}$ gelten die Überlegungen des folgenden Abschnitts zum Stromverstärkungsverlauf nicht.

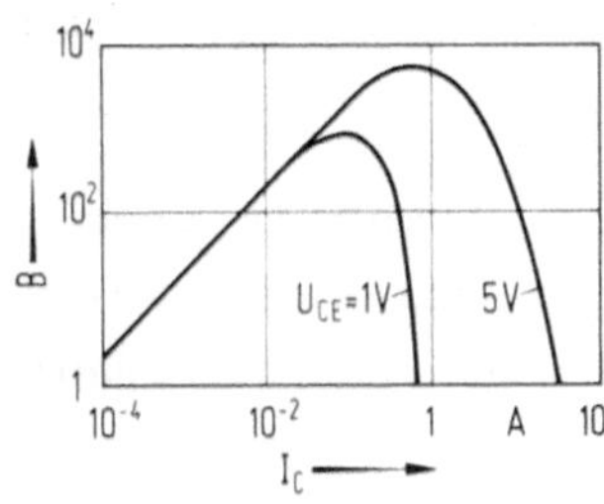

Abb. 4.18. Stromverstärkungsverlauf eines Darlingtontransistors mit Widerstandsbeschaltung für verschiedene Werte von U_{CE}

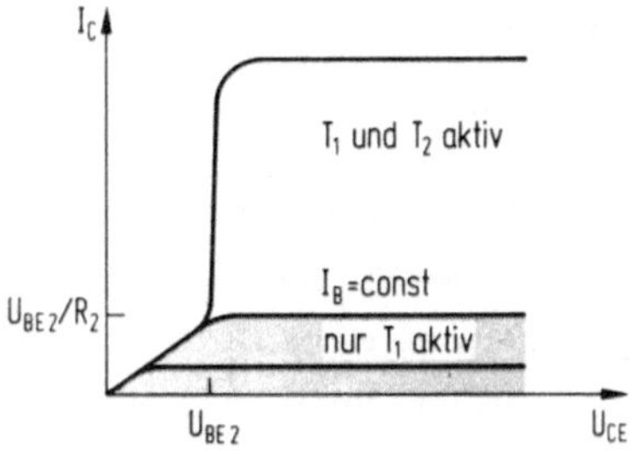

Abb. 4.19. Ausgangskennlinienfeld $I_C(U_{CE}, I_B)$ eines Darlingtontransistors mit Widerstandsbeschaltung

Bezüglich des Schaltverhaltens ist ein Darlingtontransistor gegenüber Einzeltransistoren ebenfalls ungünstig. Beim Abschalten läßt sich über die Basis kein Ausräumstrom für T_2 einprägen. Über den großen Widerstand R_1 kann nur ein relativ kleiner Strom I_{B2} fließen. Die schlechten Ausräumbedingungen wirken sich auf die Speicherzeit vergleichsweise weniger aus, da die Endstufe nicht in den vollen Sättigungszustand gebracht wird. Wegen seiner großen Abfallzeiten ist ein Darlingtontyp aber für schnelle Schaltanwendungen nicht geeignet. Das Schaltverhalten kann allerdings über eine Diode D_1 parallel zu R_1 verbessert werden, die bei negativer Basisspannung in Flußrichtung gepolt ist und beim Abschalten eine direkte Ansteuerung von T_2 über den äußeren Basisanschluß erlaubt. Die Diode D_2 erhöht die Zuverlässigkeit beim Schalten induktiver Lasten, da sie einen niederohmigen Weg für Inverströme darstellt.

Die Hochfrequenzverstärkung eines Darlingtontransistors errechnet sich aus dem Produkt der beiden Einzelstromverstärkungen, deren Frequenzabhängigkeit jeweils durch eine Kurve β von Abb.2.14 bestimmt ist. Die Gesamtverstärkung $\beta(f)$ nimmt bei hohen Frequenzen doppelt so rasch ab wie in Abb.2.14. Auf der Kurve ist das Produkt $f\,\beta(f)$ nicht konstant. Eine f_T-Frequenz mit der Bedeutung wie bei Einzeltransistoren läßt sich nicht angeben.

Im Bereich abnehmender Verstärkung $\beta(f)$ arbeitet ein Darlingtontransistor weniger stabil als ein Einzeltyp. Die erhöhte Schwingneigung ist auf den vergleichsweise großen Phasenwinkel zwischen Eingangs- und Ausgangssignal zurückzuführen, an dem beide Transistoren an ihrer Frequenzgrenze bei noch hoher Verstärkung beteiligt sind. Zur Hochfrequenzverstärkung werden Darlingtontypen deshalb nicht verwendet.

Eine Gefahr für die thermische Stabilität eines Darlingtontransistors ohne Widerstände stellen bei großen Spannungen und Temperaturen die Sperrströme dar. Der Sperrstrom I_{CEO1} des Treibers steuert die Endstufe und verstärkt sich weiter. In Leistungstransistoren, die bevorzugt bei hohen Temperaturen betrieben werden und die wegen ihrer Mesatechnik größere Sperrströme besitzen, reicht der verstärkte Sperrstrom aus, um die Endstufe ganz durchzuschalten. Diese Instabilität im Sperrzustand ist wegen der engen thermischen Verkopplung von T_1 und T_2 bei monolithischer Integration besonders kritisch.

Als Abhilfe integriert man die beiden zusätzlichen Widerstände R_1 und R_2 parallel zu den Eingängen der beiden Transistoren. Der Widerstand R_1 hält den Treiber im U_{CER}-Sperrzustand und verhindert einen U_{CEO}-Betrieb mit hohen Sperrströmen. I_{CER1} liegt in der Größenordnung des kleinen Diodensperrstroms I_{CBO} und fließt durch R_2 an T_2 vorbei. Wegen R_2 bleibt auch T_2 trotz der äußerlich nicht zugänglichen Basis im U_{CER}-Bereich. Durch die Parallelwiderstände sind nach Abschnitt 3.2.3 die Absolutwerte der Durchbruchspannung erhöht. Das Sperrverhalten von T_2 kann aber durch eine negative Vorspannung der Basis nur verbessert werden, wenn eine Diode D_1 nach Abb.4.17 vorhanden ist.

Die stabilisierende Wirkung von Widerständen ist umso besser, je
kleiner ihre Werte sind. Sie dürfen andererseits in Hinblick auf
die Stromverstärkung nicht zu klein sein. Typische Widerstands-
werte von Leistungstransistoren sind $R_1 \simeq 1\,k\Omega$ und $R_2 \simeq 25\,\Omega$, während für Planarausführungen wegen der geringeren Sperrströme
$10\,k\Omega$ bzw. $200\,\Omega$ ausreichend sind.

4.4.2 Stromverstärkung

Der Vorteil von Darlingtontypen gegenüber Einzeltransistoren ist
die größere Stromverstärkung, deren Stromabhängigkeit anschließend genauer diskutiert wird. Zur Vereinfachung sind die stromab-
hängigen Verstärkungen der beiden Einzeltransistoren durch asymptotische Verläufe entsprechend Abb. 4.20a angenähert:

$$B = B_m = \text{const} \quad \text{für} \quad I_C \leqslant I_{CO} \,,$$

$$B = B_m \frac{I_{CO}}{I_C} \quad \text{für} \quad I_C \geqslant I_{CO} \,. \qquad (4/3)$$

Bei übereinstimmender Technologie sind die jeweiligen Maximalver-
stärkungen B_{m1} und B_{m2} sowie die Flußspannungen U_{BE1} und
U_{BE2} der Eingangsdioden etwa gleich groß. Die Eckströme I_{CO1}
und I_{CO2} der beiden Transistoren stehen angenähert im Verhältnis
der Systemflächen A_1 und A_2:

$$\frac{I_{CO1}}{I_{CO2}} \simeq \frac{A_1}{A_2} = \frac{A - A_2}{A_2} \,. \qquad (4/4)$$

A ist die Gesamtfläche beider Einzelsysteme.

Die aus den Einzeltransistoren berechnete Stromverstärkung der
Darlingtonanordnung unter Einbeziehung der basisseitigen Widerstände R_1 und R_2 ist in Abb. 4.20b schematisch dargestellt und
kann mit dem Verlauf aus Abb. 4.18 verglichen werden. Für die bei
kleinen Strömen mit I_C abnehmende Verstärkung sind die Widerstände verantwortlich. Bei großen Strömen ist der B-Abfall erheblich steiler als im Fall der Einzeltransistoren. Man kann insgesamt fünf Strombereiche unterscheiden, die nachfolgend einzeln untersucht werden.

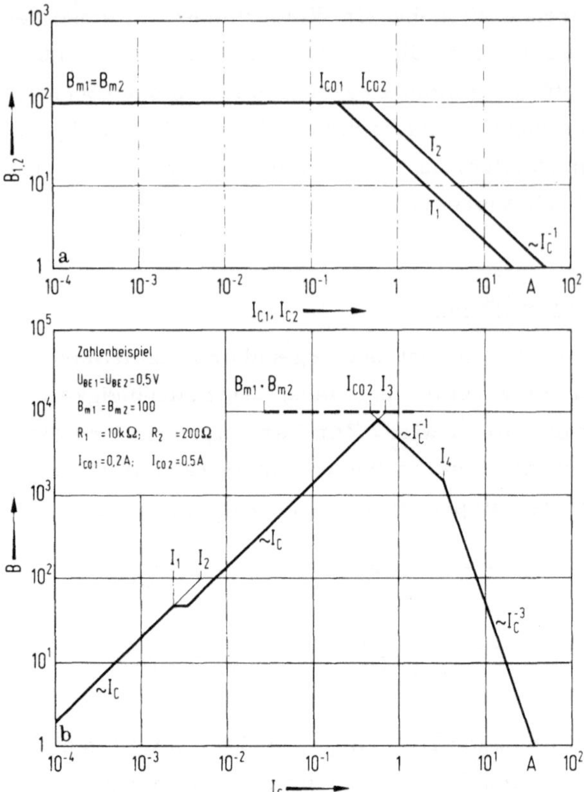

Abb. 4.20. Asymptotische Näherungen für den Stromverstärkungsverlauf eines Darlingtontransistors.
a) Einzeltransistoren T_1 und T_2; b) Darlingtonanordnung

a) $I_C = 0$

Sehr kleine Basisströme fließen durch die Widerstände R_1 und R_2 an beiden Transistoren vorbei. Treiber T_1 und Endstufe T_2 sind strom-los, im Ausgangskennlinienfeld erscheint kein Signal.

b) $0 < I_C \leqslant I_1$

Übertrifft der Spannungsabfall des Steuerstroms I_B an R_1 den Wert der Schleusenspannung U_{BE1}, so beginnt der Treiber zu leiten. Die Endstufe bleibt gesperrt, solange der Treiberstrom I_{C1} über R_2 abgeleitet wird und nicht ausreicht, um auch T_2 aufzusteuern. Es folgt

$$I_{C1} = \left(I_B - \frac{U_{BE1}}{R_1}\right)B_{m1} \tag{4/5}$$

228

und wegen $I_C = I_{C1}$

$$B = \frac{I_C}{I_B} = B_{m1} \frac{I_C}{I_C + I_2} \qquad (4/6)$$

mit

$$I_2 = \frac{U_{BE1}}{R_1} B_{m1} \; .$$

Diese Ausdrücke gelten nur bis zu einer oberen Stromgrenze $I_1 = U_{BE2}/R_2$, die im Zahlenbeispiel der Abb.4.20 2,5 mA beträgt. Sie erklären die lineare Zunahme von B mit I_C bei kleinen Strömen unter der Bedingung $I_C \ll I_2$ (5 mA im Beispiel). Die Ausgangskennlinien in Abb.4.19 zeigen wegen des in Reihe zu T_1 liegenden Widerstandes R_2 einen linearen Zusammenhang zwischen I_C und U_{CE}.

c) $I_1 \leqslant I_C \leqslant I_{CO2}$

Wenn der Spannungsabfall von I_C an R_2 den Schwellwert U_{BE2} überschreitet, kommt jede weitere Erhöhung des Gesamtstroms überwiegend durch einen größeren Strom I_{C2} von T_2 zustande. Unter der Bedingung $I_C \simeq I_{C2} \gg I_{C1}$ tritt unter Berücksichtigung von

$$I_{C2} = B_{m2} \left(I_{C1} - \frac{U_{BE2}}{R_2} \right) \qquad (4/7)$$

und (4/5) an die Stelle von (4/6) eine Beziehung

$$B = B_{m1} B_{m2} \frac{I_C}{I_C + I_3} \qquad (4/8)$$

mit

$$I_3 = B_{m2} \left(\frac{U_{BE2}}{R_2} + B_{m1} \frac{U_{BE1}}{R_1} \right) \; . \qquad (4/9)$$

Der Ausdruck (4/8) ist auf den Strombereich begrenzt, in dem beide Transistoren noch unterhalb ihrer Eckströme I_{CO1} bzw. I_{CO2} bei maximaler Stromverstärkung betrieben werden. Die Gesamtverstärkung steigt nach (4/8) wiederum linear mit I_C an, bis B in der Nähe von I_3 auf den maximalen Wert $B_{m1} B_{m2}$ zustrebt. Mit den gewählten Zahlen liegt dieser Strom bei $I_3 = 0,75$ A.

Die in Abb.4.20b sichtbare Verschiebung der Kurve bei I_1 ist nur durch die verwendete Näherung $I_C \simeq I_{C2}$ bedingt, in der ein Stromanteil I_1 durch R_2 vernachlässigt wurde. Bei exakter Rechnung erfolgt der Anstieg von B mit I_C ohne Unterbrechung, vgl. Abb. 4.18. Die Ausgangskennlinien in Abb.4.19 ändern sich in diesem Strombereich oberhalb einer Kollektorspannung $U_{CE} > U_{BE2}$ besonders stark mit Basisstrom oder Kollektorspannung.

d) $I_{CO2} \leqslant I_C \leqslant I_4$

T_2 führt im Darlingtontransistor den entsprechend seiner Stromverstärkung B_2 größeren Strom als T_1. Da das Chipflächenverhältnis (4/4) üblicherweise nur zwischen eins und fünf liegt, kommt T_2 bei zunehmendem Gesamtstrom mit $I_{C2} > I_{CO2}$ zuerst in den Bereich abfallender Stromverstärkung. Nach (4/3) gilt angenähert

$$I_{C2} \simeq I_C = B_{m2} \frac{I_{CO2}}{I_C} \left(I_{C1} - \frac{U_{BE2}}{R_2} \right) \qquad (4/10)$$

anstelle von (4/7). Mit (4/5) und (4/9) ist bei größeren Strömen (4/8) durch

$$B \simeq B_{m1} B_{m2} \frac{I_{CO2}}{I_C} \frac{I_C^2}{I_C^2 + I_{CO2} I_3} \qquad (4/11)$$

zu ersetzen. Es läßt sich eine maximale Stromverstärkung des Darlingtontransistors abschätzen. B_{max} ist deutlich kleiner als $B_{m1} B_{m2}$, wenn kleine Widerstände R_1 und R_2 auch bei größeren Kollektorströmen noch Einfluß auf die Stromverstärkung haben. Im Zahlenbeispiel der Abb.4.20 beträgt $B_{max} \simeq 4000$ gegenüber dem maximal möglichen Wert von 10 000. Der Einfluß der Widerstände darf aber in diesem Strombereich oft vernachlässigt werden, und (4/11) vereinfacht sich zu

$$B \simeq B_{m1} B_{m2} \frac{I_{CO2}}{I_C} = B_{m1} B_2 . \qquad (4/12)$$

Die Stromverstärkung des Darlingtontransistors fällt wie die des Einzeltransistors T_2 mit zunehmendem Strom nahezu hyperbolisch ab, $B \sim 1/I_C$. Die obere Grenze des Geltungsbereichs von (4/12) ist erreicht, wenn für $I_{C1} > I_{CO1}$ auch die Treiberverstärkung abnimmt. Mit $I_{C1} = I_{CO1}$ errechnet sich die Grenze aus (4/10) angenähert zu

$$I_4 = \sqrt{I_{CO1}\,I_{CO2}\,B_{m2}} \quad . \qquad (4/13)$$

Zahlenbeispiel: $I_4 = 3,2\,A$.

e) $I_C \geqslant I_4$

Im obersten Strombereich darf ein Einfluß der Widerstände auf die Stromverstärkung bei sinnvoller Dimensionierung einer Darlingtonanordnung immer vernachlässigt werden. Aus (4/3) ergeben sich folgende Verstärkungen:

$$\text{Endstufe } T_2 \qquad B_2 = \frac{I_{C2}}{I_{C1}} = B_{m2}\,\frac{I_{CO2}}{I_{C2}} \quad , \qquad (4/14)$$

$$\text{Treiber } T_1 \qquad B_1 = \frac{I_{C1}}{I_B} = B_{m1}\,\frac{I_{CO1}}{I_{C1}} = B_{m1}\,B_{m2}\,\frac{I_{CO1}\,I_{CO2}}{I_{C2}^2} \quad , \qquad (4/15)$$

Darlingtontransistor (mit $I_C \simeq I_{C2}$)

$$B \simeq B_1\,B_2 \simeq B_{m1}\,B_{m2}^2\,\frac{I_{CO1}\,I_{CO2}^2}{I_C^3} \quad . \qquad (4/16)$$

Die Stromverstärkung nimmt zu hohen Kollektorströmen stärker ab, als es dem Produkt zweier unabhängiger Einzelverstärkungen entsprechen würde. Für diese Abnahme ist in erhöhtem Maße der Treiberanteil verantwortlich. Die Verstärkung von T_1 nimmt einmal mit $1/I_{C1}$ ab. Wegen der kleiner werdenden Verstärkung von T_2 muß T_1 gleichzeitig einen überproportional zunehmenden Strom an T_2 abgeben.

Leistungstransistoren in Darlingtonschaltungen werden i.a. bei großen Kollektorströmen weit oberhalb des Stromverstärkungsmaximums betrieben. Für diesen Fall läßt sich aus (4/16) und (4/4) das optimale Flächenverhältnis der beiden Transistoren abschätzen. Aus

$B \sim I_{CO1} I_{CO2}^2 \sim A_1 A_2^2 = (A - A_2) A_2^2$ folgt mit $dB/dA_2 = 0$ die günstigste Flächenaufteilung $A_2 = 2/3\,A$, $A_1 = 1/3\,A$ und ein Flächenverhältnis $A_1 : A_2 = 1:2$ zwischen Treiber und Endtransistor.

Fällt die Stromverstärkung des Einzeltransistors statt nach (4/3) stärker, z.B. mit $1/I_C^2$ ab, so errechnet sich für die Stromabhängigkeit der gesamten Darlingtonverstärkung bei großen Kollektorströmen eine sehr starke Abnahme $B \sim 1/I_C^6$. Das optimale Flächenverhältnis verschiebt sich zu $A_1 : A_2 = 1:3$.

Literaturverzeichnis

1 Bardeen, J.; Brattain, W.H.: The transistor, a semiconductor triode. Phys. Rev. 74 (1948) 230-231.

2 Shockley, W.: The theory of pn-junction transistors. Bell Syst. Techn. J. 28 (1949) 435-489.

3 Spenke, E.: Elektronische Halbleiter. Berlin, Heidelberg, New York: Springer 1965.

4 Müller, R.: Grundlagen der Halbleiterelektronik (Band 1 der vorliegenden Reihe). Berlin, Heidelberg, New York: Springer 1971.

5 Möschwitzer, A.; Lunze, K.: Halbleiterelektronik. Heidelberg: Hüthig 1973.

6 Paul, R.: Transistoren. Braunschweig: Vieweg 1965.

7 Ruge, I.: Halbleiter-Technologie (Band 4 der vorliegenden Reihe). Berlin, Heidelberg, New York: Springer 1975.

8 Ebers, J.J.; Moll, J.L.: Large signal behavior of junction transistors. Proc. IRE 42 (1954) 1761-1772.

9 Einzelhalbleiter Standardtypen. Siemens Datenbuch 1975/76.

10 Sarkowski, H. (Herausgeber): Dimensionierung von Halbleiterschaltungen. Grafenau-Döffingen: Lexika-Verlag 1974.

11 Unger, H.G.; Harth, W.: Hochfrequenz-Halbleiterelektronik. Stuttgart: Hirzel 1972.

12 Petitclerc, A.: Electronique physique des semi-conducteurs. Paris: Gauthier-Villars 1962.

13 Tietze, U.; Schenk, C.: Halbleiter-Schaltungstechnik. Korr. Nachdr. d. 3. Aufl. Berlin, Heidelberg, New York: Springer 1971.

14 Shockley, W.; Read, W.T.: Statistics of the recombinations of holes and electrons. Phys. Rev. 87 (1952) 835-842.

15 Moll, J.L.; Ross, I.M.: The dependence of transistor parameters on the distribution of base layer resistivity. Proc. IRE, 44 (1956) 72-78.

16 Gummel, H.K.: Measurement of the number of impurities in the base layer of a transistor. Proc. IRE 49 (1961) 834.

17 Burtscher, J.; Dannhäuser, F.; Krausse, J.: Die Rekombination in Thyristoren und Gleichrichtern aus Silizium. Ihr Einfluß

auf die Durchlaßkennlinie und das Freiwerdezeitverhalten. Sol. St. Electr. 18 (1975) 35-63.

18 Mertens, R.P.; DeMan, H.J.; Overstraeten, R.J. van: Calculation of the emitter efficiency of bipolar transistors. IEEE Trans. ED-20 (1973) 772-778.

19 Kannam, P.J.: Effect of emitter doping on device characteristics. IEEE Trans ED-20 (1973) 845-851.

20 Sze, S.M.: Physics of semiconductor devices. New York, London, Sydney, Toronto: Wiley 1969.

21 Chudobiak, W.J.: The saturation characteristics of npn power transistors. IEEE Trans. ED-17 (1970) 843-852.

22 Whittier, R.J.; Tremere, D.A.: Current gain and cutoff frequency falloff at high currents. IEEE Trans. ED-16 (1969) 39-57.

23 Grove, A.S.: Physics and technology of semiconductor devices. New York, London, Sydney: Wiley 1967.

24 Paul, R.: Transistormeßtechnik. Braunschweig: Vieweg 1966.

25 Salow, H.; Beneking, H.; Krömer, H.; Münch, W. v.: Der Transistor. Berlin, Göttingen, Heidelberg: Springer 1963.

26 LeCan, C.; Hart, K.; DeRyter, C.: Schalteigenschaften von Dioden und Transistoren. Eindhoven: Philips 1963.

27 Manck, O.; Engl. W.L.: Two-dimensional computer simulation for switching a bipolar transistor out of saturation. IEEE Trans. ED-22 (1975) 339-347.

28 Hower, P.L.: Application of a charge-control model to high-voltage power transistors. IEEE Trans. ED-23 (1976) 863-870.

29 Schrenk, H.: Das Schalten mit dreifachdiffundierten Transistoren. Technische Mitteilung der Siemens AG, Bereich Bauelemente (1976).

30 Müller, R.: Bauelemente der Elektronik (Band 2 der vorliegenden Reihe). Berlin, Heidelberg, New York: Springer 1971.

31 Pfeifer, H.: Elektronisches Rauschen; Teil 1, Rauschquellen. Aachen: Mayer 1962.

32 Van der Ziel, A.: Fluctuation phenomena in semiconductors. London: Butterworths 1959.

33 Grove, A.S.; Hsu, S.T.: Don't just fight semiconductor noise. Electr. Design 17 (1969) 228-235.

34 Sah, C.T.; Hielscher, F.H.: Physical origins of the 1/f-noise. Phys. Rev. Let 17 (1966) 956-958.

35 McWorter, A.L.: 1/f-noise and germanium surface properties. In R.H. Kingston, Semiconductor surface physics, Philadelphia: University of Pennsylvania Press 1957.

36 Conti, M.: Surface and bulk effects in low frequency noise in npn planar transistors. Sol. St. Electr. 13 (1970) 1461-1469.

37 Khajezadeh, H.; McCaffey, T.T.: Material and process considerations for monolithic low 1/f noise transistors. Proc. IEEE 57 (1969) 1518-1522.

38 Cook, K.B.; Broderson, A.J.: Physical origins of burst noise. Sol. St. Electr. 14 (1971) 1237-1250.

39 Hsu, S.T.: Bistable noise in pn-junctions. Sol. St. Electr. 14 (1971) 487-497.

40 Wüstehube, J.: SOAR, sicherer Arbeitsbereich für Transistoren. Hamburg: Valvo-Ber. 19 (1975) 171-222.

41 RCA Designer's Handbook: Solid-state power circuits. RCA Corp. 1971.

42 Chynowith, A.G.: Ionisation rates for electrons and holes in silicon. Phys. Rev. 109 (1958) 1537-1540.

43 Adam, G.: Halbleiterbauelemente für höhere Spannungen. VDE-Fachtagung Elektronik 1968.

44 Miller, S.L.: Ionisation rates for electrons and holes in silicon. Phys. Rev. 105 (1957) 1246-1249.

45 Föll, H.; Kolbesen, B.O.: Formation and nature of swirl defects in silicon. Appl. Phys. 8 (1975) 319-331.

46 Osborn, C.M.; Raider, S.I.: The effect of mobile sodium ions on field enhancement breakdown in SiO_2 films of silicon. J. Electrochem. Soc.: Sol. St. Sc. and Techn. 120 (1973) 1369-1376.

47 Kennedy, D.P.; O'Brien, R.R.: Avalanche breakdown characteristics of a diffused pn junction. IRE Trans. ED-9 (1962) 478-483.

48 Kao, J.C.; Wolley, E.D.: High-voltage planar pn junctions. Proc. IEEE 55 (1967) 1409-1414.

49 Matsushita, T.; Aoki, T.; Ohtsu, T.; Yamoto, H.; Hayashi, H.; Okayama, M.; Kawana, Y.: Highly reliable high-voltage transistors by use of the SIPOS process. IEEE Trans. ED-23 (1976) 826-830.

50 Schaft, H.A.: Second breakdown, a comprehensive review. Proc. IEEE 55 (1967) 1272-1288.

51 Weidlich, H.: Stromkonzentration bei Hochfrequenz-Leistungstransistoren. Siemens Forsch. u. Entw. Ber. 3 (1974) 43-47.

52 Sunshine, R.A.; D'Aiello, R.V.: Direct observation of the effect of solder voids on the current uniformity of power transistors. IEEE Trans. ED-22 (1975) 61-62.

53 Navon, D.; Lee, R.E.: Effect of non-uniform emitter current distribution on power transistor stability. Sol. St. Electr. 13 (1970) 981-991.

54 Bergmann, F.; Gerstner, D.: Thermisch bedingte Stromeinschnürung bei Hochfrequenz-Leistungstransistoren. Arch. elektr. Übertr. 17 (1963) 467-475.

55 Weitsch, F.: Zur Theorie des zweiten Durchbruchs bei Transistoren. Arch. elektr. Übertr. 19 (1965) 27-42.

56 Zühlke, R.: Erster und zweiter Durchbruch bei Transistoren. Stuttgart: Dissertation 1971.

57 Poorter, T.: The relation between reverse-secondary breakdown behaviour and the properties of the epitaxial layer of
planar epitaxial power transistors. Philips Res. Rep. 23 (1968)
281-309.

58 Beatty, B.A.; Krishna, S.; Adler, M.: Second breakdown in
power transistors due to avalanche. IEEE Trans. ED-23 (1976)
851-857.

59 Rein, H.M.; Schad, T.; Zühlke, R.: Der Einfluß des Bahnwiderstandes und der Ladungsträgermultiplikation auf das Ausgangskennlinienfeld von Planartransistoren. Sol. St. Electr.
15 (1972) 481-500.

60 Slagmaat, G.C. van: Quality and reliability of silicon planar
semiconductor devices. Elcoma Information 1, Bd.3, 1969.

61 Euler, G.: Hochfrequenz-Leistungstransistoren. Hamburg: Boy-
sen Maasch 1975 (Firmendruck der Valvo GmbH).

62 Black, J.R.: Electromigration failure modes in aluminum me-
tallisation for semiconductors. Proc. IEEE 57 (1969) 1587-
1594.

63 Verderber, R.R.; Gruber, G.A.; Ostroski, J.W.; Johnson,
J.E.; Tarneja, K.S.; Gillott, D.M.; Coverston, B.J.: $SiO_2/$
Si_3N_4 passivation of high-power rectifiers. IEEE Trans. ED-17
(1970) 797-799.

64 Berman, A.H.: Glass passivation improves high-voltage transistors. Sol. St. Techn. (1976) 29-32.

65 Schrenk, H.: Eigenschaften von Silizium-Leistungstransistoren.
Siemens-Z. 46 (1972) 179-184.

66 Rücker, D.: Neue einfachdiffundierte, niederfrequente npn-Sili-
zium-Leistungstransistoren. Siemens-Z. 43 (1969) 400-402.

67 Wölfle, R.: Schnelle, hochsperrende Silizium-Leistungstransistoren. Siemens-Z. 46 (1972) 177-179.

68 Gri, N.J.: Microwave transistors from small signal to high
power. The Microw. J. (Febr. 1971) 45-62.

69 Jacobsson, D.S.: What are the trade-offs in rf transistor design? Microwaves (July 1972) 46-51.

70 Porekh, P.C.; Steenbergen, J.: The three keys to good transistor design. Microwaves (Aug. 1973) 40-44.

71 Graul, J.; Glasl, A.; Murrmann, H.: High performance transistors with arsenic implanted poysil emitters. IEEE SC-11
(1976) 491-496.

72 Dorendorf, H.; Rebstock, H.: Der Germanium-Mesatransistor.
Siemens-Z. 35 (1961) 602-608.

73 Poole, W.: Microwave bipolar transistors. Microwave J. (Febr.
1976) 31-36.

74 Einthoven, W.G.; Palouda, H.F.; Todd, A.: Charakteristics
of RCA monolithic power darlingtons. Sommerville: RCA Solid
State Division 1973.

Sachverzeichnis

Halbleiter-Elektronik

Herausgeber: Professor Dr. Walter Heywang,
Wissenschaftlicher Chefberater der
Siemens AG, München,
Professor Dr. Rudolf Müller, Inhaber des Lehr-
stuhls für Technische Elektronik der
Technischen Universität München

Springer-Verlag
Berlin
Heidelberg
New York

Lieferbare Bände:

Band 1
R. Müller

Grundlagen der Halbleiter-Elektronik

2., durchgesehene Auflage. 1975.
122 Abbildungen. 187 Seiten
DM 35,–; US $ 17.50
ISBN 3-540-06921-6

Inhaltsübersicht: Bindungsmodell der Halbleiter. – Elektrische Eigenschaften der Halbleiter. – Bändermodell der Halbleiter. – Störung des thermischen Gleichgewichts im
homogenen Halbleiter und Relaxation. – Inhomogene Halbleiter im thermischen Gleichgewicht. – Ladungsträgertransport. – Der pn-
Übergang.

Band 2
R. Müller

Bauelemente der Halbleiter-Elektronik

1973. 253 Abbildungen. IV, 226 Seiten
DM 47,–; US $ 23.50
ISBN 3-540-06224-6

Inhaltsübersicht: Physikalische Größen:
Dioden. – Injektionstransistoren. – Feldeffekttransistoren. – Thyristoren. – Spezielle Halbleiterbauelemente. – Anhang.

Band 3
W. Heywang, H. W. Pötzl

Bänderstruktur und Stromtransport

1976. 119 Abbildungen. 281 Seiten
DM 54,–; US $ 27.00
ISBN 3-540-07565-8

Inhaltsübersicht: Einleitung. – Das Bändermodell. – Das gestörte Gitter. – Rekombination. – Stromtransport. – Literaturverzeich-
nis. – Sachverzeichnis.

Band 4
I. Ruge

Halbleiter-Technologie

1975. 210 Abbildungen. 362 Seiten
DM 68,–; US $ 34.00
ISBN 3-540-06626-8

Inhaltsübersicht: Physikalische Größen: Der
ideale Einkristall. – Der reale Kristall. – Herstellung von Einkristallen. – Dotiertechnolo-
gie. – Der Metall-Halbleiter-Kontakt. – Meßverfahren zur Ermittlung von Halbleiterpara-
metern. – Kristallvorbereitung. – Grundzüge
der Planartechnik. – Gehäuse- und Montage-
technik. – Spezielle Technologien für die Herstellung Integrierter Schaltungen. – Einführung in die Technik der Schaltungsintegration.

Band 6
H. Schrenk

Bipolare Transistoren

1978. 109 Abbildungen. 242 Seiten
DM 54,–; US $ 27.00
ISBN 3-540-08491-6

Inhaltsübersicht: Grundlagen: Funktionsweise.
Großsignalverhalten und Kennlinien. Klein-
signalverhalten. – *Kenndaten:* Stromverstärkung. Hochfrequenzverhalten. Schaltverhalten.
Rauschen. – *Grenzdaten:* Zuverlässigkeit und
thermisches Verhalten. Sperrverhalten. Zweiter Durchbruch. Verschleißvorgänge. – *Technische Ausführungen:* Niederfrequenz-Planar-
transistoren. Leistungstransistoren. Hochfrequenztransistoren. – *Anhang:* Darlingtontransistoren.

Band 7
H. Beneking

Feldeffekttransistoren

1973. 113 Abbildungen. 246 Seiten
DM 47,–; US $ 23.50
ISBN 3-540-06377-3

Inhaltsübersicht: Besondere Bezeichnungen
und Begriffe. – Übersicht über die verschiedenen Arten von Feldeffekttransitoren. – Grund-
strukturen und ihre Wirkungsweise. – Verfeinerte Theorie. – Eigenschaften und Steuer-
strecke. – Computerlösungen. – Schaltungs-
eigenschaften. – Stabilität und Temperaturver-
halten. – Rauschen. – Anwendungen der verschiedenen FET-Arten.

Bände in Vorbereitung:

Kesel/Hamm

Dioden

Rein

Bipolare Schaltungen

Die Reihe wird fortgesetzt

Preisänderungen vorbehalten

Springer-Verlag
Berlin
Heidelberg
New York